Adobe Photoshop CC
图像设计与制作案例教程

翟浩澎　编著

清华大学出版社
北　京

内 容 简 介

本书由浅入深、循序渐进地介绍了Photoshop CC 2018的使用方法和操作技巧。书中每一章都围绕综合实例来介绍，便于提高和拓宽读者对Photoshop软件基本功能的掌握与应用。

本书按照平面设计工作的实际需求组织内容，划分为8个章节，分别包括婚纱照片处理、设计杂志封面、设计包装、设计宣传展架、设计UI、设计宣传海报、人物照片修饰、设计网页宣传图，使读者在学习过程中融会贯通。

本书特点一是内容实用，精选最常用、最实用、最有用的案例技术进行讲解，不仅有代表性，而且还覆盖当前的各种典型应用，读者学到的不仅仅是软件的用法，更重要的是用软件完成实际项目的方法、技巧和流程，同时也能从中获取视频编辑理论。本书特点二是轻松易学，步骤讲解非常清晰，图文并茂，一看就懂。

本书内容翔实，结构清晰，语言流畅，实例分析透彻，操作步骤简洁实用，适合广大初学Photoshop 的用户使用，也可作为各类高等院校相关专业的教材。

图书在版编目(CIP)数据

Adobe Photoshop CC 图像设计与制作案例教程 / 翟浩澎编著 .—北京：清华大学出版社，2019.9

ISBN 978-7-302-53733-5

Ⅰ . ① A⋯　Ⅱ . ①翟⋯　Ⅲ . ①图象处理软件—教材　Ⅳ . ① TP391.413

中国版本图书馆 CIP 数据核字 (2019) 第 186270 号

责任编辑：韩宜波
封面设计：杨玉兰
责任校对：王明明
责任印制：杨 艳

出版发行：清华大学出版社
　　　网　　址：http://www.tup.com.cn, http://www.wqbook.com
　　　地　　址：北京清华大学学研大厦A座　　　　　邮　编：100084
　　　社 总 机：010-62770175　　　　　　　　　　邮　购：010-62786544
　　　投稿与读者服务：010-62776969, c-service@tup.tsinghua.edu.cn
　　　质量反馈：010-62772015, zhiliang@tup.tsinghua.edu.cn
　　　课件下载：http://www.tup.com.cn, 010-62791865
印 装 者：涿州汇美亿浓印刷有限公司
经　　销：全国新华书店
开　　本：185mm×260mm　　　印　张：18.75　　　字　数：460 千字
版　　次：2019 年 11 月第 1 版　　印　次：2019 年11月第 1 次印刷
定　　价：79.80 元

产品编号：084439-01

前 言 PREFACE

Photoshop 是 Adobe 公司旗下常用的图像处理软件之一，是集图像扫描、编辑修改、图像制作、广告创意、图像输入与输出于一体的图形图像处理软件，深受广大平面设计人员和电脑美术爱好者的喜爱。

多数人对于 Photoshop 的了解仅限于"一个很好的图像编辑软件"，并不知道它的诸多应用方面。实际上，Photoshop 的应用领域很广泛，在图像、图形、文字、视频、出版各方面都有涉及。它贯彻了 Adobe 公司一贯为广大用户考虑的方便性和高效率，为多用户合作提供了便捷的工具与规范的标准，以及方便的管理功能，因此用户可以与设计组其他人员密切而高效地共享信息。

1. 本书内容

全书共分 8 章，按照平面设计工作的实际需求组织内容，基础知识以实用、够用为原则。其中内容包括婚纱照片处理——创建与编辑选区、杂志封面及宣传页——图像的绘制与修饰、设计包装——图形的应用与编辑、设计宣传展架——文本的输入与编辑、UI设计——图形与路径、设计宣传海报——蒙版与通道的应用、人物照片修饰——图像色彩及处理、设计网页宣传图——滤镜在设计中的应用等内容。

2. 本书特色

本书面向 Photoshop 的初、中级用户，采用由浅入深、循序渐进的讲解方法，内容丰富。

◎ 本书案例丰富，每章都有不同类型的案例，适合上机操作教学。

◎ 每个案例都是经过编写者精心挑选，可以引导读者发挥想象力，调动学习的积极性。

◎ 案例实用，技术含量高，与实践紧密结合。

◎ 配套资源丰富，方便学院老师教学。

3. 海量的电子学习资源和素材

本书附带大量的学习资料和视频教程，下面截图给出部分概览。

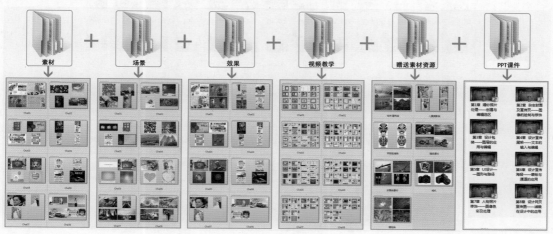

　　本书附带所有的素材文件、场景文件、效果文件、多媒体有声视频教学录像，读者在读完本书内容以后，可以调用这些资源进行深入学习。

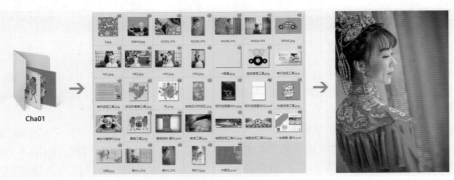

　　本书视频教学贴近实际，几乎手把手教学。

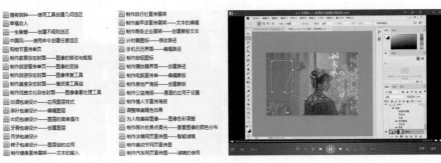

4. 附赠资源内容

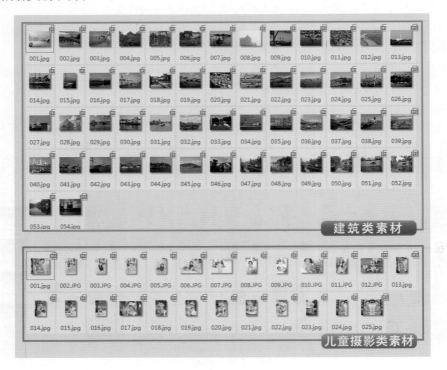

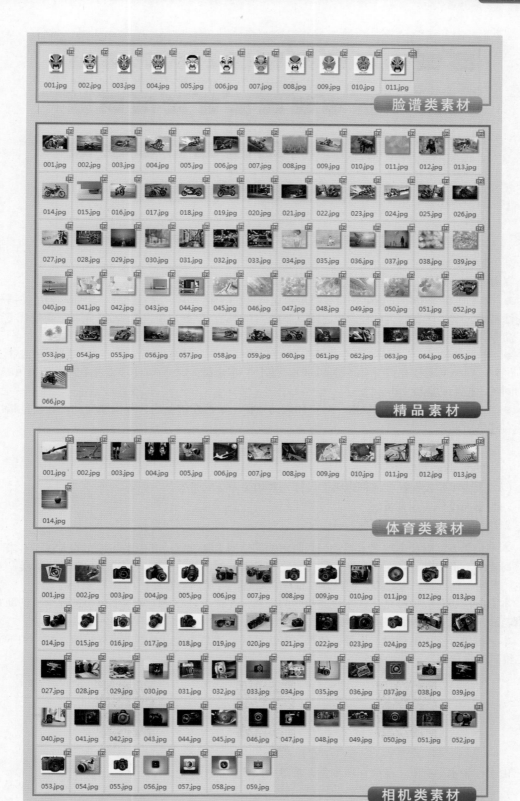

脸谱类素材

001.jpg　002.jpg　003.jpg　004.jpg　005.jpg　006.jpg　007.jpg　008.jpg　009.jpg　010.jpg　011.jpg

精品素材

001.jpg　002.jpg　003.jpg　004.jpg　005.jpg　006.jpg　007.jpg　008.jpg　009.jpg　010.jpg　011.jpg　012.jpg　013.jpg

014.jpg　015.jpg　016.jpg　017.jpg　018.jpg　019.jpg　020.jpg　021.jpg　022.jpg　023.jpg　024.jpg　025.jpg　026.jpg

027.jpg　028.jpg　029.jpg　030.jpg　031.jpg　032.jpg　033.jpg　034.jpg　035.jpg　036.jpg　037.jpg　038.jpg　039.jpg

040.jpg　041.jpg　042.jpg　043.jpg　044.jpg　045.jpg　046.jpg　047.jpg　048.jpg　049.jpg　050.jpg　051.jpg　052.jpg

053.jpg　054.jpg　055.jpg　056.jpg　057.jpg　058.jpg　059.jpg　060.jpg　061.jpg　062.jpg　063.jpg　064.jpg　065.jpg

066.jpg

体育类素材

001.jpg　002.jpg　003.jpg　004.jpg　005.jpg　006.jpg　007.jpg　008.jpg　009.jpg　010.jpg　011.jpg　012.jpg　013.jpg

014.jpg

相机类素材

001.jpg　002.jpg　003.jpg　004.jpg　005.jpg　006.jpg　007.jpg　008.jpg　009.jpg　010.jpg　011.jpg　012.jpg　013.jpg

014.jpg　015.jpg　016.jpg　017.jpg　018.jpg　019.jpg　020.jpg　021.jpg　022.jpg　023.jpg　024.jpg　025.jpg　026.jpg

027.jpg　028.jpg　029.jpg　030.jpg　031.jpg　032.jpg　033.jpg　034.jpg　035.jpg　036.jpg　037.jpg　038.jpg　039.jpg

040.jpg　041.jpg　042.jpg　043.jpg　044.jpg　045.jpg　046.jpg　047.jpg　048.jpg　049.jpg　050.jpg　051.jpg　052.jpg

053.jpg　054.jpg　055.jpg　056.jpg　057.jpg　058.jpg　059.jpg

植物类素材

5. 本书约定

为便于阅读理解，本书的写作风格遵从如下约定：

● 本书中出现的中文菜单和命令将用鱼尾号（【】）括起来，以示区分。此外，为了使语句更简洁易懂，书中所有的菜单和命令之间以竖线（|）分隔，例如，单击【编辑】菜单，再选择【移动】命令，就用【编辑】|【移动】来表示。

● 使用加号（+）连接的两个或 3 个键表示快捷键，在操作时表示同时按下这两个或 3 个键。例如，Ctrl+V 是指在按下 Ctrl 键的同时，按下 V 字母键；Ctrl+Alt+F10 是指在按下 Ctrl 和 Alt键的同时，按下功能键 F10。

● 在没有特殊指定时，单击、双击和拖动是指用鼠标左键单击、双击和拖动，右击是指用鼠标右键单击。

6. 读者对象

（1）Photoshop 初学者。

（2）大中专院校和社会培训班平面设计及其相关专业的学生。

（3）平面设计从业人员。

7. 致谢

本书由黑龙江财经学院艺术系动画教研室的翟浩澎老师编写，其他参与编写的人员还有朱晓文、刘蒙蒙、张泽会、曹丽、刘峥、陈月娟、陈月霞、刘希林、黄健、黄永生、田冰、徐昊、刘德生、宋明、刘景君、张建勇、相世强、张锋、刘晶、王强、牟艳霞等。

本书的出版可以说凝结了许多优秀教师的心血，在这里衷心感谢对本书出版过程给予帮助的编辑老师、视频测试老师，感谢你们！

本书提供了案例的素材、场景、效果、PPT 课件、视频教学以及赠送素材资源，扫一扫下面的二维码，推送到自己的邮箱后下载获取。

素材

场景

PPT课件、视频、效果

由于作者水平有限，疏漏在所难免，希望广大读者批评指正。

编　者

目　录　CONTENTS

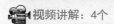

视频讲解：4个

第8章　设计网页宣传图——滤镜在 设计中的应用 ··········· 236

视频讲解：3个

第 1 章　婚纱照片处理——创建与编辑选区

照片处理是Photoshop的一项特长，通过Photoshop的处理可以将不同的对象组合在一起，使图像发生变化。而在Photoshop中处理局部图像时，首先要指定编辑操作的有效区域，即创建选区。选区可以将编辑限定在一定区域内，这样就可以处理局部图像而不影响其他内容。本章将对创建与编辑选区进行详细介绍。

本章导读

- ➢ 矩形选框工具
- ➢ 椭圆选框工具
- ➢ 磁性套索工具
- ➢ 反向选择
- ➢ 魔棒工具
- ➢ 变换选区

本章案例

- ➢ 情有独钟
- ➢ 一生挚爱
- ➢ 中国风
- ➢ 幸福恋人

婚纱照又名婚照、结婚照，是年轻人纪念爱情、婚姻确立的标志性照片作品。其重点便是摄影与造型这两个重要元素。

在婚纱照片处理中，大多数都避免不了使用图像合成技术，合成的图像是否出色，取决于造型、亮度、色彩、搭配等重要元素，元素之间的合理搭配，才能使合成的作品具有真实感。

1.1 情有独钟——使用工具创建几何选区

作品描述

婚纱照是为客户量身打造的,集服务、品质、销售于一体的婚纱摄影。摄影为讲究品牌、注重品质的顾客,精心打造世界一流的婚纱照,在拍摄完成后,会有专业的后期处理人员对拍摄的照片进行修饰、美化,从而使照片达到满意的效果。在此以如图 1-1 所示的情有独钟婚纱照片的模板为例,对其进行详细介绍。

图1-1 情有独钟

素材	素材\Cha01\情有独钟-素材.psd、照片1.jpg、照片2.jpg
场景	场景\Cha01\情有独钟——使用工具创建几何选区.psd
视频	视频教学\Cha01\情有独钟——使用工具创建几何选区.mp4

案例实现

01 打开"素材\Cha01\情有独钟-素材.psd"素材文件,如图1-2所示。

图1-2 打开素材文件

02 打开"照片 1.jpg"素材文件,单击【矩形选框工具】按钮 ▢,选取如图 1-3 所示的区域。

图1-3 选取区域

知识链接

新建 Photoshop 空白文档的具体操作步骤如下。

01 在菜单栏中选择【文件】|【新建】命令,打开【新建文档】对话框,在该对话框中对新建空白文档的宽度、高度以及分辨率进行设置,如图 1-4 所示。

图1-4 【新建文档】对话框

02 设置完成后,单击【创建】按钮,即可新建空白文档,如图 1-5 所示。

图1-5 新建的空白文档

打开文档的具体操作步骤如下。

01 按 Ctrl+O 快捷键,在弹出的【打开】对话框中选择要打开的图像,在对话框中可以对要打开的图片进行预览,如图 1-6 所示。

图1-6　【打开】对话框

02 单击【打开】按钮，或按 Enter 键，或双击鼠标，即可打开选择的素材图像。

💬 提　示

　　在菜单栏中选择【文件】|【打开】命令，如图1-7所示。在工作区域内双击鼠标左键也可以打开【打开】对话框。按住 Ctrl 键单击需要打开的文件，可以打开多个不相邻的文件；按住 Shift 键单击需要打开的文件，可以打开多个相邻的文件。

图1-7　选择【打开】命令

03 单击【移动工具】按钮，此时鼠标变为形状，按住鼠标左键将框选部分拖曳至"情有独钟 - 素材 .psd"素材文件中，如图1-8所示。

图1-8　拖曳至素材文件中

04 调整照片的位置和大小，按F7键打开【图层】面板，选择【图层13】图层，效果如图1-9所示。

图1-9　调整照片位置和大小

05 单击鼠标右键，在弹出的快捷菜单中选择【创建剪切蒙版】命令，创建蒙版后的效果如图1-10所示。

图1-10　创建蒙版后的效果

06 通过上述方法，将"照片 2.jpg"素材添加至场景中，调整照片大小，调整图层顺序并创建剪切蒙版，如图1-11所示。

图1-11　制作完成后的效果

Photoshop CC 工作界面的设计非常系统化，便于操作和理解，同时也易于被人们接受，主要由菜单栏、工具选项栏、工具箱、状态栏、面板等几个部分组成，如图1-12所示。

图1-12　Photoshop CC工作界面

图1-15　创建选区　　　图1-16　调整选区

04 调整完成后，选择工具箱中的【移动工具】，将矩形选区中的图像拖曳至白框中合适位置，效果如图 1-17 所示。

05 使用相同的方法继续进行操作，完成后的效果如图 1-18 所示。

图1-17　调整图像位置　　　图1-18　完成后的效果

> **疑难解答**　【矩形选框工具】的快捷键是什么？如何在光标所在位置绘制选区？
>
> 按M键，可以快速选择【矩形选框工具】；按住Alt键即可以光标所在位置为中心绘制选区。

1.1.1　矩形选框工具

【矩形选框工具】用来创建矩形和正方形选区，其基本操作如下。

01 启动 Photoshop CC 软件，打开"素材\Cha01\ 矩形选框素材 01.jpg 和矩形选框素材02.psd"文件，如图 1-13 和图 1-14 所示。

图1-13　矩形选框素材01　　图1-14　矩形选框素材02

02 在工具箱中选择【矩形选框工具】，在工具选项栏中使用默认参数，然后在"矩形选框素材 02.psd"文件左上角单击鼠标左键并向右下角拖动，框选第一个矩形空白区域，创建一个矩形选区，如图 1-15 所示。

03 创建完成后，将鼠标移至选区中，当鼠标变为 形状时，单击鼠标左键并拖曳，将其移动至"矩形选框素材 01.jpg"素材文件中，并调整其位置，如图 1-16 所示。

使用【矩形选框工具】也可以绘制正方形，其基本操作如下。

01 启动 Photoshop CC 软件，打开"素材\Cha01\ 绘制正方形选区 .jpg"文件，如图 1-19所示。

02 选择工具箱中的【矩形选框工具】，配合 Shift 键在图片中创建选区，即可绘制正方形，如图 1-20 所示。

> **提　示**
>
> 按住 Alt+Shift 快捷键可以光标所在位置为中心创建正方形选区。
>
> 如果当前的图像中存在选区，就应该在创建选区的过程中再按住 Shift 或 Alt 键，这样，新建的选区就会与原有的选区发生运算。

图1-19　打开素材文件　　图1-20　绘制完成的正方
形选区

1.1.2　椭圆选框工具

【椭圆选框工具】○用于创建椭圆形和圆形选区，如高尔夫球、乒乓球和盘子等。该工具的使用方法与【矩形选框工具】完全相同。下面通过实例来具体介绍一下【椭圆选框工具】的操作方法。

01 启动 Photoshop CC 软件，打开"素材\Cha01\椭圆选框工具01.jpg 和椭圆选框工具02.jpg"文件，如图 1-21 和图 1-22 所示。

图1-21　椭圆选框工具01

图1-22　椭圆选框工具02

02 选择工具箱中的【椭圆选框工具】○，在工具选项栏中使用默认参数，然后按住 Shift 键在图片中沿球体绘制选区，绘制完成后在选区中单击鼠标右键，在弹出的快捷菜单中选择【变换选区】命令，如图 1-23 所示。

03 此时选区四周会出现句柄，拖动句柄更改圆形选区大小并调整其位置，如图 1-24所示。

图1-23　选择【变换选区】命令　图1-24　调整后的
选区

> **提示**
>
> 在绘制椭圆选区时，按住 Shift 键的同时拖动鼠标可以创建圆形选区；按住 Alt 键的同时拖动鼠标会以光标所在位置为中心创建选区；按住 Alt+Shift 快捷键同时拖动鼠标会以光标所在位置点为中心绘制圆形选区。

04 调整完成后，选择工具箱中的【移动工具】，将画面中圆形选区中的图像拖曳至"椭圆选框工具02.jpg"文件的合适位置，效果如图1-25所示。

图1-25　调整后的效果

> **提示**
>
> 椭圆选框工具选项栏与矩形选框工具选项栏的选项相同，但是该工具增加了【消除锯齿】功能，由于像素为正方形并且是构成图像的最小元素，所以当创建圆形或者多边形等不规则图选区时很容易出现锯齿效果，此时勾选该复选框，会自动在选区边缘1像素的范围内添加与周围相近的颜色，这样就可以使产生锯齿的选区变得平滑。

1.1.3　单行选框工具

【单行选框工具】只能是创建高度为1像素的行选区。下面通过实例来了解创建行选区的方法。

01 启动 Photoshop CC 软件，打开"素材\Cha01\单行选框工具.jpg"文件，如图 1-26所示。

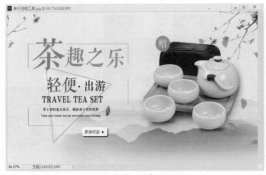

图1-26　打开素材文件

02　选择工具箱中的【单行选框工具】 ，在工具选项栏中使用默认参数，然后在素材图像中单击鼠标左键即可创建水平选区，如图1-27所示。

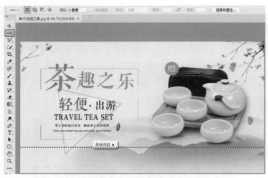

图1-27　创建选区

03　选择工具箱中的【矩形选框工具】 ，然后在工具选项栏中单击【从选区减去】按钮，在图像编辑窗口中单击鼠标左键绘制选区，将不需要的选区进行框选，如图1-28所示。

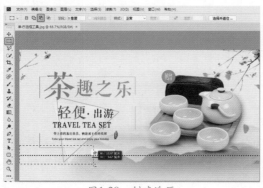

图1-28　创建选区

04　选择完成后释放鼠标，矩形框选中的选区即可被删除。继续在图像中绘制选区，将不需要的选区删除，如图1-29所示。

图1-29　删除多余选区

05　设置完成后，单击工具箱中的【前景色】图标，在弹出的【拾色器（前景色）】对话框中，将RGB值设置为61、9、13，如图1-30所示。

图1-30　【拾色器(前景色)】对话框

06　按Alt+Delete快捷键，填充前景色，然后再按Ctrl+D快捷键取消选区，最终效果如图1-31所示。

图1-31　填充颜色后的效果

1.1.4　单列选框工具

【单列选框工具】 和【单行选框工具】 的用法一样，可以精确地绘制一列像素，填充选区后能够得到一条垂直线，如图1-32所示。

图1-32 绘制并填充颜色后的效果

作，如图 1-34 所示。

图1-34 一生挚爱

素材	素材\Cha01\一生挚爱-素材.psd、照片3.jpg
场景	场景\Cha01\一生挚爱——创建不规则选区.psd
视频	视频教学\Cha01\一生挚爱——创建不规则选区.mp4

>> 知识链接

利用标尺可以精确地定位图像中的某一点以及创建参考线。

在菜单栏中选择【视图】|【标尺】命令，也可以通过 Ctrl+R 快捷键打开标尺，如图 1-33 所示。

标尺会出现在当前窗口的顶部和左侧，标尺内的虚线可显示出当前鼠标所处的位置，如果想要更改标尺原点，可以从图像上的特定点开始度量，在左上角按住鼠标拖动到特定的位置后释放鼠标，即可改变原点的位置。

图1-33 移动标尺原点的位置

>> 案例实现

01 打开"素材\Cha01\一生挚爱-素材.psd"素材文件，如图 1-35 所示。

02 打开"素材\Cha01\照片3.jpg"素材文件，如图 1-36 所示。

图1-35 打开素材文件　　图1-36 打开素材文件

03 单击【多边形套索工具】按钮，选取如图 1-37 所示的区域。

➡ 1.2 一生挚爱——创建不规则选区

>> 作品描述

随着时代的进步，顾客的审美观也越来越有自己的想法了，这从婚纱照流行趋势中可以看出来。但对于后期其实都是一样的，同一张照片，只是不同的设计排版给人不一样的感觉。本案例将介绍婚纱照片的排版制作，通过使用【多边形套索工具】选取人物照片，然后将其拖曳至婚纱模板中，从而完成效果图的制

图1-37 选取区域

04 单击【移动工具】按钮 ，将选取的区域移动至素材文件中，调整位置，如图 1-38 所示。

图1-38　最终效果

疑难解答 在操作时绘制的直线不够准确时应该怎么办？

如果在操作时绘制的直线不准确，连续按Delete键可依次向前删除；如果要删除所有直线段，可以按住Delete键不放或者按Esc键。

1.2.1　套索工具

【套索工具】 用来徒手绘制选区，因此，创建的选区具有很强的随意性，无法使用它来准确地选择对象，但它可以用来处理蒙版，或者选择大面积区域内的漏选对象。下面就来学习一下该工具的使用方法。

01 启动 Photoshop CC 软件，打开"素材\Cha01\套索工具 .jpg"文件，如图 1-39 所示。

02 选择工具箱中的【套索工具】 ，在工具选项栏中使用默认参数，然后在图片中进行绘制，如图 1-40 所示。

图1-39　打开图像

图1-40　绘制选区

如果没有移动到起点处就释放鼠标，则 Photoshop 会在起点与终点处连接一条直线来封闭选区。

1.2.2　多边形套索工具

【多边形套索工具】 可以创建由直线连

接的选区，它适合选择边缘为直线的对象。下面就来学习一下该工具的使用方法。

01 启动 Photoshop CC 软件，打开"素材\Cha01\多边形套索工具 .jpg"文件，如图 1-41 所示。

02 在工具箱中选择【多边形套索工具】 ，使用该工具选项栏中的默认值，然后在心形边缘处单击绘制选区，如图 1-42 所示。

图1-41　打开图像

图1-42　绘制选区

1.2.3　磁性套索工具

1. 绘制选区

【磁性套索工具】 能够自动检测和跟踪对象的边缘，如果对象的边缘较为清晰，并且与背景的对比也比较明显，使用它可以快速选择对象。下面就来学习该工具的使用方法。

01 启动 Photoshop CC 软件，打开"素材\Cha01\磁性套索工具 .jpg"文件，如图 1-43 所示。

02 选择【磁性套索工具】 ，使用工具选项栏中的默认值，然后沿着黑胶片的边缘绘制选区，如图 1-44 所示。如果想要在某一位置放置一个锚点，可以在该处单击鼠标左键。按 Delete 键可依次删除前面的锚点。

图1-43　打开图像

图1-44　绘制选区

提 示

使用【磁性套索工具】时，按住 Alt 键在其他区域单击鼠标左键，可且换为【多边形套索工具】创建直线选区；按住 Alt 键单击鼠标左键并拖动鼠标，则可以切换为【套索工具】绘制自由形状的选区。

2. 磁性套索工具选项栏

图 1-45 所示为磁性套索工具的选项栏。

- 【宽度】：宽度值决定了以光标为基准，周围有多少个像素能够被工具检测到。如果对象的边界清晰，可以选择较大的宽度值。如果边界不清晰，则选择较小的宽度值。
- 【对比度】：用来设置检测工具的灵敏度，较高的数值只检测与它们的环境对比鲜明的边缘；较低的数值则检测低对比度边缘。
- 【频率】：在使用【磁性套索工具】创建选区时，会跟随产生很多锚点，频率值就决定了锚点的数量，该值设置得越大，锚点数就越多。
- 【使用绘图板压力以更改钢笔宽度】：如果计算机配置有手绘板和压感笔，可以激活该按钮，增大压力将会导致边缘宽度减小。

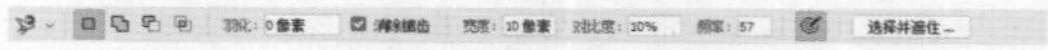

图1-45　磁性套索工具选项栏

1.2.4 魔棒工具

【魔棒工具】能够基于图像的颜色和色调来建立选区，它的使用方法非常简单，只需在图像上单击即可，适合选择图像中较大的单色区域或相近颜色。下面就来学习该工具的使用方法。

01 启动 Photoshop CC 软件，打开“素材\Cha01\魔棒工具.jpg”文件，如图 1-46 所示。

02 在工具栏中选择【魔棒工具】，然后在素材文件中的背景区域单击鼠标左键，即可将颜色相同的部分选中，如图 1-47 所示。鼠标单击的位置不同，所选的区域就不同。

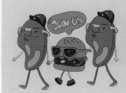

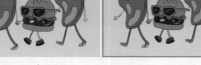

图1-46　打开图像

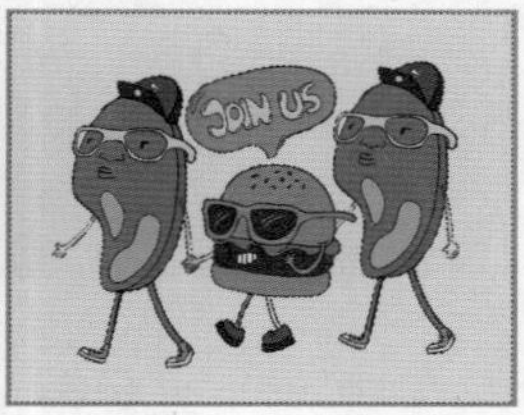

图1-47　绘制选区

> **提　示**
>
> 使用【魔棒工具】时，按住 Shift 键的同时单击鼠标可以添加选区；按住 Alt 键的同时单击鼠标左键可以从当前选区中减去；按住 Shift+Alt 快捷键的同时单击鼠标左键可以得到与当前选区相交的选区。

1.2.5 快速选择工具

【快速选择工具】是一种非常直观、灵活和快捷的选择工具，适合选择图像中较大的单色区域。下面就来学习该工具的使用方法。

01 启动 Photoshop CC 软件，打开“素材\Cha01\快速选择工具.jpg”文件，如图 1-48 所示。

02 选择工具箱中的【快速选择工具】，在素材文件中单击鼠标左键并拖曳创建选区，鼠标经过的区域即变为选区，用户可以通过多次单击鼠标左键选择某个对象，如图 1-49 所示。

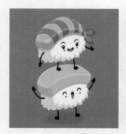

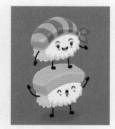

图1-48　打开图像

图1-49　绘制选区

> **提　示**
>
> 使用【快速选择工具】时，除了拖动鼠标来选取图像外，还可以单击鼠标选取图像。如果有漏选的地方，可以按住 Shift 键的同时将其选区添加到选区中；如果有多选的地方可以按住 Alt 键的同时单击选区，将其从选区中减去。

1.3 中国风——使用命令创建任意选区

作品描述

婚纱照是恋人们升级到夫妻的一个见证，意味着美好婚姻的开始，是“执子之手，与子偕老”这一信念的兑现。跟自己的爱人一同翻看婚纱照，回忆那些逝去的岁月和一起度过的

时光,这就是一种浪漫。本案例将介绍如何制作中国风婚纱照片处理效果,主要应用了选取以及反向选择等操作知识,效果如图1-50所示。

图1-50　中国风婚纱照

素材	素材\Cha01\中国风.psd、40303.jpg、40298.jpg
场景	场景\Cha01\中国风——使用命令创建任意选区.psd
视频	视频教学\Cha01\中国风——使用命令创建任意选区.mp4

案例实现

01 打开"素材\Cha01\中国风.psd"素材文件,如图1-51所示。

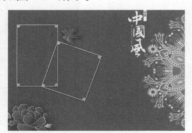

图1-51　打开素材文件

02 然后打开"素材\Cha01\40303.jpg"素材文件,如图1-52所示。

提示

在打开素材文件时,可以按住 Ctrl 键的同时选择多个对象一起打开。

03 在菜单栏中选择【选择】|【全部】命令,如图1-53所示。

图1-52　再次打开素材文件

图1-53　选择【全部】命令

04 执行该操作后,即可选择全部对象,单击并按住鼠标左键不放,将其拖曳至"中国风.psd"文件中,按Ctrl+T快捷键,在工具选项栏中将 W、H 均设置为50,并在工作区中调整其位置,效果如图1-54所示。

图1-54　调整素材大小及位置

05 按Enter键确认,在【图层】面板中将该图层调整至【边框1】图层的下方,单击【添加图层蒙版】按钮,在工具箱中单击【渐变工具】按钮 ,在工具选项栏中单击【线性渐变】按钮 ,在工作区中填充渐变颜色,在【图层】面板中将【不透明度】设置为82,如图1-55所示。

图1-55　添加图层蒙版

06 在工具箱中单击【矩形选框工具】按钮 ,在工作区中绘制一个矩形选框,按

Shift+F6 快捷键，在弹出的【羽化选区】对话框中将【羽化半径】设置为 300，如图 1-56 所示。

图1-56　设置羽化半径

07 设置完成后，单击【确定】按钮，按 Delete 键将选区中的对象删除，效果如图 1-57 所示。

图1-57　删除选区中的对象

🏷 提 示

在删除选区中的对象时，需要在【图层】面板中确认是否选中的是该图层的缩览图，而不是图层蒙版。

08 使用【矩形选框工具】 🔲在工作区中绘制一个矩形选框，按 Shift+F6 快捷键，在弹出的【羽化选区】对话框中将【羽化半径】设置为 200，如图 1-58 所示。

图1-58　设置羽化半径

09 设置完成后，单击【确定】按钮，按 Delete 键将选区中的对象删除；按 Ctrl+D 快捷键取消选区，如图 1-59 所示。

图1-59　删除选区中的对象

10 打开"素材 \Cha01\40298.jpg"素材文件，按住鼠标左键将其拖曳至"中国风 .psd"文件中，按 Ctrl+T 快捷键，在工具选项栏中将 W、H 均设置为 15，在工作区中调整其位置，效果如图 1-60 所示。

图1-60　设置素材大小及位置

11 在【图层】面板中选择【边框 1】图层，在工具箱中单击【魔棒工具】按钮 🪄，在边框的内部单击鼠标左键，将其载入选区，效果如图 1-61 所示。

图1-61　载入选区

12 在选区中单击鼠标右键，在弹出的快捷菜单中选择【选择反向】命令，如图 1-62 所示。

13 在【图层】面板中选择【图层 7】图层，按 Delete 键将选区中的对象删除，效果如

图 1-63 所示。

图1-62 选择【选择反向】　　图1-63 删除选区中的
命令　　　　　　　　　对象

14 使用相同的方法，将其他素材文件添加至该场景文件中，并进行相应的设置，再调整图层的排放顺序，效果如图 1-64 所示。

图1-64 添加素材文件

疑难解答 【选择反向】命令有什么特点？

在创建选区后，【选择反向】命令可以选择与当前被选区域相反的区域，可以通过在菜单栏中选择【选择】|【选择反向】命令，也可以通过按Shift+Ctrl+I快捷键来进行反选；如果要选择的对象的背景颜色比较单一，可以使用【魔棒工具】等选择背景，然后再使用【选择反向】命令翻转选区，将所需的对象选中。

1.3.1 使用【色彩范围】命令创建选区

本节介绍如何使用【色彩范围】命令。下面通过实例熟悉一下该命令的使用方法。

01 启动 Photoshop CC 软件，打开"素材\Cha01\40292.jpg"素材文件，如图 1-65 所示。

02 在菜单栏中选择【选择】|【色彩范围】命令，如图 1-66 所示。

03 执行该操作后，将会弹出【色彩范围】对话框，单击该对话框中的【吸管工具】按钮 ，将【颜色容差】设置为 200，在人物红色衣服上单击，吸取红色图像，如图 1-67 所示。

图1-65 打开素材文件　　图1-66 选择【色彩范围】命令

04 选择完成后单击【确定】按钮，选择的红色部分就转换为选区，如图 1-68 所示。

图1-67 吸取红色图像　　图1-68 将红色图像转换为选区

05 在菜单栏中选择【图像】|【调整】|【色相／饱和度】命令，在弹出的【色相／饱和度】对话框中，设置【色相】为 -18、【饱和度】为 17、【明度】为 3，如图 1-69 所示。

06 设置完成后，单击【确定】按钮，按 Ctrl+D 快捷键取消选区，完成后的效果如图 1-70 所示。

图1-69 【色相/饱和度】　　图1-70 设置完成后
对话框　　　　　　　　的效果

1.3.2 全部选择

【全部选择】命令主要是对图像进行全选。下面就来介绍该命令的使用方法。

01 打开一个素材文件，如图 1-71 所示。

02 在菜单栏中选择【选择】|【全部】命令，或按 Ctrl+A 快捷键可以选择文档边界内的

全部图像，如图 1-72 所示。

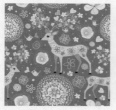
图1-71　打开素材文件

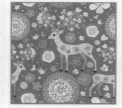
图1-72　选中全部对象

1.3.3　反向选择

【反向】命令主要是对创建的选区进行反向选择。下面就来学习该命令的使用方法。

01　打开一个素材文件。选择工具箱中的【魔棒工具】，在工具选项栏中将【容差】设置为 100，在工作区中单击红色部分，如图 1-73 所示。

图1-73　选区红色图像

02　在菜单栏中选择【选择】|【反向】命令，这样刚才未被选中的图像就被选中了，而选择的红色部分则变为未选中状态，如图 1-74 所示。

图1-74　反向选择

03　按 Ctrl+U 快捷键，在弹出的【色相/饱和度】对话框中将【色相】、【饱和度】分别设置为 -31、3，如图 1-75 所示。

04　设置完成后，单击【确定】按钮，即可完成设置。按 Ctrl+D 快捷组合键取消选区，效果如图 1-76 所示。

图1-75　设置色相/饱和度参数

图1-76　设置完成后的效果

> 🏷 **提示**
>
> 【反向】命令相对应的快捷键是 Shift+Ctrl+I，如果想取消选择的区域，可以在菜单栏中选择【选择】|【取消选择】命令，或按 Ctrl+D 快捷键取消选择。

1.3.4　变换选区

下面就来学习【变换选区】命令的使用方法。

01　首先打开一个素材文件。在工具箱中选择【矩形选框工具】，在图像中创建选区，完成选区的创建后，在菜单栏中选择【选择】|【变换选区】命令，或者在选区中单击鼠标右键，在弹出的快捷菜单中选择【变换选区】命令，如图 1-77 所示。

图1-77　选择【变换选区】命令

02　在出现的定界框中，移动定界点，变换选区，效果如图1-78所示。

图1-78　调整变换选区后的效果

> **提 示**
>
> 　　定界框中心有一个图标状的参考点,所有的变换都以该点为基准来进行。默认情况下,该点位于变换项目的中心(变换项目可以是选区、图像或者路径),可以在工具选项栏的参考点定位符图标上单击,修改参考点的位置,例如,要将参考点定位在定界框的左上角,可以单击参考点定位符左上角的方块。此外,也可以通过拖动的方式移动它。

1.3.5　使用【扩大选取】命令扩大选区

　　【扩大选取】命令可以将原选区进行扩大,但是该命令只扩大与原选区相连接的区域,并且会自动寻找与选区中的像素相近的像素进行扩大。下面就来学习该命令的使用方法。

　　01 首先打开一个素材文件,在工具箱中选择【魔棒工具】,在图像中创建选区,完成选区的创建后,在菜单栏中选择【选择】|【扩大选取】命令,或者在选区中单击鼠标右键,在弹出的快捷菜单中选择【扩大选取】命令,如图1-79所示。

　　02 执行操作后,即可扩大选区,效果如图1-80所示。

图1-79　选择【扩大选取】命令　　图1-80　扩大选区后的效果

1.3.6　使用【选取相似】命令创建相似选区

　　【选取相似】命令也可以扩大选区,它与【扩大选取】命令相似,但该命令可以从整个文件中寻找相似的像素进行扩大选取。下面就来学习该命令的使用方法。

　　01 首先打开一个素材文件。在工具箱中选择【魔棒工具】,在图像中创建选区,完成选区的创建后,在菜单栏中选择【选择】|【选取相似】命令,或者在选区中单击鼠标右键,

在弹出的快捷菜单中选择【选取相似】命令,如图1-81所示。

　　02 执行操作后,即可在工作区中选取相似对象,效果如图1-82所示。

图1-81　选择【选取相似】　　图1-82　选取相似对象
命令

1.3.7　取消选择与重新选择

　　在菜单栏中选择【选择】|【取消选择】命令,或按Ctrl+D快捷键可以取消选择。如果当前使用的工具是矩形选框、椭圆选框或套索工具,并且在工具选项栏中单击【新选区】按钮 ▢ ,则在选区外单击即可取消选择。

　　在取消了选区后,如果需要恢复被取消的选区,可以在菜单栏中选择【选择】|【重新选择】命令,或按Shift+Ctrl+D快捷键。但是,如果在执行该命令前修改了图像或是画布的大小,则选区记录将从Photoshop中删除;因此,也就无法恢复选区。

1.4　上机练习——幸福恋人

> **作品描述**

　　穿上婚纱的女人是最美丽的,婚礼对于大部分人来说都是一生一次的,都希望和自己选定的另一半白头偕老,幸福美满。将最幸福的瞬间留作纪念,这是拍婚纱照的意义。在本案例中将介绍如何制作幸福恋人婚纱照片处理效果。在制作本案例时,可以对本章所学习的内容进行掌握。效果如图1-83所示。

素材	素材\Cha01\一生挚爱-素材.psd、照片3.jpg
场景	场景\Cha01\幸福恋人.psd
视频	视频教学\Cha01\幸福恋人.mp4

图1-83　幸福恋人

案例实现

01 按 Ctrl+N 快捷键，在弹出的【新建文档】对话框中设置名称为"幸福恋人"，设置【宽度】和【高度】分别为 1614 像素、1181 像素，设置【分辨率】为 100，如图 1-84 所示。

图1-84　设置新建参数

02 单击【创建】按钮，按 Ctrl+O 快捷键，在弹出的【打开】对话框中选择素材文件，如图 1-85 所示，单击【打开】按钮。

03 在菜单栏中选择【选择】|【全部】命令，如图 1-86 所示。

图1-85　选择素材文件　　图1-86　选择【全部】命令

04 执行该操作后，即可选中文档边界内的全部图像。按住鼠标左键不放，将其拖曳至"幸福恋人 .psd"文件中，并调整该图像的位置，效果如图 1-87 所示。

图1-87　添加素材

05 按 Ctrl+D 快捷键，取消选区。按 Ctrl+O 快捷键，在弹出的【打开】对话框中选择"花 .png"素材文件，如图 1-88 所示。单击【打开】按钮。

图1-88　选择素材文件

06 在工具箱中选择【移动工具】，在花图像上单击并按住鼠标左键，将其拖曳至"幸福恋人 .psd"文件中，并调整其位置，效果如图 1-89 所示。

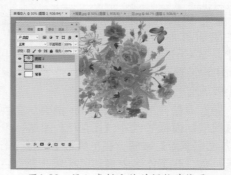

图1-89　添加素材文件并调整其位置

07 在【图层】面板中，确认【图层 2】图层处于选中状态，单击【添加图层蒙版】按钮 ▣，为【图层 2】图层添加一个蒙版。在工具箱中单击【渐变工具】按钮 ▣，在工具选项栏中单击【径向渐变】按钮，在工作区中拖动鼠标填充渐变色，效果如图 1-90 所示。

图1-92　添加素材并调整其大小及位置

图1-90　创建蒙版

08 在【图层】面板中将图层混合模式设置为【颜色加深】，将【不透明度】设置为 86，效果如图 1-91 所示。

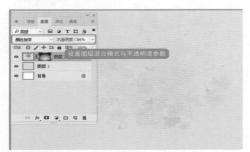
图1-91　设置图层混合模式及不透明度

图1-93　添加图层蒙版

11 在【图层】面板中将【图层 3】图层混合模式设置为【颜色加深】，如图 1-94 所示。

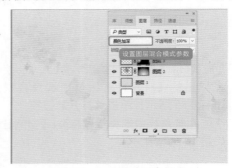
图1-94　设置图层混合模式

💬 提　示

在使用渐变工具进行填充时，需要将前景色设置为白色，将背景色设置为黑色，填充的黑色部分将变为透明，白色部分将变为不透明。

09 切换至"花 .png"文件中，按住鼠标左键将其再次添加至"幸福恋人 .psd"文件中，按 Ctrl+T 快捷键，在工具选项栏中将 W、H 均设置为 46.5，并调整其位置，效果如图 1-92 所示。

10 调整完成后，按 Enter 键确认变换。在【图层】面板中选中【图层 3】图层，单击【添加图层蒙版】按钮。在工具箱中选择【渐变工具】▣，在工作区中拖动鼠标填充渐变色，如图 1-93 所示。

12 打开"H01.jpg"素材文件，按住鼠标左键将其拖曳至"幸福恋人 .psd"文件中，按 Ctrl+T 快捷键，在工具选项栏中将 W、H 均设置为 215.6，将旋转角度设置为 -5.7，在工作区中调整其位置，如图 1-95 所示。

13 设置完成后，按 Enter 键确认。在【图层】面板中选中【图层 4】图层，为其添加一个图层蒙版，使用【渐变工具】进行填充，效果如图 1-96 所示。

14 在【图层】面板中单击【创建新图层】按钮，新建一个图层。在工具箱中选择【矩形选框工具】，在工作区中绘制一个矩形选框并单击鼠标右键，在弹出的快捷菜单中选择【变换选区】命令，如图 1-97 所示。

图1-95 添加素材并进行变换

图1-96 创建图层蒙版

图1-97 选择【变换选区】命令

疑难解答 如何对变换的选区进行旋转？

当变换选区时，在选区的周围会出现一个定界框，定界框的中央会有一个中心点，四周会有相应的控制点，当将鼠标置于定界框外的控制点时，鼠标将会变为 形状，单击并拖动鼠标可以随意角度的旋转对象，当选区处于变换状态时，单击鼠标右键，在弹出的快捷菜单中会出现【旋转180度】、【顺时针旋转90度】、【逆时针旋转90度】等命令，通过这些命令也可以对变换的选区进行旋转，除此之外，用户还可以通过在工具选项栏中设置【旋转】参数来调整旋转角度。

15 在工作区中对选区进行旋转及调整，效果如图 1-98 所示。

图1-98 调整选区后的效果

16 在工具箱中设置【前景色】为白色，按 Alt+Delete 快捷键填充前景色，如图 1-99 所示。

图1-99 填充前景色

17 按 Ctrl+D 快捷键，取消选区的选择。双击【图层 5】图层，在弹出的【图层样式】对话框中选择【投影】选项，设置【不透明度】为 31，设置【角度】为 30，勾选【使用全局光】复选框，将【距离】、【扩展】、【大小】分别设置为 5、0、35，如图 1-100 所示。

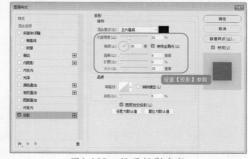

图1-100 设置投影参数

18 设置完成后，单击【确定】按钮。打开 "H02.jpg" 素材文件，使用【移动工具】将其拖曳至 "幸福恋人 .psd" 文件中，在工具箱中单击【矩形选框工具】按钮，在工作区中绘制一个矩形选框,如图 1-101 所示。

图1-101　绘制矩形选框

19　在选区中单击鼠标右键,在弹出的快捷菜单中选择【选择反向】命令,如图 1-102 所示。

图1-102　选择【选择反向】命令

20　按 Delete 键将选区中的对象进行删除,效果如图 1-103 所示。

图1-103　删除对象后的效果

21　按 Ctrl+D 快捷键,取消选区的选择;按 Ctrl+T 快捷键,变换选中对象。在工作区中调整其位置、角度及大小,调整完成后,按 Enter 键确认,效果如图 1-104 所示。

22　根据相同的方法,添加其他照片效果,如图 1-105 所示。

23　在工具箱中单击【横排文字工具】

按钮 T,在工作区中单击鼠标左键,输入文字。选中输入的文字,在【字符】面板中将【字体】设置为【汉仪小隶书简】,将【字体大小】设置为 55.63,将【垂直缩放】设置为 85,将颜色的 RGB 值设置为 177、161、133,单击【仿粗体】按钮,如图 1-106 所示。

图1-104　调整后的　　图1-105　添加其他照片后的
　　　　　　效果　　　　　　　　　　效果

图1-106　输入文字并进行设置

24　根据前面所介绍的方法,调整该文字的角度。使用相同的方法,输入其他文字效果,如图 1-107 所示。

图1-107　输入其他文字后的效果

1.5　习题与训练

1. 如何利用【矩形选框工具】绘制正方形?

2. 使用【魔棒工具】时,按住 Shift 键的同时单击鼠标左键可以起到什么效果?

3.【选择反向】命令的快捷键是什么?

第 2 章　杂志封面及宣传页——图像的绘制与修饰

> 杂志（Magazine），是有固定刊名，以期、卷、号或年、月为序，定期或不定期连续出版的印刷读物。它根据一定的编辑原则，将众多作者的作品汇集成册定期出版，又称期刊。

本章导读

- 裁剪工具
- 修复画笔工具
- 橡皮擦工具
- 渐变工具
- 减淡和加深工具
- 变换对象

本章案例

- 家居杂志封面
- 旅游杂志封面
- 美食杂志封面
- 戏曲文化杂志封面
- 旅游宣传单页
- 购物节宣传单页

在本章的学习中，不仅介绍如何制作杂志封面，还讲解如何制作宣传页。宣传页设计是视觉传达的表现形式之一，通过版面的构成，在第一时间内将人们的目光吸引，并获得瞬间的刺激，这要求设计者将图片、文字、色彩、空间等要素进行完整的结合，以恰当的形式向人们展示出宣传信息。

2.1 制作家居杂志封面——图像的移动与裁剪

作品描述

《时尚家居》杂志内容涵盖装饰、居住、家庭、生活等题材，在强调家居潮流的同时，更注重为用户提供基础实用的家居解决方案，通过提倡健康和谐的生活方式，带领大家一步步走向更加美好的生活，是用户家居生活中最贴心的精神伴侣。家居杂志封面制作完成后的效果如图2-1所示。

图2-1 家居杂志封面

素材	素材\Cha02\素材01.jpg、素材02.psd、素材03.psd、素材04.psd、素材05.psd、裁剪.jpg
场景	场景\Cha02\制作家居杂志封面——图像的移动与裁剪.psd
视频	视频教学\Cha02\制作家居杂志封面——图像的移动与裁剪.mp4

案例实现

01 打开 Photoshop CC 软件，在菜单栏中选择【文件】|【打开】命令，在弹出的【打开】对话框中，将【文件名】右侧的【文件类型】设置为【所有格式】，然后选择"素材 01.jpg"素材文件，单击【打开】按钮，如图2-2所示。

图2-2 【打开】对话框

02 打开后的素材文件如图 2-3 所示。

03 在工具箱中选择【裁剪工具】, 在工作区中将鼠标放置在裁剪框的边缘位置，当鼠标变为 形状时，按住鼠标左键并移动，将其向下拖曳到合适的位置后释放鼠标，调整完成后的效果如图2-4所示。

图2-3 打开素材文件　　图2-4 调整裁剪框上方的边缘

04 使用同样的方法将裁剪框下方的边缘向上拖曳到合适的位置，单击【递交当前裁剪操作】按钮，或者按 Enter 键，即可对素材文件进行裁剪。裁剪完成后的效果如图 2-5 所示。

图2-5 裁剪完成后的效果

05 在菜单栏中选择【文件】|【存储为】命令，在弹出的【另存为】对话框中为其选择一个正确的存储路径，将【文件名】设置为"裁剪"，将【保存类型】设置为 JPEG(*.JPG;*.JPEG;*.JPG)，设置完成后，单击【保存】按钮，如图 2-6 所示。

图2-6 保存文件

06 在菜单栏中选择【文件】|【新建】命令，在弹出的【新建文档】对话框中将【宽度】和【高度】分别设置为2250、3000，设置完成后，单击【创建】按钮，如图2-7所示。

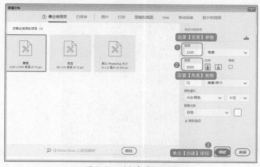

图2-7　创建新文档

>> **知识链接**

在早期，杂志和报纸的形式差不多，极易混清。后来，报纸逐渐趋向于刊载有时间性的新闻，杂志则专刊小说、游记和娱乐性文章，在内容的区别上越来越明显。在形式上，报纸的版面越来越大，为三到五英尺，对折；而杂志则经装订，加封面，成了书的形式。此后，杂志和报纸在人们的观念中才被具体分开。

07 创建完成后的效果如图2-8所示。

08 在工具箱中选择【矩形工具】▢，然后在工作区中单击鼠标左键并拖曳到合适的位置后释放鼠标，在弹出的【属性】面板中，单击W和H中间的【链接形状的宽度和高度】按钮 ⛓，将其解除。然后将W和H分别设置为2250、3000，将X和Y均设置为0，如图2-9所示。

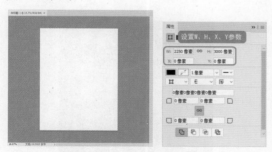

图2-8　创建文档后的效果　　图2-9　【属性】面板

09 设置完成后，单击【填充】色块 ▬，在弹出的【纯色】对话框中将填充颜色的RGB值分别设置为106、57和6，设置完成后单击【确定】按钮，关闭该对话框，如图2-10所示。

图2-10　【纯色】对话框

10 设置完成后的效果如图2-11所示。

11 在工具箱中单击【横排文字工具】按钮 T，在工作区中单击鼠标左键，然后单击【属性】按钮 ☺，在弹出的【属性】面板中，将【字体】设置为【叶根友毛笔行书2.0版】，将【字体大小】设置为300，将【字符间距】和【字符行距】分别设置为0、25.51，如图2-12所示。

图2-11　创建完成后的矩形　　图2-12　设置字体属性

12 设置完成后，输入"时尚家居"文本。输入完成后，在工具箱中选择【移动工具】，选择文本并调整文本的位置，效果如图2-13所示。

图2-13　输入完成后的效果

13 使用上面介绍的方法，在工具箱中再次单击【横排文字工具】按钮 T，在工作区中单击鼠标左键，然后单击【属性】按钮，在

弹出的【属性】面板中，将【字体】设置为
OCR A Extended，将【字体大小】设置为200，
将【字符间距】和【字符行距】分别设置为0、
【(自动)】，如图2-14所示。

14 设置完成后，输入 TRENDSHOME
文本。输入完成后，在工具箱中选择【移动
工具】，选择文本并调整文本的位置，效果如
图2-15所示。

图2-14 设置字体属性　图2-15 输入完成后的
　　　　　　　　　　　　　　　　效果

15 按 Ctrl+O 快捷键，在弹出的【打
开】对话框中选择"素材02.png"和"素材
03.psd"素材文件，单击【打开】按钮，如
图12-16所示。

图2-16 选择素材文件

16 在"素材02.psd"素材文件中，单击
工具箱中的【移动工具】按钮 ⊕，选择该文件
中的素材，按住鼠标左键将其拖曳至当前文档
中，将其调整至合适的位置后释放鼠标；使用
同样的方法，将"素材03.psd"素材文件中的
素材拖曳至当前文档中的合适位置，调整完成
后的效果如图2-17所示。

17 使用【横排文字工具】 T，在场景中
输入文本"创意思维·升级品味"，并在【属

性】面板中将【字体】设置为【Adobe 黑体
Std】，将【字体大小】设置为60，将【字符间
距】和【字符行距】分别设置为 -160、58.47，
设置完成后调整文本的位置，效果如图2-18
所示。

图2-17 调整完成后的效果

图2-18 设置字体属性

18 使用同样的方法，输入其他文本，并
调整其属性参数，调整完成后的效果如图2-19
所示。

图2-19 调整完成后的效果

19 在工具箱中按住【矩形工具】，在弹出的下拉列表中选择【椭圆工具】，在工作区中，按住Shift键并拖动鼠标，绘制出一个正圆。在【属性】面板中将填充颜色设置为255、255、255，将描边设置为【无】，设置完成后调整刚绘制的椭圆的大小和位置，效果如图2-20所示。

图2-20 绘制椭圆

20 再次在工具箱中选择【椭圆工具】◯，并按住Shift键绘制一个正圆。绘制完成后，在【属性】面板中将【填充】设置为无，将【描边】设置为白色，将【描边宽度】设置为2，效果如图2-21所示。

图2-21 再次绘制椭圆

21 将前面所绘制的两个椭圆进行多次复制，效果如图2-22所示。

22 使用上面介绍的方法，将"素材04.psd""素材05.psd"和"裁剪.jpg"素材文件拖曳至当前文档中，并将"素材05.psd"素材文件复制，调整至合适的位置，效果如图2-23所示。

图2-22 复制后的效果　　图2-23 完成后的效果

知识链接

在Photoshop CC中复制图层可以有以下几种方法。

01 在【图层】面板中选择需要复制的图层，按住鼠标左键，将其拖曳至【图层】面板中右下角的【创建新图层】按钮上，即可将要复制的图层创建至新建图层的同一位置。

02 选中需要复制的图层，按Ctrl+A快捷键将其全选，按Ctrl+C快捷键将其复制，新建一个空白图层，按Ctrl+V快捷键粘贴即可。

03 选中需要复制的图层，按Ctrl+J快捷键即可将要复制的图层复制到新建图层的同一位置。

04 在工具箱中选择【移动工具】，按住Alt键不放，使用鼠标左键选中工作区中需要复制的图层中的图像，移动鼠标至合适的位置后释放鼠标左键即可。

05 在菜单栏中选择【图层】|【复制图层】命令，在弹出的对话框中单击【确定】按钮即可。

疑难解答 裁剪的快捷键是什么？如何在工作区中绘制裁剪选区？

按C键，可以快速选择【裁剪工具】；在工作区中按住鼠标左键并向任意方向拖曳后释放鼠标左键即可完成裁剪选取的绘制。

2.1.1 移动工具

在Photoshop CC中使用【移动工具】可以移动没有锁定的对象，以此来调整对象的位置。下面通过实际的操作来学习该工具的使用方法。

01 打开Photoshop CC软件，在菜单栏中选择【文件】|【打开】命令，在弹出的【打开】对话框中选择"素材06.jpg"和"素材07.png"素材文件，如图2-24和图2-25所示。

02 单击工具箱中的【移动工具】按钮，在"素材07.png"素材文件中选中【图层0】图层，然后在裁剪文件中选中素材图片，按住鼠标左键拖曳至"素材06.jpg"素材文件中，在合适的位置上释放鼠标左键并调整其位置即可，如图2-26所示。

图2-24 "素材06.jpg"
素材文件　　图2-25 "素材07.png"
素材文件

图2-26 完成后的效果

📎 提 示

　　使用【移动工具】选中对象时，每按一下键盘中的上、下、左、右方向键，图像就会移动一个像素的距离；按住Shift键的同时再按方向键，图像每次会移动10个像素的距离。

2.1.2 裁剪工具

　　使用【裁剪工具】 可以保留图像中需要的部分，剪去不需要的内容。下面通过实际的操作来学习该工具的使用方法。

　　01 打开 Photoshop CC 软件，在菜单栏中选择【文件】|【打开】命令，在弹出的【打开】对话框中，选择"素材08.jpg"素材文件，单击【打开】按钮，如图2-27所示。

图2-27 打开的素材文件

　　02 在工具箱中选择【裁剪工具】 ，在工作区中按住鼠标左键并调整裁剪框的大小，在合适的位置上释放鼠标左键，调整完成后的效果如图2-28所示。

图2-28 调整完成后的效果

　　如果要将裁剪框移动到其他位置，则可将指针放在裁剪框内并拖动。在调整裁剪框时按住Shift键，则可以约束其裁剪比例。如果要旋转选框，则可将指针放在裁剪框外（指针变为弯曲的箭头形状 ）并拖动。

2.2 制作旅游杂志封面——图像修复工具

🔹 作品描述

　　新颖独特的视角观点、专业实用的文章内容是杂志成功的基石，但杂志的包装设计同样非常重要。说到包装，杂志的封面是读者取阅至关重要的一方面，设计精美富有吸引力，色彩具有视觉冲击力，是其吸引人的关键。一个好杂志的品位是靠包装出来的，品味表现在每一处的字号大小，用什么字体、什么颜色，版式的留白等，从这些细节中才能感受到杂志的性格。这就像看一幅中国画一样，好的内容外，好的落款与印章都是不可或缺的。杂志的装帧设计，可以专业视角、美术观点，按主题系列进行设计和插图。旅游杂志封面制作完成后的效果如图2-29所示。

图2-29 旅游杂志封面

素材	素材\Cha02\素材09.jpg、素材10.psd
场景	场景\Cha02\制作旅游杂志封面——图像修复工具.psd
视频	视频教学\Cha02\制作旅游杂志封面——图像修复工具.mp4

案例实现

01 在菜单栏中选择【文件】|【打开】命令，在弹出的【打开】对话框中选择"素材09.jpg"和"素材10.psd"素材文件，单击【打开】按钮，如图 2-30 所示。

图2-30　选择素材文件

02 执行该操作后，即可将选中的两个素材文件打开，效果如图 2-31 所示。

图2-31　打开的素材文件

03 单击【修补工具】按钮，在工作区中按住鼠标左键并拖动，绘制出一个可以将场景中热气球部分圈住的不规则图形，如图 2-32 所示。当鼠标变为如图 2-33 所示中的形状时，按住鼠标左键，将其向左移动适当的位置，释放鼠标后即可完成修复。

图2-32　绘制不规则图形　　图2-33　移动图形

04 单击【裁剪工具】按钮，将裁剪框调整为如图 2-34 所示的大小。

05 调整完成后，按 Enter 键完成裁剪，效果如图 2-35 所示。

图2-34　调整裁剪框　　图2-35　裁剪后的效果

06 单击【矩形工具】按钮，在工作区中绘制矩形。绘制完成后，打开【属性】面板，将【描边】设置为无，单击【填充】色块，在弹出的下拉列表中单击【纯色】按钮，将RGB 值设置为248、181、81，单击【确定】按钮，如图 2-36 所示。

图2-36　绘制矩形

07 使用相同的方法，再次绘制出一个矩形，效果如图 2-37 所示。

08 单击【横排文字工具】按钮，在工作区中输入文本。然后选中所输入的文本，将其调整至合适的位置。打开【属性】面板，将【字体】设置为 Aparajita，将【字体】设置为 Bold，将【字体大小】设置为 50，将【字符间距】和【字符行距】分别设置为 -50 和【自动】，如图 2-38 所示。

图2-37　绘制矩形　　图2-38　输入文本并设置文本属性

09 将【颜色】设置为 #fdd003，设置完成后单击【确定】按钮，如图2-39所示。

图2-39　设置文本颜色

10 再次使用【横排文字工具】 T 在工作区中输入文本。然后选中所输入的文本，将其调整至合适的位置，在【属性】面板中将【字体】设置为【方正大黑简体】，将【字体大小】设置为80，将【字符间距】和【字符行距】分别设置为0和【自动】，如图2-40所示。

图2-40　输入文本并设置文本属性

11 将【颜色】设置为#fff9dd，设置完成后单击【确定】按钮，如图2-41所示。

图2-41　设置文本颜色

12 使用前面相同的方法，输入并设置其他的文本，设置完成后的效果如图2-42所示。

13 单击【移动工具】按钮 ，选择"素材10.psd"素材文件，按住鼠标左键将其拖曳至当前文档中，并调整至合适的位置，调整完成后的效果如图2-43所示。

图2-42　输入文本并设置　　图2-43　调整素材位置
　　　　　属性

14 在菜单栏中选择【文件】|【存储为】命令，在弹出的【另存为】对话框中为其选择一个正确的存储路径，并将【文件名】重新命名，将【保存类型】设置为Photoshop(*,PSD;*,PDD;*,PSDT)，设置完成后单击【保存】按钮，如图2-44所示。

图2-44　保存场景文件

■ 疑难解答　【修补工具】的作用是什么？
修补工具会将样本像素的纹理、光照和阴影与源像素进行匹配。

2.2.1　污点修复画笔工具

【污点修复画笔工具】 可以快速移去照片中的污点和其他不理想的部分。污点修复画笔的工作方式与修复画笔类似：它使用图像或图案中的样本像素进行绘画，污点修复画笔不要求用户指定样本点，它将自动从所修饰区域的周围取样。下面就来介绍该工具的使用方法。

01 打开"素材11.jpg"素材文件，如

图 2-45 所示。

02 单击工具箱中的【污点修复画笔工具】按钮 🖌，在工作区中对想要移去的部分进行涂抹，如图 2-46 所示。

图2-45 打开的素材文件　图2-46 涂抹要移除的部分

03 在释放鼠标后，系统会自动进行修复，效果如图 2-47 所示。

图2-47 修复后的效果

2.2.2 修复画笔工具

【修复画笔工具】🖌可用于校正瑕疵，使它们消失在周围的图像环境中。【修复画笔工具】可以利用图像或图案中的样本像素来绘画，可将样本像素的纹理、光照、透明度和阴影等与源像素进行匹配，从而使修复后的像素很好地融入图像的其余部分。下面就来学习该工具的使用方法。

01 打开"素材 12.jpg"素材文件，如图 2-48 所示。

02 选择工具箱中的【修复画笔工具】，在工作区中，按住 Alt 键的同时在合适的位置单击鼠标左键进行取样，然后在要进行修复的位置进行涂抹，如图 2-49 所示。

图2-48 打开的素材文件 图2-49 在合适的位置涂抹

03 在释放鼠标后，即可完成修复，效果如图 2-50 所示。

图2-50 修复后的效果

2.2.3 修补工具

【修补工具】🔧可以说是对【修复画笔工具】的一个补充。【修复画笔工具】是使用画笔来进行图像的修复，而【修补工具】则是通过选区来进行图像修复的。像【修复画笔工具】一样，【修补工具】会将样本像素的纹理、光照和阴影等与源像素进行匹配。下面就来学习该工具的使用方法。

01 打开"素材 13.jpg"素材文件，如图 2-51 所示。

02 选择工具箱中的【修补工具】🔧，在素材图片中进行选取，然后移动选区，在合适的位置上释放鼠标，即可完成对图像的修补，如图 2-52 所示。

图2-51 打开的素材文件　图2-52 修补后的效果

2.2.4 红眼工具

【红眼工具】👁可移去用闪光灯拍摄的人物照片中的红眼，也可以移去用闪光灯拍摄的动物照片中的白色或绿色反光。红眼是由于相机闪光灯在主体视网膜上反光引起的。在光线暗淡的房间里照相时，由于主体的虹膜张开得很宽，因此将会更加频繁地看到红眼。为了避免红眼，应使用相机的红眼消除功能，或者最好使用可安装在相机上远离相机镜头位置的独立闪光装置。除此之外，用户还可以通过Photoshop CC 中的【红眼工具】对照片中的红眼进行修复，其具体操作步骤如下。

01 打开"素材 14.jpg"素材文件，如图 2-53 所示。

图2-53 打开的素材文件

02 选择工具箱中的【红眼工具】 ，在素材文件中动物眼睛的位置按住鼠标左键并进行框选，系统将自动修复素材文件中动物的红眼，如图 2-54 所示。完成后的效果如图 2-55 所示。

图2-54 框选红眼

图2-55 完成后的效果

2.2.5 仿制图章工具

【仿制图章工具】 可以从图像中复制信息，然后应用到其他区域或者其他图像中，该工具常用于复制对象或去除图像中的缺陷。下面将通过实际的操作来学习该工具的使用方法。

01 打开"素材 15.jpg"素材文件，如图 2-56 所示。单击工具箱中的【仿制图章工具】按钮 ，在工具选项栏中打开【画笔预设】面板，选择一个柔边画笔，在【硬度】文本框中输入 100，按 Enter 键确认，如图 2-57 所示。

02 按住 Alt 键在食物的任意位置单击进行取样，然后在没有食物的位置进行涂抹，如图 2-58 所示。完成后的效果如图 2-59 所示。

图2-56 打开的素材文件　图2-57 设置笔触

图2-58 进行仿制

图2-59 完成后的效果

2.2.6 历史记录画笔工具

【历史记录画笔工具】 可以将图像恢复到编辑过程中的某一状态，或者将部分图像恢复为原样。该工具需要配合【历史记录】面板一同使用。下面通过实例来学习该工具的使用方法。

01 打开"素材 16.jpg"素材文件。单击工具箱中的【污点修复画笔工具】，在素材文件中对素材进行涂抹，如图 2-60 所示。

02 释放鼠标后，即可对素材文件进行修复，效果如图 2-61 所示。

图2-60 对素材进行涂抹　图2-61 修复后的效果

03 单击工具箱中的【历史记录画笔工

具】按钮 ，在工具选项栏中打开【画笔预设】面板，在【大小】文本框中输入100，在【硬度】文本框中输入100，按Enter键确认，如图2-62所示。

04 设置完成后，在修复的位置处进行涂抹，即可恢复素材文件的原样，如图2-63所示。

图2-62　设置画笔大小　　图2-63　恢复图形原样

2.3 制作美食杂志封面——橡皮擦工具组

》 作品描述

随着最近几年全球生活方式刊物的兴起，美食杂志在这些生活方式类刊物中脱颖而出，每年都有不少新刊出现。新兴美食杂志的照片往往堪比时尚大片，每一页都让读者心驰神往。在制作美食杂志封面时，应根据杂志的需要灵活地对版面进行设计。同时，要注重突出整个杂志的风格。本节将介绍如何制作美食杂志封面效果，如图2-64所示。

图2-64　美食杂志封面

素材	素材\Cha02\素材17.jpg、素材18.psd、素材19.jpg、素材20.jpg、素材21.jpg、素材22.jpg、素材23.jpg
场景	场景\Cha02\制作美食杂志封面——橡皮擦工具组.psd
视频	视频教学\Cha02\制作美食杂志封面——橡皮擦工具组.mp4

》 案例实现

01 在菜单栏中选择【文件】|【打开】命令，在弹出的【打开】对话框中选择【素材17.jpg】素材文件，单击【打开】按钮。效果如图2-65所示。

02 在工具箱中单击【矩形工具】按钮 ，并在场景中绘制矩形。然后打开【属性】面板，将W、H、X和Y分别设置为240、2、175和100，将【填充】设置为#fd372c，将【描边】设置为无，设置完成后按Enter键，如图2-66所示。

图2-65　打开的素材文件　　图2-66　绘制矩形

03 在工具箱中单击【矩形工具】按钮 ，并在场景中绘制矩形。然后打开【属性】面板，将W、H、X和Y分别设置为1、100、175和100，将【填充】设置为#fd372c，将【描边】设置为无，设置完成后按Enter键，如图2-67所示。

04 使用相同的方法，再次绘制两个矩形，将W、H、X和Y分别设置为1、280、435、130和100，1、335、410，完成后的效果如图2-68所示。

05 单击工具箱中的【横排文字工具】按钮 T ，在工作区中任意位置单击鼠标左键并输入文本"深"。在工具箱中选择【移动工具】，选中文本【深】，将其调整至合适的位置，打开【属性】面板，将【字体】设置为【汉仪粗圆简】，将【字体大小】设置为95.99，将【字符间距】和【字符行距】分别设置为0、【(自动)】，将【颜色】设置为#fd372c，如图2-69所示。

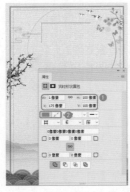

图2-67　绘制矩形　　　图2-68　绘制多个矩形

06 使用相同的方法，依次创建"夜""美""食"文本，并调整其至合适的位置，如图2-70所示。

图2-69　创建文本并设置　图2-70　再次创建文本
　　　　　【属性】

07 在工具箱中单击【圆角矩形工具】按钮，按住鼠标左键向下拖曳，绘制出一个圆角矩形。绘制完成后，将其调整至合适的位置，打开【属性】面板，将【填充】设置为#fd372c，将【描边类型】设置为无，将【角半径】设置为7.5，效果如图2-71所示。

08 选择【直排文字工具】，并在工作区中输入文本"美味可口 色香味俱全"，打开【属性】面板，将【字体】设置为【方正黑体简体】，将【字体大小】设置为7，将【颜色】设置为255、255、255，如图2-72所示。

图2-71　绘制圆角矩形　　图2-72　输入文本

09 选择工具箱中的【椭圆工具】，在工作区中按住Shift键的同时拖曳鼠标绘制出一个正圆，将【填充】设置为#fd372c，将【描边】设置为无，并将其调整至合适的位置，如图2-73所示。

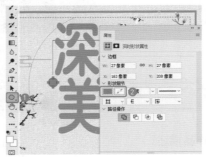

图2-73　绘制完成后的效果

10 将前面所绘制的正圆复制并调整位置，效果如图2-74所示。

图2-74　复制正圆

11 单击工具箱中的【横排文字工具】按钮，在工作区中单击鼠标左键，输入文本"中"，打开【属性】面板，将【字体】设置为【汉仪小隶书简】，将【字体大小】设置为20，将【颜色】设置为255、255、255，使用【移动工具】将其调整至合适的位置，效果如图2-75所示。

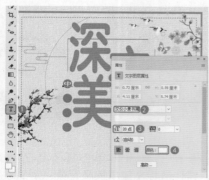

图2-75　输入文本并设置属性

12 使用相同的方法，再次在工作区中输入文本【国】、【美】和【食】，使用【移动工具】将刚输入的 3 个文本调整至合适的位置，如图 2-76 所示。

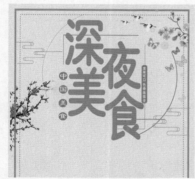

图2-76　输入并调整文本

13 在菜单栏中选择【文件】|【打开】命令，在弹出的【打开】对话框中选择"素材 18.psd"素材文件，如图 2-77 所示。

图2-77　素材文件

14 使用【移动工具】将"素材 18.psd"素材文件拖曳至当前文档中，调整其至合适的位置和大小，效果如图 2-78 所示。

提　示

在 Photoshop CC 中处理图片大小时，可以按 Ctrl+T 快捷键，此时工作区中会出现一个矩形调节框和 8 个节点，可以根据需要拖曳这些节点，调整图片的大小，也可以对图片进行旋转和一定程度的变形；在菜单栏中选择【编辑】|【自由变换】命令，可以实现同样的效果。如需将图片等比缩放，按住 Shift 键的同时使用鼠标左键拖曳节点即可。

图2-78　调整完成后的效果

疑难解答　如何缩放图像？

利用【缩放工具】可以实现对图像的缩放。

还可以通过快捷键来实现放大或缩小图像。使用Ctrl++快捷键可以画布为中心放大图像；使用Ctrl+-快捷键可以画布为中心缩小图像；使用Ctrl+0快捷键可以最大化显示图像，使图像填满整个图像窗口。

15 调整完成后，将"素材 18.psd"素材文件关闭即可。单击工具箱中的【横排文字工具】按钮 T，在工作区中单击鼠标左键并输入文本"深夜食堂"，打开【属性】面板，将【字体】设置为【方正楷体简体】，将【字体大小】设置为 20，将【颜色】设置为 #fd372c，使用【移动工具】将其调整至合适的位置，效果如图 2-79 所示。

图2-79　调整完成后的效果

16 单击工具箱中的【横排文字工具】按钮 T，在工作区中单击鼠标左键并输入文本"正宗中国味道 / 营养健康 / 口味丰富 / 嫩滑爽口"，打开【属性】面板，将【字体】设置为【方正黑体简体】，将【字体大小】设置为 15，将【颜色】设置为 0、0、0，设置完成后将其调整至合适的位置，效果如图 2-80 所示。

图2-80　调整完成后的效果

抓手工具

在Photoshop中处理图像时，会频繁在图像的整体和局部之间来回切换，通过对局部的修改来达到最终的效果。该软件中提供了几种图像查看命令，用于完成这一系列的操作。

当图像被放大到只能够显示局部图像的时候，可以使用【抓手工具】查看图像中的某一个部分，除使用【抓手工具】查看图像外，在使用其他工具时按住空格键拖动鼠标左键就可以显示所要显示的部分；也可以拖动水平和垂直滚动条来查看图像。

[17] 按Ctrl+O快捷键，在弹出的【打开】对话框中选择如图2-81所示的素材文件，单击【打开】按钮。

图2-81　选择素材文件

[18] 将素材打开后，切换到"素材19.jpg"素材文件的工作区中，如图2-82所示。

[19] 单击工具箱中的【魔术橡皮擦工具】按钮，在工作区的空白处单击鼠标左键，

即可将背景擦除为透明色，如图2-83所示。

图2-82　打开素材文件　图2-83　擦除背景后的效果

[20] 在工具箱中单击【移动工具】按钮，按住鼠标左键将擦除背景色后的素材文件拖曳至当前文档中，并将其调整至合适的位置，如图2-84所示。

[21] 使用相同的方法，将其他的素材文件擦除背景，并将其拖曳至当前文档中合适的位置，效果如图2-85所示。

图2-84　调整完成后　　图2-85　最终完成后
　　的效果　　　　　　　的效果

2.3.1　橡皮擦工具

【橡皮擦工具】可以将不需要的地方进行擦除。【橡皮擦工具】的颜色取决于背景色的RGB值，如果在普通图层上使用，则会将像素擦除为透明效果。下面就来学习该工具的使用方法。

[01] 打开"橡皮擦工具.jpg"素材文件，如图2-86所示。

图2-86　打开的素材文件

02 选择工具箱中的【橡皮擦工具】 ，在工具选项栏中打开【画笔预设】面板，在【大小】文本框中输入30，将【硬度】设置为100，按Enter键确认，如图2-87所示。

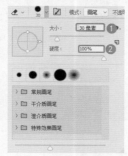

图2-87　设置画笔大小

03 在工具箱中将背景色的RGB值设置为0、0、255，在素材文件中进行涂抹，完成后的效果如图2-88所示。

图2-88　完成后的效果

2.3.2 背景橡皮擦工具

【背景橡皮擦工具】可抹除图层上的像素，使图层透明。还可以抹除背景，同时保留对象中与前景相同的边缘。通过指定不同的取样和容差选项，可以控制透明度的范围和边界的锐化程度。

背景橡皮擦工具选项栏如图2-89所示。其中包括【画笔】设置项、【限制】下拉列表、【容差】设置框、【保护前景色】复选框以及取样设置等。

图2-89　背景橡皮擦工具选项栏

- 【画笔】设置项：用于选择形状。
- 【连续】：单击此按钮，擦除时会自动选择所擦除的颜色为标本色，此按钮用于抹去不同颜色的相邻范围。在擦除一种颜色时，【背景橡皮擦工具】不能超过这种颜色与其他颜色的

边界而完全进入另一种颜色，因为这时已不再满足相邻范围这个条件。当【背景橡皮擦工具】完全进入另一种颜色时，标本色即随之变为当前颜色，也就是说，现在所在颜色的相邻范围为可擦除的范围。

- 【一次】：单击此按钮，擦除时首先在要擦除的颜色上单击以选定标本色，这时标本色已固定，然后就可以在图像上擦除与标本色相同的颜色范围了。每次单击选定标本色只能做一次连续的擦除，如果想继续擦除，则必须重新单击选定标本色。
- 【柔和度】：该选项用于设置替换颜色后的柔和程度。
- 【背景色板】：单击此按钮，也就是在擦除之前选定好背景色（即选定好标本色），然后就可以擦除与背景色相同的色彩范围了。
- 【限制】下拉列表：用于选择【背景橡皮擦工具】的擦除界限。【不连续】选项，在选定的色彩范围内，可以多次重复擦除；【连续】选项，在选定的色彩范围内，只可以进行一次擦除，也就是说，必须在选定的标本色内连续擦除；【查找边缘】选项，在擦除时，保持边界的锐度。
- 【容差】设置框：可以输入数值或者拖动滑块来调节容差。数值越低，擦除的范围越接近标本色。数值高的容差会把其他颜色擦成半透明的效果。
- 【保护前景色】复选框：用于保护前景色，使之不会被擦除。

在Photoshop CC 2018中是不支持背景图层有透明部分的，而【背景橡皮擦工具】则可直接在背景图层上擦除，擦除后，Photoshop CC 2018会自动把背景图层转换为一般图层。

2.3.3 魔术橡皮擦工具

【魔术橡皮擦工具】 与【橡皮擦工具】 不同，它可以在同一RGB值的位置上单击鼠标左键时，将其擦除。下面就来学习该工具的

使用方法。

01 打开【魔术橡皮擦工具.jpg】素材文件，在工具箱中选择【魔术橡皮擦工具】 ，如图 2-90 所示。

图2-90　选择【魔术橡皮擦工具】

02 在素材中的空白位置上单击鼠标左键，即可将其擦除，如图 2-91 所示。

图2-91　完成后的效果

2.4 制作戏曲文化杂志封面——图像像素处理工具

作品描述

中国戏曲主要是由民间歌舞、说唱和滑稽戏 3 种不同艺术形式综合而成。它起源于原始歌舞，是一种历史悠久的综合舞台艺术样式。经过汉、唐到宋、金才形成比较完整的戏曲艺术，它由文学、音乐、舞蹈、美术、武术、杂技以及表演艺术综合而成，约有 360 多个种类。它的特点是将众多艺术形式以一种标准聚合在一起，在共同具有的性质中体现其各自的个性。中国的戏曲与希腊悲剧和喜剧、印度梵剧并称为世界三大古老的戏剧文化，经过长期的发展演变，逐步形成了以京剧、越剧、黄梅戏、评剧、豫剧五大戏曲剧种为核心的中华戏曲百花苑。戏曲文化杂志封面制作完成后的效果如图 2-92 所示。

素材	素材\Cha02\素材24.jpg、素材25.psd、素材26.jpg
场景	场景\Cha02\制作戏曲文化杂志封面——图像像素处理工具.psd
视频	视频教学\Cha02\制作戏曲文化杂志封面——图像像素处理工具.mp4

图2-92　戏曲文化杂志封面

案例实现

01 在菜单栏中选择【文件】|【打开】命令，在弹出的【打开】对话框中，选择"素材 24.jpg"素材文件，单击【打开】按钮，如图 2-93 所示。

图2-93　单击【打开】按钮

02 打开后的效果如图 2-94 所示。

图2-94　打开后的效果

03 在工具箱中单击【直排文字工具】按钮 IT，输入文本内容，然后打开【属性】面板，将【字体】设置为【迷你繁启体】，将【字体大小】设置为 30，将【字符间距】和【字符行距】分别设置为 0、(（自动）)，将【颜色】设置为黑色，使用【移动工具】将其移动至合适的位置，如图 2-95 所示。

图2-95 调整文字位置

04 单击工具箱中的【圆角矩形工具】按钮 □，在工作区中绘制圆角矩形，在【属性】面板中将 W 和 H 分别设置为 35、60，将【填充】设置为 #ff0000，将【描边】设置为无，将【角半径】都设置为 2，然后使用【移动工具】，将其移动至合适的位置，如图 2-96 所示。

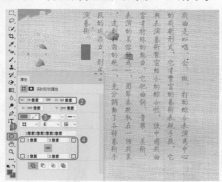

图2-96 调整矩形位置

05 在工具箱中单击【直排文字工具】按钮 IT，输入文本内容，打开【属性】面板，将【字体】设置为【迷你繁启体】，将【字体大小】设置为 25，将【字符间距】和【字符行距】分别设置为 0、(（自动）)，将【颜色】设置为白色，然后使用【移动工具】将其移动至合适的位置，如图 2-97 所示。

06 在菜单栏中选择【文件】|【打开】命令，在弹出的【打开】对话框中，选择"素

材 25.psd"素材文件，单击【打开】按钮，如图 2-98 所示。

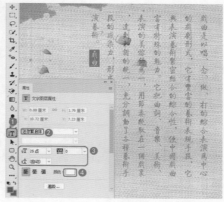

图2-97 输入文本并调整其位置

图2-98 选择素材文件

知识链接

戏曲音乐是中国民族民间音乐的一种体裁。它是戏曲艺术中表现人物思想感情，刻画人物性格，烘托舞台气氛的重要艺术手段之一，也是区别不同剧种的重要标志。它来源于民歌、曲艺、舞蹈、器乐等多种音乐成分，是中国民族民间音乐的重要组成部分。这种戏剧音乐有自己特有的结构形式、表现手法、艺术技巧，具有强烈的民族艺术风格。从音乐的角度看，戏曲属于中国人的音乐戏剧。它与西方歌剧及其作曲家个人专业创作的音乐有明显的区别。

07 打开后的效果如图 2-99 所示。

08 使用【移动工具】 ，将刚刚打开的素材文件拖曳至当前文档中，并将其调整至合适的位置，效果如图 2-100 所示。

09 在菜单栏中选择【文件】|【打开】命令，在弹出的【打开】对话框中，选择【素

材 26.jpg】素材文件，单击【打开】按钮，如图 2-101 所示。

图2-99　打开的素材文件　　图2-100　调整素材文件后的效果

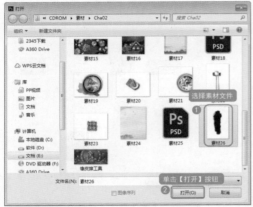

图2-101　打开素材文件

10 打开后的效果如图 2-102 所示。

11 在工具箱中单击【魔术橡皮擦工具】按钮 ，单击工作区的空白位置，将背景擦除，效果如图 2-103 所示。

图2-102　打开的素材文件　图2-103　擦除素材背景

12 单击工具箱中的【模糊工具】按钮 ，在工具选项栏中打开【画笔预设】面板，将【大小】设置为 15，将【硬度】设置为

100，按 Enter 键确认，如图 2-104 所示。

图2-104　【画笔预设】面板

疑难解答　【模糊工具】的作用是什么？

在Photoshop CC 2018中有时要运用模糊处理工具，这主要是为了突出需要的部分。比如人物、产品等需要特别让人注意的，但又不想图片太生硬，或是不太和谐，就可以使用【模糊工具】将其他部分进行模糊。

知识链接

工具选项栏

大多数工具的选项都会在工具选项栏中显示，如图 2-105 所示。

图2-105　工具选项栏

工具选项栏与工具相关，并且会随所选工具的不同而变化。工具选项栏中的一些设置对于许多工具都是通用的，但是有些设置则专用于某个工具。

13 按住鼠标左键，在素材文件的边缘位置进行涂抹，完成后的效果如图 2-106 所示。

14 使用【移动工具】 将模糊后的素材文件拖曳至当前文档中，并将其调整至合适的位置，效果如图 2-107 所示。

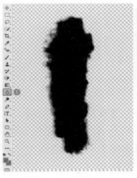 

图2-106　模糊素材文件　图2-107　调整完成后的效果

15 在工具箱中单击【直排文字工具】按钮 ，并输入文本"戏曲人生"，打开【属性】面板，将【字体】设置为【经典繁印篆】，将【字体大小】设置为 90，将【字符间距】和【字

符行距】分别设置为0、【(自动)】，将【颜色】设置为255、255、255，然后使用【移动工具】将其移动至合适的位置，如图2-108所示。

图2-108　设置完成后的效果

» 知识链接

工具箱

第一次启动应用程序时，工具箱将出现在屏幕的左侧，可通过拖动工具箱的标题栏来移动它。通过在菜单栏中选择【窗口】|【工具】命令，用户也可以显示或隐藏工具箱；Photoshop CC的工具箱如图2-109所示。

单击工具箱中的一个工具即可选择该工具，将光标停留在一个工具上，会显示该工具的名称和快捷键，如图2-110所示。也可以按工具的快捷键来选择相应的工具。右下角带有三角形图标的工具表示这是一个工具组，在这样的工具上按住鼠标左键可以显示隐藏的工具，如图2-111所示；将光标移至隐藏的工具上，然后释放鼠标，即可选择该工具。

图2-109　工具箱　图2-110　显示工具的名称和快捷键

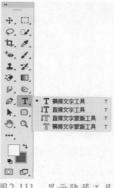

图2-111　显示隐藏工具

2.4.1 模糊工具

【模糊工具】 可以柔化图像的边缘，减少图像中的细节。下面通过实例来学习该工具的使用方法。

01 打开"模糊工具.jpg"素材文件，选择工具箱中的【模糊工具】，在工具选项栏中打开【画笔预设】面板，在【大小】文本框中输入50，在【硬度】文本框中输入100，按Enter键确认，如图2-112所示。

02 设置完成后，在素材文件中进行涂抹，完成后的效果如图2-113所示。

图2-112　设置画笔大小

图2-113　完成后的效果

提示

在使用【模糊工具】◊时,如果反复涂抹同一区域,会使该区域变得更加模糊。【模糊工具】适合处理小范围内的图像,如果要对整幅图像进行处理,应使用【模糊】滤镜。

2.4.2 涂抹工具

【涂抹工具】☝可以模拟手指拖过湿油漆时呈现的效果。在工具选项栏中除【手指绘画】选项外,其他选项都与【模糊工具】相同。下面就来学习该工具的使用方法。

01 打开"涂抹工具.jpg"素材文件,在工具箱中选择【涂抹工具】,如图2-114所示。

02 在工具选项栏中打开【画笔预设】面板,在【大小】文本框中输入50,按Enter键确认。对文档中的图像进行涂抹,效果如图2-115所示。

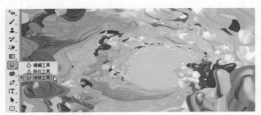

图2-114 选择【涂抹工具】

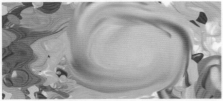

图2-115 涂抹后的效果

2.4.3 减淡和加深工具

【减淡工具】☝和【加深工具】☝是用于修饰图像的工具,它们基于调节照片特定区域曝光度的传统摄影技术来改变图像的曝光度,使图像变亮或变暗。选择这两个工具后,在画面涂抹即可进行加深和减淡的处理,在某个区域上方涂抹的次数越多,该区域就会变得更亮或更暗。下面通过实际的操作来对比这两个工具的不同。

01 打开"减淡和加深工具.jpg"素材文

件,如图2-116所示。

图2-116 打开的素材文件

02 单击工具箱中的【减淡工具】按钮☝,在工具选项栏中打开【画笔预设】面板,在【大小】文本框中输入60,在【硬度】文本框中输入100,将【曝光度】设置为35%,按Enter键确认。在工作区中对图像进行涂抹,效果如图2-117所示。

03 在工具箱中的【减淡工具】☝上单击鼠标右键,在弹出的下拉列表中选择【加深工具】☝,在工作区中对图像进行涂抹,效果如图2-118所示。

图2-117 使用【减淡工具】涂抹后的效果

图2-118 使用【加深工具】涂抹后的效果

2.4.4 渐变工具

渐变是一种颜色向另一种颜色实现的过渡,以形成一种柔和的或者特殊规律的色彩区域。下面就来学习【渐变工具】的使用方法。

01 按Ctrl+N快捷键,弹出【新建文档】对话框,设置【宽度】、【高度】均为500,将【分辨率】设置为72,将【背景内容】设置为白色,如图2-119所示。

图2-119 【新建文档】对话框

02 选择工具箱中的【渐变工具】 ██ ，在工具选项栏中单击渐变条，在弹出的【渐变编辑器】对话框中，选择【预设】中的渐变色，然后在空白文档中单击鼠标并进行拖曳，释放鼠标，填充渐变颜色，效果如图2-120所示。

图2-120 完成后的效果

2.4.5 画笔工具

在工具箱中设置前景色，并选择【画笔工具】 ✎ ，在工作区中单击或者拖动鼠标即可绘制线条。下面通过实际的操作来学习该工具的使用方法。

01 打开"画笔工具.jpg"素材文件，如图2-121所示。

图2-121 打开的素材文件

02 在工具箱中设置前景色的RGB值为80、46、11，选择【画笔工具】 ✎ ，如图2-122所示。

图2-122 选择【画笔工具】

03 打开【画笔】面板，在列表框中选择【喷溅ktw3】画笔，在【大小】文本框中输入284，按Enter键确认，如图2-123所示。

04 在工作区中单击鼠标左键进行绘制，效果如图2-124所示。

图2-123 设置画笔大小　　　图2-124 绘制后的效果

2.5 制作旅游宣传单页——图像的变换

>> 作品描述

宣传单页是目前宣传企业形象的推广之一。它能非常有效地把企业形象提升到一个新的层次，更好地把企业的产品和服务展示给大众，能非常详细地说明产品的功能、用途及其优点（与其他产品不同之处），诠译企业的文化理念，所以宣传单页已经成为企业必不可少的企业形象宣传工具之一。宣传单页已广泛运用于展会招商宣传、房产招商楼盘销售、学校招生、产品推介、旅游景点推广、特约加盟、推广品牌提升、宾馆酒店宣传、使用说明、上市宣传等。通过媒体广告，向需要做宣传单的企业进行宣传，将会取得较好的推广作用。本节将介绍如何制作旅游宣传单页，效果如

图 2-125 所示。

图2-125　旅游宣传单页

素材	素材\Cha02\素材27.jpg、素材28.png、素材29.png、素材30.png、素材31.png、素材32png
场景	场景\Cha02\制作旅游宣传单页——图像的变换.psd
视频	视频教学\Cha02\制作旅游宣传单页——图像的变换.mp4

» 案例实现

01 在菜单栏中选择【文件】|【打开】命令，在弹出的【打开】对话框中，按住 Ctrl 键选择"素材 27.jpg"和"素材 28.png"素材文件，单击【打开】按钮，如图 2-126 所示。

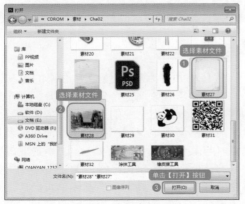

图2-126　选择素材文件

02 使用【移动工具】 ⊕ 将"素材28.png"中的素材文件拖曳至"素材27.jpg"素材文件中，并将其移动至合适的位置，如图 2-127 所示。

» 知识连接

图像窗口

通过图像窗口可以移动整个图像在工作区中的位置。图像窗口显示图像的名称、百分比、色彩模式以及当前图层等信息，如图 2-128 所示。

图2-127　调整完成后的　　图2-128　图像窗口
　　　　　效果

单击窗口右上角的 ▬ 图标，可以最小化图像窗口；单击窗口右上角的 ▢ 图标，可以最大化图像窗口；单击窗口右上角的 ✕ 图标，可关闭整个图像窗口。

03 再次在菜单栏中选择【文件】|【打开】命令，在弹出的【打开】对话框中选择"素材 29.png"素材文件，单击【打开】按钮，如图 2-129 所示。

图2-129　选择素材文件

04 使用【移动工具】 ⊕ 将"素材29.png"中的素材文件拖曳至"素材27.jpg"素材文件中，按 Ctrl+T 快捷键，打开【自由变换】定界框，将鼠标移至图形中的定界框的边界点上，当鼠标变为 ↘ 形状时，按住鼠标左键并进行拖动，即可进行缩放，将其缩放至合适的大小并调整至合适的位置，效果如图 2-130 所示。

05 在菜单栏中选择【文件】|【新建】命令，在弹出的【新建文档】对话框中将【宽度】和【高度】均设置为1500，将【分辨率】设置为72，将【背景内容】设置为白色，单击【创建】按钮，如图2-131所示。

图2-130　调整完成后的效果

图2-131　创建新文档

06 单击工具箱中的【横排文字工具】按钮 **T.**，在工作区中输入文本"成"，按Ctrl+Enter键确认。打开【属性】面板，将【字体】设置为【叶根友毛笔行书2.0版】，将【字体大小】设置为500，将【字符间距】和【字符行距】分别设置为0、【（自动）】，将【颜色】设置为黑色，如图2-132所示。

图2-132　【属性】面板

07 单击工具箱中的【橡皮擦工具】按钮 **⊘.**，在工作区中的"成"字上单击鼠标左键，擦除效果如图2-133所示。

08 擦除完成后，使用【移动工具】**⊕.**，将其拖曳至当前文档中，并将其调整至合适的位置，如图2-134所示。

09 单击工具箱中的【圆角矩形工具】按钮 **□.**，在工作区中绘制矩形。打开【属性】面板，将W和H分别设置为720、760，将【填充】设置为#cd251e，将【描边】设置为无，将【角半径】均设置为50，如图2-135所示。

图2-133　擦除文本中的点

图2-134　调整完成后的效果

10 绘制完成后的效果如图2-136所示。

图2-135　设置画笔大小

图2-136　绘制后的效果

11 再次单击工具箱中的【横排文字工具】按钮 **T.**，在工作区中输入文本"都"，然后打开【属性】面板，将【字体】设置为【汉仪雁翎体简】，将【字体大小】设置为350，将【字符间距】和【字符行距】分别设置为0、【（自动）】，将【颜色】设置为白色，如图2-137所示。

12 单击工具箱中的【移动工具】按钮 **⊕.**，将刚输入的文本移动至合适的位置，效果如图2-138所示。

图2-137　【属性】面板

图2-138　调整完成后的效果

13 单击工具箱中的【横排文字工具】按

钮 T，在工作区中输入文本"之"，按 Enter 键确认。打开【属性】面板，将【字体】设置为【叶根友毛笔行书 2.0 版】，将【字体大小】设置为 300，将【字符间距】和【字符行距】分别设置为 0、【(自动)】，将【颜色】设置为黑色，如图 2-139 所示。

14 使用【移动工具】 ⊕，将刚刚输入的文本调整至合适的位置，效果如图 2-140 所示。

图2-139 设置画笔大小　图2-140 调整后的效果

> 📌 提 示
>
> 用户可在官网自行下载所需字体。

15 使用相同的方法，输入文本"旅"，并在【属性】面板中调整该文本的参数，调整完成后的效果如图 2-141 所示。

16 单击工具箱中的【椭圆工具】按钮 ◯，按住 Shift 键的同时拖动鼠标绘制正圆。在【属性】面板中将 W 和 H 均设置为 145，将【填充】设置为无，将【颜色】设置为 #cd251e，将【描边】设置为 10，如图 2-142 所示。

图2-141 调整文本属性　图2-142 调整正圆属性
　　　　后的效果

17 单击工具箱中的【移动工具】按钮 ⊕，按住 Alt 键不放，将刚刚绘制的正圆移动至合适的位置后，释放鼠标左键即可将该正圆复制。使用相同的方法，将该正圆进行多次复制，效果如图 2-143 所示。

18 单击工具箱中的【横排文字工具】按钮 T，在工作区中输入文本【带你领略大成都】，然后打开【属性】面板，将【字体】设置为【新宋体】，将【字体大小】设置为 58，将【字符间距】和【字符行距】分别设置为 200、【(自动)】，将【颜色】设置为黑色，如图 2-144 所示。

图2-143 复制正圆　　图2-144 输入文本并设
　　　　　　　　　　　　置属性

19 使用相同的方法输入其他文本，并设置【属性】面板中的参数，效果如图 2-145 所示。

> 📌 提 示
>
> 在图 2-145 中绘制矩形是为了更好地查看输入的文本，用户无须进行绘制。

20 单击工具箱中的【矩形工具】按钮 ⬜，在工作区中绘制矩形。打开【属性】面板，将 W 和 H 分别设置为 486、164，将【填充】设置为 #00a0e9，将【描边】设置为无，如图 2-146 所示。使用相同的方法，再次绘制一个同样颜色的矩形，并调整其大小和位置。

图2-145 输入文本　　图2-146 绘制矩形

21 使用相同的方法，再次绘制出一个矩形，将 W 和 H 分别设置为 30、140，将【填充】设置为白色，将【描边】设置为无，如图 2-147 所示。

图2-147 再次绘制矩形

22 在菜单栏中选择【文件】|【打开】命令，在弹出的【打开】对话框中选择如图 2-148 所示的素材文件，单击【打开】按钮。

图2-148 选择素材

23 选中"素材 30.png"素材文件中的图像，按 Ctrl+T 快捷键，打开【自由变换】定界框，将鼠标移至图像中的定界框的边界点上，当鼠标变为 形状时，按住鼠标左键并进行拖动，将其旋转至合适的角度，如图 2-149 所示。

图2-149 旋转图像

24 旋转完成后，按 Enter 键即可确认旋转。

25 单击工具箱中的【移动工具】按钮 ，选中"素材 30.png"素材文件中的图像，按住鼠标左键将其移动至当前文档中的合适位置，如图 2-150 所示。

图2-150 调整完成后的效果

26 选中"素材 32.png"素材文件中的图像，按住 Alt 键，将其复制。然后按 Ctrl+T 快捷键，打开【自由变换】定界框，将鼠标移至图像中的定界框的边界点上，当鼠标变为 形状时，按住鼠标左键并进行拖动，将其旋转至合适的角度。使用相同的方法，再次将图像进行复制、变换，效果如图 2-151 所示。

图2-151 复制、变换后的效果

疑难解答 如何快速使用变换工具变换对象？
按Ctrl+T快捷键可以快速使用变换工具。

27 在【图层】面板中，按住 Shift 键的同时选中所有图层，单击【链接图层】按钮，如图 2-152 所示。

28 链接完成后，选中所有图层，按住鼠标左键将其拖曳至当前文档中的合适位置，效果如图 2-153 所示。

图2-152 链接图层　　图2-153 调整完成后的效果

29 在"素材 31.png"和"素材 33.png"素材文件中，使用工具箱中的【矩形选框工具】框选需要的图像。然后使用【移动工具】将其拖曳至当前文档中的合适位置，效果如图 2-154 所示。

图2-154 最终完成后的效果

2.5.1 变换对象

当对图像移动后，往往需要对移动的图像进行大小与方向的调整。下面就来学习变换对象的使用方法。

01 打开"变换对象 .jpg"素材文件，如图 2-155 所示。

图2-155 打开的素材文件

02 在菜单栏中选择【图像】|【图像旋转】|【90度(顺时针)】命令，如图 2-156 所示。

图2-156 选择【90度(顺时针)】命令

03 执行操作后，即可旋转素材文件，如图 2-157 所示。

图2-157 旋转后的效果

2.5.2 自由变换对象

自由变换对象命令和变换对象命令的用法基本一致，但是自由变换对象命令需要图层为普通图层的时候才可以使用，而变换对象命令则完全不同。下面通过实际的操作学习自由变换对象的使用方法。

01 打开"自由变换对象 .jpg"素材文件，在【图层】面板中双击【背景】图层，弹出如图 2-158 所示的对话框。

图2-158 【新建图层】对话框

02 单击【确定】按钮，按 Ctrl+T 快捷键，打开【自由变换】定界框，将鼠标移至图像中的定界框的边界点上，当鼠标变为 形状时，按住鼠标左键并进行拖动，即可进行旋转，如图 2-159 所示。

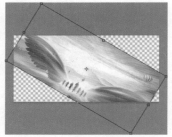

图2-159 旋转图形

03 旋转完成后，按 Enter 键即可确认旋转。

2.6 上机练习——购物节宣传单页

在本章中讲解了多种工具的使用方法后，接下来通过具体实例对所学的工具进行使用和进一步了解。

作品描述

购物节，顾名思义就是购物的集会、节日。通常属于商家打折促销商品的聚集地，也是消费者购买打折商品的理想场所。购物节宣传单页制作完成后的效果如图 2-160 所示。

素材	素材\Cha02\素材34.png、素材35.png、素材36.png、素材37.png、素材38.png、素材39.png
场景	场景\Cha02\购物节宣传单页.psd
视频	视频教学\Cha02\购物节宣传单页.mp4

图2-160 购物节宣传单页

案例实现

01 在菜单栏中选择【文件】|【新建】命令，在弹出的【新建文档】对话框中将【宽度】和【高度】分别设置为3500、4700，将【分辨率】设置为72，将【背景内容】设置为白色，单击【创建】按钮，如图 2-161 所示。

图2-161 新建文档

02 使用工具箱中的【矩形工具】绘制矩形。然后打开【属性】面板，将 W 和 H 分别设置为 3500、4700，将【填充】设置为 #cc0000，将【描边】设置为无，如图 2-162 所示。

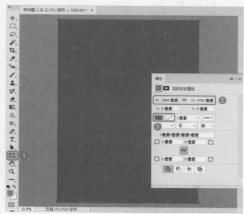

图2-162 绘制矩形

03 在菜单栏中选择【文件】|【打开】命令，在弹出的【打开】对话框中选择"素材34.png"和"素材 35.png"素材文件，单击【打开】按钮，如图 2-163 所示。

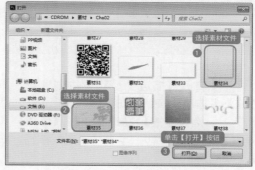

图2-163 选择素材文件

04 打开素材文件后，使用工具箱中的【矩形选框工具】框选需要移动的素材图像；使用【移动工具】将其分别拖曳至当前文档中的合适位置，效果如图 2-164 所示。

05 选择工具箱中的【矩形工具】，在工作区中按住 Shift 键的同时拖动鼠标左键绘制矩形。然后打开【属性】面板，将 W 和 H 均设置为 800，将【填充】设置为无，将【描边】设置为 #ffff00，将【描边宽度】设置为 10，如图 2-165 所示。

06 设置完成后，将刚绘制的矩形进行复制，效果如图 2-166 所示。

图2-164　调整完成后　　图2-165　绘制矩形
　　　　的效果

07 单击工具箱中的【直线工具】按钮，在工作区中按住 Shift 键的同时拖动鼠标左键绘制直线。然后在工具选项栏中将【填充】设置为无，将【描边】设置为 #ffff00，将【描边宽度】设置为 1，如图 2-167 所示。

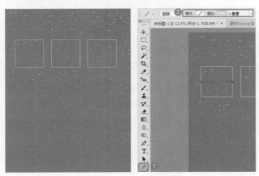

图2-166　复制矩形　　　图2-167　设置选项

08 打开【描边类型】下拉列表框，单击【更多选项】按钮，在弹出的【描边】对话框中，勾选【虚线】复选框，将【虚线】和【间隙】均设置为20，单击【确定】按钮，如图 2-168 所示。

09 绘制完成后，使用相同的方法，再次绘制虚线，并将其多次复制，效果如图 2-169 所示。

10 选择工具箱中的【横排文字工具】，在工作区中单击鼠标左键并输入文本"购物节"，打开【属性】面板，将【字体】设置为【方正大黑简体】，将【字体大小】设置为800，将【字符间距】和【字符行距】分别设置为220、【(自动)】，如图 2-170 所示。

11 设置完成后，按 Ctrl+Enter 快捷键确认，效果如图 2-171 所示。

12 选择工具箱中的【椭圆工具】，在工作区中按住 Shift 键的同时拖动鼠标左键绘制

正圆。然后打开【属性】面板，将 W 和 H 均设置为 230，将【描边】设置为无，如图 2-172 所示。

图2-168　设置描边　　　图2-169　复制虚线

图2-170　设置文本

图2-171　创建文本后的　　图2-172　设置正圆
　　　　效果

13 设置完成后，按 Enter 键确认，如图 2-173 所示。

14 使用相同的方法，再次绘制正圆，并将其复制多次。制作完成后的效果如图 2-174 所示。

图2-173 绘制完成后的效果

图2-174 复制正圆

19 使用相同的方法，继续输入文本并设置其属性，效果如图2-179所示。

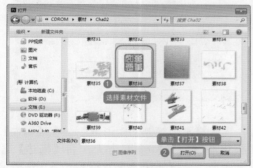
图2-176 设置矩形　　图2-177 调整矩形位置

15 在菜单栏中选择【文件】|【打开】命令，在弹出的【打开】对话框中选择"素材36.png"素材文件，单击【打开】按钮，如图2-175所示。使用【魔术橡皮擦工具】在图像空白的地方进行擦除，使用【移动工具】将其拖曳至当前文档中。

图2-178 设置文本　　图2-179 创建文本

20 在菜单栏中选择【文件】|【打开】命令，在弹出的【打开】对话框中选择"素材37.png"素材文件，单击【打开】按钮，如图2-180所示。

图2-175 选择素材文件

疑难解答 如何快速选择【魔术橡皮擦工具】？
按Ctrl+E快捷键可对工具箱中的3种橡皮擦工具快速切换。

16 选择工具箱中的【矩形工具】，在工作区中单击鼠标左键并拖曳，绘制出矩形。然后打开【属性】面板，将W和H分别设置为15、300，将【描边】设置为无，如图2-176所示。

17 绘制完成后，使用【移动工具】将刚刚绘制的矩形移动至合适的位置，如图2-177所示。

18 选择工具箱中的【横排文字工具】，在工作区中单击鼠标左键并输入文本Carnival discount。然后打开【属性】面板，将【字体】设置为【方正小标宋简体】，将【字体大小】设置为100，将【字符间距】和【字符行距】分别设置为0、(自动)，如图2-178所示。

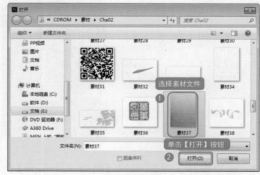
图2-180 选择素材文件

21 选择工具箱中的【移动工具】，按住鼠标左键将其拖曳至当前文档中，并调整至合适的位置，效果如图2-181所示。

22 在【图层】面板中将刚导入的素材文件调整至最顶层，单击该面板底部的【创建新组】按钮，按住 Shift 键选中除【矩形 1】和【图层 4】图层外的所有图层，将其拖曳至创建的新组中，如图 2-182 所示。

图2-181 调整完成后的效果

图2-182 创建新组

23 在【图层】面板中选中刚导入的素材图层，单击鼠标右键，在弹出的快捷菜单中选择【创建剪贴蒙版】命令，如图 2-183 所示。

🏷 提示

剪贴蒙版就是由两个或者两个以上的图层组成，最下面的一个图层叫做基底图层（简称基层），位于其上的图层叫做顶层。基层只能有一个，顶层可以有若干个。

24 完成后的效果如图 2-184 所示。

👤 疑难解答 如何创建剪贴蒙版？

在菜单栏中选择【图层】|【创建剪贴蒙版】命令，或者按 Alt+Ctrl+G 快捷键，即可创建剪贴蒙版。

图2-183 创建剪贴蒙版

图2-184 旋转图形

25 选择工具箱中的【横排文字工具】，在工作区中单击鼠标左键，并输入文本，打开【属性】面板，将【字体】设置为【方正小标宋简体】，将【字体大小】设置为 180，将【颜色】设置为 #cc0700，如图 2-185 所示。

26 使用相同的方法，输入其他文本，效果如图 2-186 所示。

图2-185 设置文本

图2-186 创建文本

27 选择工具箱中的【矩形工具】，在工作区中单击鼠标左键并拖曳绘制矩形。然后打开【属性】面板，将 W 和 H 分别设置为 700、150，将【填充】设置为白色，将【描边】设置为无，如图 2-187 所示。

图2-187 绘制矩形

28 将刚刚绘制的矩形复制，在【属性】面板中将【填充】设置为无，将【描边】设置为白色，将【描边宽度】设置为 5，然后使用【移动工具】将其调整至合适的位置，如图 2-188 所示。

图2-188 复制矩形并设置其属性

29 选择工具箱中的【横排文字工具】，在工作区中输入文本，并调整【属性】面板中的参数设置，效果如图 2-189 所示。

图2-189　创建其他文本

30 使用工具箱中的【圆角矩形工具】绘制圆角矩形。然后打开【属性】面板，将 W 和 H 分别设置为2400、690，将【填充】设置为白色，将【描边】设置为无，将【角半径】均设置为 100，如图 2-190 所示。

图2-190　绘制圆角矩形

31 在【图层】面板中选中该图层，将【不透明度】设置为 30，如图 2-191 所示。

32 设置完成后的效果如图 2-192 所示。

图2-191　设置【不透明度】　图2-192　完成后的效果

33 使用【圆角矩形工具】再次绘制圆角矩形，在【属性】面板中将 W 和 H 分别设置为2200、600，将【填充】设置为无，将【描

边】设置为 #ffff00，将【描边宽度】设置为 10，勾选【虚线】复选框，将【虚线】和【间隙】均设置为 1，如图 2-193 所示。

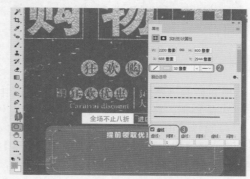

图2-293　设置圆角矩形

34 选择工具箱中的【直线工具】，在工作区中按住 Shift 键的同时拖动鼠标左键绘制直线。然后在工具选项栏中将【填充】设置为 #ffff00，将【描边】设置为无，将【粗细】设置为 2，如图 2-194 所示。

图2-194　绘制直线

35 单击【图层】面板底部的【添加蒙版】按钮，使用【渐变工具】在工作区中拖动鼠标左键创建蒙版的渐变色，如图 2-195 所示。

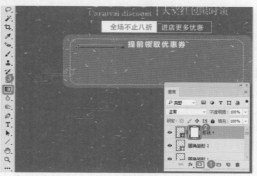

图2-195　创建蒙版渐变色

36 使用相同的方法，再次绘制直线，并

为其设置属性，效果如图 2-196 所示。

图2-196　设置完成后的效果

37　使用【圆角矩形工具】在工作区中绘制圆角矩形，在【属性】面板中将 W 和 H 分别设置为 450、240，将【填充】设置为 #5ea300，将【描边】设置为无，将【角半径】均设置为 50，如图 2-197 所示。

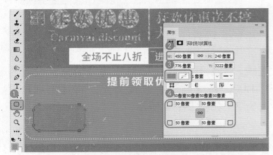

图2-197　绘制圆角矩形

38　在【图层】面板中选中该图层，单击【添加图层样式】按钮，在弹出的下拉菜单中选择【斜面和浮雕】命令，如图 2-198 所示。

图2-198　选择【斜面和浮雕】命令

39　在弹出的【图层样式】对话框中勾选【斜面和浮雕】复选框和【内发光】复选框，在【内发光】选项组中将【混合模式】设置为【叠加】，将【不透明度】设置为 75，将【大小】设置为 41，将【范围】设置为 50，其他参数保持默认，如图 2-199 所示。

40　使用相同的方法，再次绘制圆角矩形，并为其设置【图层样式】的参数，效果如图 2-200 所示。

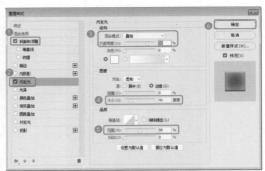

图2-199　【图层样式】对话框

图2-200　创建多个圆角矩形

41　选择工具箱中的【横排文字工具】，在工作区中输入文本，然后在【属性】面板中设置其属性参数，效果如图 2-201 所示。

图2-201　创建文本

42　使用相同的方法，在工作区中创建多个文本，并在【属性】面板中设置其属性参数，效果如图 2-202 所示。

图2-202　创建多个文本

43　在菜单栏中选择【文件】|【打开】命令，在弹出的【打开】对话框中选择"素材38.png"和"素材39.png"素材文件，单击【打开】按钮，如图 2-203 所示。

44　选择工具箱中的【移动工具】，分别将图像拖曳至当前文档中，并将其调整至合适的位置。使用【魔术橡皮擦工具】将空白的背景擦除，如图 2-204 所示。

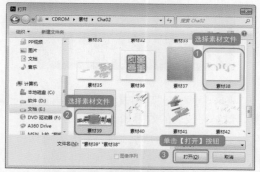

图2-203　选择素材文件

图2-204　调整完成后的效果

45 选择工具箱中的【横排文字工具】，在工作区中单击鼠标左键并输入文本"购｜物｜狂｜欢｜节｜好｜礼｜送｜不｜停"，打开【属性】面板，将【字体】设置为【Adobe 黑体 Std】，将【字体大小】设置为 80，将【字符间距】和【字符行距】分别设置为 0、【(自动)】，将【颜色】设置为 #d0a03b，如图 2-205 所示。

46 使用【移动工具】将刚刚输入的文本调整至合适的位置，效果如图 2-206 所示。

图2-205　输入文本

图2-206　完成后的效果

47 新建图层并将其选中。选择工具箱中的【渐变工具】，在【颜色】面板中将【前景色】设置为 #ffff00，在工具选项栏中单击【渐变拾色器】按钮，在弹出的下拉面板中选中【前景色到透明渐变】选项，单击【径向渐变】按钮，如图 2-207 所示。

图2-207　设置渐变选项

48 在工作区中拖动鼠标左键绘制透明渐变，效果如图 2-208 所示。

图2-208　绘制完成后的效果

49 在菜单栏中选择【文件】|【新建】命令，在弹出的【新建文档】对话框中将【宽度】和【高度】分别设置为 300、100，单击【创建】按钮，如图 2-209 所示。

50 选择工具箱中的【魔术橡皮擦工具】，在工作区中任意的空白位置进行擦除，效果如图 2-210 所示。

51 选择工具箱中的【渐变工具】，将【前景色】设置为 #cc0000，在工具选项栏中单击【渐变拾色器】按钮，在弹出的下拉面板中选择【前景色到透明渐变】选项，单击【线性渐变】按钮，在工作区中拖动鼠标左键绘制透明渐变，效果如图 2-211 所示。

图2-209 【新建文档】对话框

图2-210 擦除背景

图2-211 绘制透明渐变

52 使用【移动工具】将绘制完成后的透明渐变图像拖曳至当前文档中，按 Ctrl+T 快捷

键，将其调整至合适的大小和旋转角度，效果如图 2-212 所示。

图2-212 调整图像大小及位置

53 调整完成后将其复制，并再次进行调整，最终完成后的效果如图 2-213 所示。

图2-213 最终完成后的效果

2.7 习题与训练

1. 在使用【移动工具】时，使用键盘上的方向键进行移动和按住 Shift 键后按方向键移动有什么区别？

2. 如何使用【仿制图章工具】？

第 ③ 章 设计包装——图层的应用与编辑

图层是Photoshop最为核心的功能之一，它承载了几乎所有的图像效果。它的引入改变了图像处理的工作方式。而【图层】面板提供了每一个图层的信息，结合【图层】面板可以灵活运用图层处理各种特殊效果。在本章中，将对图层的功能与操作方法进行详细的讲解。

本章导读

- ➤ 新建图层
- ➤ 图层组的使用方法
- ➤ 编辑图层
- ➤ 图层样式
- ➤ 拼合图层
- ➤ 对齐、分布图层对象

本章案例

- ➤ 牙膏包装设计
- ➤ 粽子包装设计
- ➤ 茶叶包装设计
- ➤ 牛奶包装设计
- ➤ 白酒包装设计
- ➤ 月饼包装设计

包装设计是一门综合运用自然科学和美学知识，是为在商品流通过程中更好地保护商品，并促进商品的销售而开设的专业学科。本章学习牙膏包装设计、粽子包装设计、茶业包装设计、牛奶包装设计、白酒包装设计、月饼包装设计、咖啡包装设计的制作方法。

3.1 牙膏包装设计——创建图层

作品描述

牙膏是日常生活中常用的清洁用品，有着悠久的历史。其包装设计有三个原则：醒目、理解、好感。所谓包装，不仅具有充当产品保护神的功能，还具有积极的促销作用。包装要起到促销的作用，首先要能引起消费者的注意，因为只有引起消费者注意的商品才有被购买的可能。因此，包装要使用新颖别致的造型，鲜艳夺目的色彩，美观精巧的图案，各有特点的材质使包装能够产生醒目的效果，使消费者一看见就产生强烈的购买欲望。牙膏包装制作完成后的效果如图3-1所示。

图3-1 牙膏包装

素材	素材\Cha03\牙膏包装素材.psd
场景	场景\Cha03\牙膏包装设计——创建图层.psd
视频	视频教学\Cha03\牙膏包装设计——创建图层.mp4

案例实现

01 打开"素材\Cha03\牙膏包装素材.psd"素材文件，如图3-2所示。

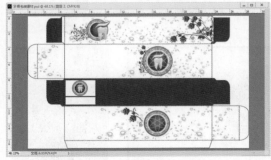

图3-2 打开的素材文件

02 使用【横排文字工具】，输入"瑞"，在【字符】面板中将【字体】设置为【经典粗黑简】，将【字体大小】设置为60，将【字符间距】设置为80，将【颜色】设置为#921d22，单击【仿斜体】按钮和【全部大写字母】按钮，如图3-3所示。

图3-3 设置字符

03 选择文本，单击【图层】面板底部的【添加图层样式】按钮，在弹出的下拉菜单中选择【渐变叠加】命令，如图3-4所示。

04 在弹出的【图层样式】对话框中，单击【渐变】右侧的色块，弹出【渐变编辑器】对话框，将18%处的颜色设置为#53090e，51%位置处的颜色设置为#a11f24，100%位置处的颜色设置为#921d22，单击【确定】按钮，如图3-5所示。

图3-4 设置图层样式　　图3-5 设置渐变颜色

05 返回至【图层样式】对话框，单击【确定】按钮。设置完成后的渐变效果如图3-6所示。

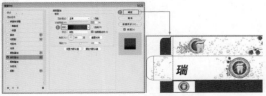

图3-6 设置渐变后的效果

06 继续使用【横排文字工具】 T.输入 "洁""士"，为文本添加【渐变叠加】效果，如图3-7所示。

图3-7　添加【渐变叠加】效果

知识链接

图层就像是含有文字或图像等元素的胶片，一张张按顺序叠放在一起，组合起来形成页面的最终效果。通过简单地调整各个图层之前的关系，能够实现更加丰富和复杂的视觉效果。

在 Photoshop 中图层是最重要的功能之一，承载着图像和各种蒙版，控制着对象的不透明度和混合模式。另外，通过图层还可以管理复杂的对象，提高工作效率。

图层就好像是一张张堆叠在一起的透明画纸，用户要做的就是在几张透明纸上分别作画，再将这些纸按一定次序叠放在一起，使它们共同组成一幅完整的图像，如图3-8所示。

图3-8　图层原理

在【图层】面板中，图层名称的左侧是该图层的缩览图，它显示了图层中包含的图像内容。仔细观察缩览图可以发现，有些缩览图带有灰白相间的棋盘格，它代表了图层的透明区域，如图3-9所示。隐藏背景图层后，可见图层的透明区域在图像窗口中也会显示为棋盘格状，如图3-10所示。如果隐藏所有的图层，则整个图像都会显示为棋盘格状。

图3-9　选择图层

图3-10　隐藏图层

当要编辑某一图层中的图像时，可以在【图层】面板中单击该图层，将其选中，即可将其设置为当前操作的图层（称为当前图层），该图层的名称会出现在文档窗口的标题栏中，如图3-11所示。在进行编辑时，只处理当前图层中的图像，不会对其他图层的图像产生影响。

图3-11　在标题栏中显示该图层

疑难解答　如何将不透明区域转换为选区？

当普通图层中包含透明区域时，可将不透明的区域转换为选区。按住Ctrl键的同时单击该图层的缩览图，即可将不透明区域转换为选区。

07 在【图层】面板中单击【创建新图层】按钮，新建【图层3】图层，使用【钢笔工具】绘制图形，按 Ctrl+Enter 快捷键将图形转换为选区，将【前景色】设置为 #e71f19，按 Alt+Delete 快捷键，填充效果如图3-12所示。

图3-12　填充图形

08 新建【图层4】图层，使用【钢笔工具】绘制图形，按 Ctrl+Enter 快捷键将其转换为选区，选择【渐变工具】，单击工具选项栏中的【点按可编辑渐变】按钮，如图3-13所示。

图3-13　单击【点按可编辑渐变】按钮

按F7键可快速打开【图层】面板。

09 弹出【渐变编辑器】对话框，将0%位置处的颜色设置为#b8b7b7，50%位置处的颜色设置为#efefef，100%位置处的颜色设置为#cac9c8，单击【确定】按钮，如图3-14所示。

图3-14　设置渐变色标

10 拖动鼠标设置渐变方向，如图3-15所示。

图3-15　设置渐变方向

11 填充渐变后的效果如图3-16所示。

图3-16　填充渐变后的效果

12 单击【图层】面板底部的【创建新图层】按钮，新建【图层5】图层，创建如图3-17所示的选区。

👤 疑难解答　操作完成后,如何取消选区?
按Ctrl+D快捷键可快速取消选区。

图3-17　创建选区

13 选择【渐变工具】▣，单击工具选项栏中的【点按可编辑渐变】按钮，弹出【渐变编辑器】对话框，将0%位置处的颜色设置为#00a369，50%位置处的颜色设置为#85c46b，100%位置处的颜色设置为#00a368，单击【确定】按钮，如图3-18所示。

图3-18　设置渐变色标

14 拖动鼠标设置渐变方向，填充渐变后的效果如图3-19所示。

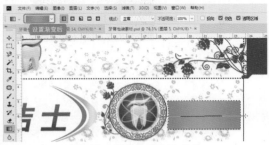
图3-19　填充渐变后的效果

15 使用【横排文字工具】T.输入【盐白】，将【字体】设置为【方正宋黑简体】，将【字体颜色】设置为白色，单击【仿粗体】按钮T，将【盐】的【字体大小】设置为35，将【白】的【字体大小】设置为50，设置完成后的效果如图3-20所示。

图3-20　设置文本

16 为文本添加【描边】效果，弹出【图层样式】对话框，勾选【描边】复选框，设置如图 3-21 所示的参数。

图3-21　设置描边参数

17 勾选【投影】复选框，设置如图 3-22 所示的参数，单击【确定】按钮。

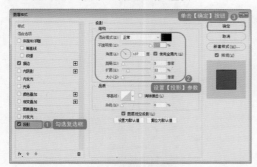

图3-22　设置投影参数

18 设置完成后的效果如图 3-23 所示。

图3-23　设置完成后的效果

19 使用【横排文字工具】输入文本，颜色值分别设置为蓝色（#1c50a2）、绿色（#00a26b），如图 3-24 所示。

20 通过上述介绍的方法，完善牙膏包装的其他部分，效果如图 3-25 所示。

图3-24　设置文本颜色

图3-25　完善包装盒

21 选择【矩形工具】，在工具选项栏中将【类型】设置为【形状】，将【填充】设置为无，将【描边】颜色设置为 #073290，将【描边宽度】设置为 2.5，将 W、H 均设置为 18，绘制图形，如图 3-26 所示。

图3-26　绘制矩形

▶▶ 知识链接

设置描边颜色的操作步骤如下。

01 单击【描边】右侧的图标，在弹出的下拉面板中单击【拾色器】按钮 ◼️，如图 3-27 所示。

图3-27　单击【拾色器】按钮

02 弹出【拾色器（描边颜色）】对话框，设置颜色值，单击【确定】按钮，如图 3-28 所示，即可设置描边颜色。

图3-28　设置颜色

22 在工具箱中的【矩形工具】按钮上长按鼠标左键，在打开的下拉列表中选择【自定形状工具】，如图 3-29 所示。

图3-29　选择【自定形状工具】

23 新建图层，在工具选项栏中将【填充】设置为红色，【描边】设置为无，选择形状，然后到工作区中绘制对勾形状，如图 3-30 所示。

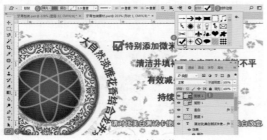

图3-30　绘制形状

24 选择绘制的矩形和形状图形，按住 Alt 键，对绘制的对象进行复制，如图 3-31 所示。

图3-31　复制对象后的效果

3.1.1　新建图层

新建图层的方法有很多，可以通过【图层】面板创建，也可以通过各种命令进行创建。

1. 通过按钮创建图层

在【图层】面板中单击【创建新图层】按钮 ，即可创建一个新的图层，如图 3-32 所示。

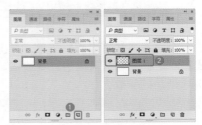

图3-32　新建图层

提 示

如果需要在某一个图层下方创建新图层（背景图层除外），则按住 Ctrl 键的同时单击【创建新图层】按钮即可。

知识链接

01 【图层】面板

【图层】面板用来创建、编辑和管理图层，以及为图层添加样式、设置图层的不透明度和混合模式。

在菜单栏中选择【窗口】|【图层】命令，可以打开【图层】面板，面板中显示了图层的堆叠顺序、图层的名称和图层内容的缩览图，如图 3-33 所示。

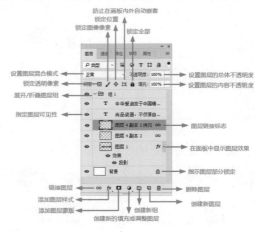

图3-33　【图层】面板的用途

02 【图层】菜单

单击【图层】面板右侧的 按钮，可以弹出下拉菜单，如图 3-34 所示。从中可以完成新建图层、复制图层、删除图层、删除隐藏图层等操作。

选择【面板选项】命令，弹出【图层面板选项】对话框，如图 3-35 所示。可以在该对话框中设置图层缩览图的大小，如图 3-36 所示。

图3-34 图层菜单　　图3-35 【图层面板选项】对话框

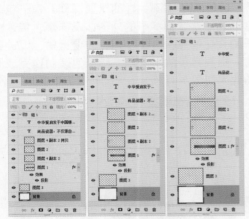

图3-36 设置缩览图大小

同时也可以在【图层】面板中的空白处单击鼠标右键，在弹出的快捷菜单中设置缩览图的显示效果，如图 3-37 所示。

图3-37 设置缩览图的显示效果

2. 通过新建图层命令创建图层

在菜单栏中选择【图层】|【新建】|【图层】命令，或者按住 Alt 键的同时单击【创建新图层】按钮，即可弹出【新建图层】对话框，如图3-38 所示。在该对话框中可以对图层的名

称、颜色和混合模式等各项属性进行设置。

图3-38 【新建图层】对话框

3. 使用【通过拷贝的图层】命令创建图层

在菜单栏中选择【图层】|【新建】|【通过拷贝的图层】命令，或者使用 Ctrl+J 快捷键，可以快速复制当前图层。

例如，在当前图层中创建了选区，如图 3-39 所示。然后在菜单栏中选择上面所述的操作后会将选区中的内容复制到新建图层中，并且原图像不会受到破坏，如图 3-40 所示。

图3-39 在【背景】图层上　图3-40 新建图层
创建选区

4. 使用【通过剪切的图层】命令创建图层

在菜单栏中选择【图层】|【新建】|【通过剪切的图层】命令，或者使用 Shift+Ctrl+J 快捷键，可以快速将当前图层中选区内的图像通过剪切后复制到新图层中，此时原图像被破坏，若当前图层为【背景】层，剪切的区域将填充为背景色，效果如图 3-41 所示。

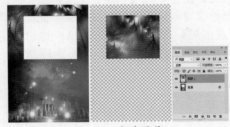

图3-41 新建图层

3.1.2 将背景层转换为图层

将【背景】图层转换为普通图层，可以

59

在【图层】面板中对【背景】图层进行双击，弹出【新建图层】对话框。然后在该对话框中对其进行命名，单击【确定】按钮，如图3-42所示。

图3-42　转换【背景】图层

3.1.3　命名图层

在图层数量较多的文档中，为一些图层设置容易识别的名称或者可以区别于其他图层的颜色，将便于我们在操作时查找图层。如果要快速修改一个图层的名称，可以在【图层】面板中双击该图层的名称，在显示的文本框中输入新名称，然后在任意位置单击鼠标左键即可确认输入，如图3-43所示。

图3-43　图层重命名

如果要为图层或者图层组设置颜色，可以在【图层】面板中选择该图层或者组，然后单击鼠标右键，在弹出的快捷菜单中选择所需的颜色命令，也可以按住 Alt 键的同时单击【创建新组】按钮或【创建新图层】按钮。在这里单击【创建新图层】按钮，此时会弹出【新建图层】对话框，该对话框中也包含了图层名称和颜色的设置选项，如图3-44所示。

图3-44　设置图层属性

3.2　粽子包装设计——图层组的应用

◎ 作品描述

粽子包装是品牌理念、产品特性、消费心理的综合反映，它直接影响到消费者对粽子的购买欲望。粽子包装礼盒是建立粽子与消费者情感联系的有力手段。在经济全球化的今天，包装已与商品融为一体。包装作为实现商品价值和使用价值的手段，在生产、流通、销售和消费领域中，发挥着极其重要的作用，是企业界、设计界不得不关注的重要课题。粽子包装盒的功能是宣扬粽子的外形以及味道、传达粽子的文化信息、方便使用、方便运输、促进销售、提高粽子的附加值。粽子包装制作完成后的效果如图 3-45 所示。

图3-45　粽子包装

素材	素材\Cha03\粽子包装素材.psd、标签.psd
场景	场景\Cha03\粽子包装设计——图层组的应用.psd
视频	视频教学\Cha03\粽子包装设计——图层组的应用.mp4

◎ 案例实现

01　打开"素材\Cha03\粽子包装素材.psd"素材文件，如图3-46所示。

02　在【图层】面板中选择【底图】图层，如图3-47所示。

03　将该图层向下拖曳，调整至【粽子1】图层的下方，如图3-48所示。

04　选择【图层0】、【图层1】和【底图】图层，按 Ctrl+E 快捷键，合并图层，如图3-49所示。

图3-46　打开的素材文件　　　图3-47　选择
【底图】图层

图3-48　调整图层顺序　　　图3-49　合
并图层

05 选择如图 3-50 所示的图层，单击【创建新组】按钮 ▢。

06 系统自动将图层放置到创建的新组中，双击【组 1】，将其重新命名为"粽子"，如图 3-51 所示。

图3-50　单击【创建新组】　图3-51　重新命名组
按钮

🏷 **提　示**

在制作过程中，为了便于管理，可以将图层进行分组。

07 打开"素材 \Cha03\ 标签 .psd"素材文

件，如图 3-52 所示。

08 选择该素材文件中的图像，将其拖曳至当前文档中，调整位置，如图 3-53 所示。

图3-52　打开　　图3-53　调整标签位置
的素材文件

09 单击【图层】面板底部的【创建新组】按钮 ▢，将组重新命名为"标签"，如图 3-54 所示。

图3-54　重新命名组

3.2.1 创建图层组

下面就来介绍一下如何创建图层组。

在【图层】面板中，单击【创建新组】按钮 ▢，即可创建一个空的图层组，如图 3-55 所示。

图3-55　新建图层组

在菜单栏中选择【图层】|【新建】|【组】命令，即可弹出【新建组】对话框，在该对话框中输入图层组的名称，也可以为其选择颜

色，然后单击【确定】按钮，即可按照设置的选项创建一个图层组，如图 3-56 所示。

图3-56 【新建组】对话框

提 示

在默认情况下，图层组为【穿透】模式，它表示图层组不具备混合属性，如果选择其他模式，则组中的图层将与该组的混合模式下面的图层产生混合。

3.2.2 命名图层组

对于图层组的命名与对图层的重新命名方法一致。在【图层】面板中对该图层组进行双击或者按住 Alt 键的同时单击【创建新组】按钮，在弹出的【新建组】对话框中进行设置，如图 3-57 所示。

图3-57 组命名的两种方法

3.2.3 删除图层组

在【图层】面板中将图层组拖曳至【删除图层】按钮 🗑 上，可以删除该图层组及组中的所有图层。如果想要删除图层组，但保留组内的图层，可以选择图层组，然后单击【删除图层】按钮 🗑，在弹出的提示框中单击【仅组】按钮即可，如图 3-58 所示。

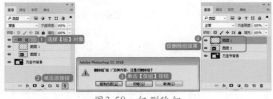

图3-58 仅删除组

如果单击【组和内容】按钮，则会删除图层组以及组中所有的图层，如图 3-59 所示。

图3-59 删除组和组中的图层

3.3 茶叶包装设计——编辑图层

作品描述

此茶叶的盒式包装，结构简单大方，便于机械生产，生产成本低。色彩沉稳大方，透出一种高贵、淡雅、清香的感觉。精致图案更容易引起人们的购买欲望，促进销售。茶业包装制作完成后的效果如图 3-60 所示。

图3-60 茶叶包装

素材	素材\Cha03\茶叶包装素材.psd
场景	场景\Cha03\茶叶包装设计——编辑图层.psd
视频	视频教学\Cha03\茶叶包装设计——编辑图层.mp4

案例实现

01 打开"素材\Cha03\茶叶包装素材.psd"素材文件，如图 3-61 所示。

02 单击【信阳毛尖】图层左侧的 👁 图标，显示图层，如图 3-62 所示。

03 在该图层上双击，弹出【图层样式】

对话框，勾选【渐变叠加】复选框，设置渐变颜色为黑色，单击【确定】按钮，如图3-63所示。

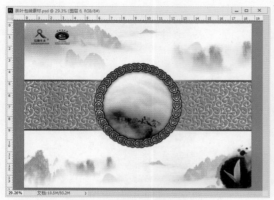

图3-61 打开的素材文件

图3-62 显示图层

图3-63 设置渐变叠加

04 渐变填充后的效果如图 3-64 所示。

图3-64 渐变填充后的效果

05 选择如图 3-65 所示的图层，单击【链接图层】按钮 ，将图层进行链接。

06 选择 LOGO 图层，单击【锁定全部】按钮 ，锁定 LOGO 图层，如图 3-66 所示。

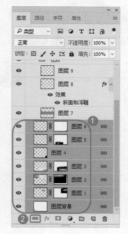

图3-65 链接图层　　图3-66 锁定图层

>> **知识链接**

如果图层已被锁定，拖动鼠标左键，会弹出 Adobe Photoshop CC 2018 提示框，如图 3-67 所示。

图3-67 提示框

07 使用【横排文字工具】输入文本，将【字体】设置为【方正隶二简体】，将【字体大小】设置为14，将【颜色】设置为黑色，如图 3-68 所示。

图3-68 设置文本

08 将文本图层拖曳至【茶叶包装】组上方，如图 3-69 所示。

09 茶叶包装效果如图 3-70 所示。

图3-69　调整图层　　图3-70　茶叶包装效果
　　　　顺序

3.3.1 选择图层

在对图像进行处理时，可以通过下面的方法选择图层。

1) 在【图层】面板中选择图层

在【图层】面板中单击任意一个图层即可选择该图层并将其设置为当前图层，如图3-71所示。如果要选择多个连续的图层，可单击一个图层，然后按住Shift键单击最后一个图层，如图3-72所示；如果要选择多个非相邻的图层，可以按住Ctrl键单击所需图层，如图3-73所示。

图3-71　选择图层　　图3-72　按住Shift键选择图层

图3-73　按住Ctrl键选择图层

2) 在工作区中选择图层

选择【移动工具】，在工作区中单击，即可选择相应的图层，如图3-74所示。如果单击有多个

重叠的图层，则可选择位于最上面的图层；如果要选择位于下面的图层，可单击鼠标右键，弹出一个快捷菜单，列出了光标处所有包含像素的图层，如图3-75所示。

图3-74　选择工作区中的　图3-75　右击鼠标选择图层
　　　　文字图层

3) 自动选择图层

如果文档中包含多个图层，则选择【移动工具】，勾选工具选项栏中的【自动选择】复选框，然后在右侧的下拉列表中选择【图层】选项，如图3-76所示。当这些设置都完成后，使用【移动工具】在画面中单击时，可以自动选择光标下面包含的像素的最顶层的图层；如果文档中包含图层组，则勾选该复选框后，在右侧下拉列表中选择【组】选项，如图3-77所示。在使用【移动工具】在画面中单击时，可以自动选择光标下面包含像素的最顶层的图层所在的图层组。

图3-76　将自动选择设置　图3-77　将自动选择设置
　　　　为图层　　　　　　　　　为组

4) 切换图层

选择一个图层后，按Alt+]（右中括号）快捷键，可以将当前的图层切换为与之相邻的上一个图层；按Alt+[（左中括号）快捷键，可以将当前图层切换为与之相邻的下一个图层。

5) 选择链接的图层

选择一个链接图层后，在菜单栏中选择【图层】|【选择链接图层】命令，可以选择与该图层链接的所有图层，如图3-78所示。

6) 选择所有的图层

要选择所有的图层，可以在菜单栏中选择【选择】|【所有图层】命令。

7) 取消选择所有的图层

如果不想选择任何图层，可以在菜单栏中选择【选择】|【取消选择图层】命令，如图3-79所示。也可在【背景】图层下方的空白处单击即可。

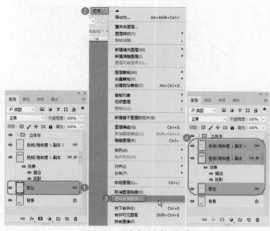

图3-78 选择链接图层

图3-79 取消选择

3.3.2 复制图层

在复制图层时，可根据实际需要采用以下方法来操作。首先打开"素材\Cha03\招聘素材.psd"素材文件。

1) 通过【图层】面板复制

将需要复制的图层拖曳至【图层】面板中的【创建新图层】按钮上，即可复制该图层。

2) 移动复制

选择【移动工具】➕，按住 Alt 键的同时拖动图像可以复制图像，Photoshop 会自动创建一个图层来承载复制后的图像，如图 3-80 所示。如果在图像中创建了选区，则将光标放置在选区内，按住 Alt 键的同时拖动可复制选区内的图像，但不会创建新图层，如图 3-81 所示。

图3-80 移动复制

3) 在文档间拖动复制

使用【移动工具】➕ 在不同的文档间拖动图层，可以将图层复制到目标文档，采用这种方式复制图层时不会占用剪贴板，因此，可以节省内存。

图3-81 按住Alt键进行移动复制

🏷 提 示

选择一个图层，在菜单栏中选择【图层】|【复制图层】命令，可弹出【复制图层】对话框。在该对话框中可以为复制的图层进行重命名，还可以在【文档】下拉列表框中选择某一个文档将其复制到选择的文档中。

3.3.3 隐藏与显示图层

在【图层】面板中，每一个图层的左侧都有一个【指示图层的可见性】图标 👁，它用来控制图层的可视性，显示该图标的图层为可见的图层，如图 3-82 所示。

图3-82 显示图层

无眼睛图标的图层为隐藏的图层，如图 3-83 所示。被隐藏的图层不能进行编辑和处理，也不能被打印出来。

图3-83　隐藏图层

3.3.4 调节图层不透明度

下面通过具体操作来介绍如何调整图层的不透明度。

01 打开"素材 \Cha03\ 招聘素材 .psd"素材文件，如图 3-84 所示。

02 在【图层】面板中单击【不透明度】右侧的 ∨ 按钮，会弹出数值滑块栏，滑动滑块就可以设置图层的不透明度，如图 3-85 所示。

图3-84　打开的素　　图3-85　调整不透明度
材文件

💬 **提 示**

在【不透明度】右侧输入数值，或拖动滑块都可以设置图层的不透明度。

3.3.5 调整图层顺序

在【图层】面板中，将一个图层的名称拖曳至另外一个图层的上面或下面，当突出显示的线条出现在要放置图层的位置，如图 3-86 所示。

图3-86　拖动需要调整的图层

释放鼠标即可调整图层的堆叠顺序，如图 3-87 所示。

图3-87　调整图层顺序

3.3.6 链接图层

在编辑图像时，如果要经常同时移动或者变换几个图层，则可以将它们链接。链接图层的优点在于，只需选择其中的一个图层移动或变换，其他所有与之链接的图层都会发生相同的变换。

如果要链接多个图层，可以将它们选中，然后在【图层】面板中单击【链接图层】按钮 ∞，被链接的图层右侧会出现一个 ∞ 符号，如图 3-88 所示。

如果要临时禁用链接，可以按住 Shift 键单击链接图标，图标上会出现一个红色的 ×。按住 Shift 键再次单击【链接图层】按钮 ∞，可以重新启用链接功能，如图 3-89 所示。

如果要取消链接，则可以选择一个链接的图层，然后单击【链接图层】按钮 ∞ 。

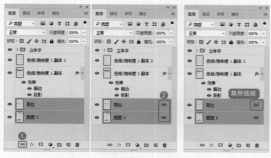

图3-88 链接图层　　图3-89 禁用链接

> **提 示**
>
> 　　链接的图层可以同时应用变换或创建为剪贴蒙版，但却不能同时应用滤镜，调整混合模式，进行填充或绘画，因为这些操作只能作用于当前选择的一个图层。

3.3.7 锁定图层

　　在【图层】面板中，Photoshop 提供了用于保护图层透明区域、图像像素和位置的锁定功能，可以根据需要锁定图层的属性，以免编辑图像时对图层内容造成修改。当一个图层被锁定后，该图层名称的右侧会出现一个锁状图标，若要取消锁定，可以重新单击相应的锁定按钮，锁状图标也会消失。

　　在【图层】面板中有 4 项锁定功能，分别是锁定透明像素、锁定图像像素、锁定位置、锁定全部，下面分别进行介绍。

- 【锁定透明像素】按钮 ▧：按下该按钮后，编辑范围将被限定在图层的不透明区域，图层的透明区域会受到保护。例如，使用【画笔工具】涂抹图像时，透明区域不会受到任何影响，如图3-90所示。如果在菜单栏中选择模糊类的滤镜时，想要保持图像边界的清晰，就可以启用该功能。
- 【锁定图像像素】按钮 ✔：按下该按钮后，只能对图层进行移动和变换操作，不能使用绘画工具修改图层中的像素。例如，不能在图层上进行绘画、擦除或应用滤镜，如图3-91所示。
- 【锁定位置】按钮 ✛：按下该按钮

后，图层将不能被移动，如图3-92所示。

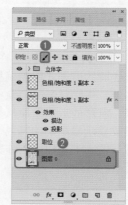

图3-90 锁定透明像素　　图3-91 锁定图像像素

- 【锁定全部】按钮 🔒：按下该按钮后，可以锁定以上的全部选项，如图3-93所示。

图3-92 部分锁定图层　　图3-93 完全锁定图层

3.3.8 删除图层

　　在【图层】面板中，将一个图层拖曳至【删除图层】按钮 🗑 上，即可删除该图层。如果按住 Alt 键单击【删除图层】按钮 🗑，则可以将当前选择的图层删除。同样也可以在菜单栏中选择【图层】|【删除】|【图层】命令，将选择的图层删除。在图层数量较多的情况下，如果要删除所有隐藏的图层，可以在菜单栏中选择【图层】|【删除】|【隐藏图层】命令；如果要删除所有链接的图层，可以在菜单栏中选择【图层】|【选择链接图层】命令，将链接的图层选中，然后再将它们删除。

3.4　牛奶包装设计——图层的简单操作

作品描述

　　牛奶包装设计应在造型上与众不同，只有优美的造型才能给消费者丰富的视觉享受。另外，牛奶包装的与众不同可从色彩中体现出来，色彩的运用只能从食品的特点出发，设计需要显示出牛奶的特色，同时兼顾消费者的欣赏习惯。牛奶包装制作完成后的效果如图 3-94所示。

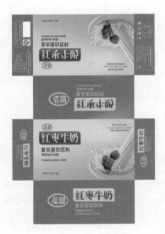

图3-94　牛奶包装

素材	素材\Cha03\牛奶包装素材.psd、红枣背景.psd
场景	场景\Cha03\牛奶包装设计——图层的简单操作.psd
视频	视频教学\Cha03\牛奶包装设计——图层的简单操作.mp4

案例实现

　　01　打开"素材\Cha03\牛奶包装素材.psd"素材文件，如图 3-95 所示。

　　02　选择【圆角矩形工具】 ▢，绘制圆角矩形。在工具选项栏中将类型设置为【形状】，将【填充】设置为 #e60012，将【描边】设置为无，将 W、H 分别设置为 1608、481，打开【属性】面板，将【左上角半径】、【右上角半径】、【左下角半径】、【右下角半径】分别设置为 0、120、120、0，如图 3-96 所示。

　　03　选择创建的圆角矩形，在【图层】面

板中单击【添加图层样式】按钮 ƒ，在弹出的下拉菜单中选择【渐变叠加】命令，如图 3-97所示。

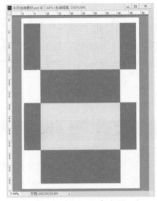

图3-95　打开的素材文件

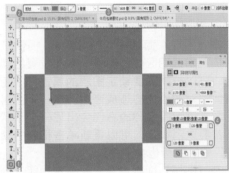

图3-96　设置圆角矩形参数

　　04　弹出【图层样式】对话框，单击【渐变】右侧的渐变条，弹出【渐变编辑器】对话框，将 0% 位置处的颜色值设置为 #cf000e，将35% 位置处的颜色值设置为 #ad0003，将 100%位置处的颜色值设置为 #e60012，单击【确定】按钮，如图 3-98 所示。

图3-97　选择【渐变叠加】命令　　图3-98　设置渐变颜色

05 返回至【图层样式】对话框，观察渐变条的颜色，单击【确定】按钮，如图 3-99 所示。

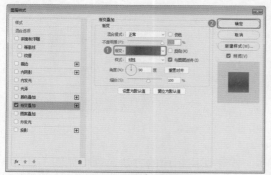

图3-99 观察渐变条的颜色

06 使用【横排文字工具】T.输入文本 "红枣牛奶"，在【字符】面板中将【字体】设置为【经典特宋简】，将【字体大小】设置为 88，将【颜色】设置为 # fff0cb，如图 3-100 所示。

图3-100 设置文本

07 为文字图层添加【渐变叠加】样式，将 0% 位置处的颜色值设置为 #f7e052，将 100% 位置处的颜色值设置为 #fffbc7，如图 3-101 所示。

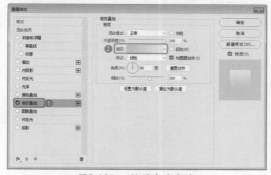

图3-101 设置渐变颜色

08 勾选【投影】复选框，设置【投影】参数，单击【确定】按钮，如图 3-102 所示。

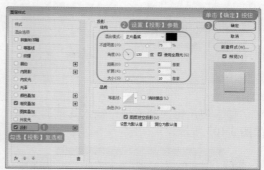

图3-102 设置【投影】参数

09 返回至工作区中，可以观察添加图层特效后的效果如图 3-103 所示。

图3-103 添加图层特效后的效果

10 新建一个【形状 1】图层，使用【钢笔工具】绘制图形，按 Ctrl+Enter 快捷键将图形转换为选区，将图形填充颜色设置为 #e60012，如图 3-104 所示。

图3-104 填充图形颜色

11 使用【横排文字工具】输入文本，在【字符】面板中将【字体】设置为【经典特宋简】，将【字体大小】设置为 36，将【颜色】设置为 #e60012，如图 3-105 所示。

图3-105 设置文本字符

12 使用【横排文字工具】输入文本，在【字符】面板中设置【字体】和【大小】，将【颜色】设置为 #0c3b1f，如图 3-106 所示。

图3-106　设置文本

13 使用相同的方法，输入其他的文本，如图 3-107 所示。

图3-107　输入其他的文本

14 打开"红枣背景 .psd"素材文件，如图 3-108 所示。

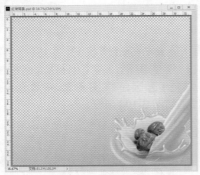

图3-108　打开的素材文件

15 将图像拖曳至当前文档中，将【图层1】图层调整至【包装背景】图层的上方，如图 3-109 所示。

图3-109　调整图层顺序

16 单击【创建新组】按钮 ，将其命名为"红枣封面图"，将除【包装背景】图层外的其他图层都归类到组中，如图 3-110 所示。

17 制作 LOGO 组，并对其进行复制，调整图像的位置，如图 3-111 所示。

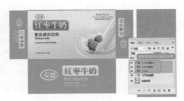

图3-110　将图层进行分组归类　　图3-111　调整完成后的效果

18 使用相同的方法，制作如图 3-112 所示的内容。

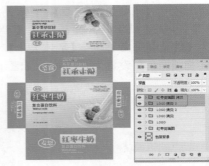

图3-112　制作完成后的效果

19 通过【横排文字工具】、【圆角矩形工具】、【钢笔工具】制作厂址信息部分，如图 3-113 所示。

图3-113　制作厂址信息部分

20 对图层进行分组归类，如图 3-114 所示。

图3-114　图层分组归类

3.4.1 向下合并图层

如果要将一个图层与它下面的图层合并，可以选择该图层，然后在菜单栏中选择【图层】|【向下合并】命令，或按 Ctrl+E 快捷键，合并后的图层将使用合并前位于下面图层的名称，如图 3-115 所示。也可以在图层名称右侧空白处单击鼠标右键，在弹出的快捷菜单中选择【向下合并】命令。

图3-115　向下合并图层

> **提 示**
>
> 【合并图层】命令可以合并相邻的图层，也可以合并不相邻的多个图层；而【向下合并】命令只能合并两个相邻的图层。

3.4.2 合并可见图层

如果要合并【图层】面板中所有的可见图层，可在菜单栏中选择【图层】|【合并可见图层】命令，或按 Shift+Ctrl+E 快捷键。如果背景图层为显示状态，则这些图层将合并到背景图层中，如图 3-116 所示；如果背景图层被隐藏，则合并后的图层将使用合并前被选择的图层的名称。也可以在图层名称右侧空白处单击鼠标右键，在弹出的快捷菜单中选择【合并可见图层】命令。

图3-116　合并可见图层

3.4.3 拼合图像

在菜单栏中选择【图层】|【拼合图像】命

令，可以将所有的图层都拼合到背景图层中，图层中的透明区域会以白色填充。如果文档中有隐藏的图层，则会弹出提示框，单击【确定】按钮，可以拼合图层，并删除隐藏的图层；单击【取消】按钮，则取消拼合操作，如图 3-117 所示。

图3-117　拼合图像

3.4.4 对齐图层对象

在【图层】面板中选择多个图层后，可以使用【图层】|【对齐】下拉菜单中的命令将它们对齐，如图 3-118、图 3-119 所示。如果当前选择的图层与其他图层链接，则可以对齐与之链接的所有图层。

图3-118　选择图层

图3-119　【对齐】命令

- 【顶边】：可基于所选图层中最顶端的像素对齐其他图层，如图3-120所示。
- 【垂直居中】：可基于所选图层中垂直中心的像素对齐其他图层，如图3-121所示。

图3-120　对齐顶边　　图3-121　垂直居中

- 【底边】：可基于所选图层中最底端的像素对齐其他图层，如图3-122所示。
- 【左边】：可基于所选图层中最左侧的像素对齐其他图层。
- 【水平居中】：可基于所选图层中水平中心的像素对齐其他图层，如图3-123所示。

图3-122　对齐底边　　图3-123　水平居中

- 【右边】：可基于所选图层中最右侧的像素对齐其他图层。

3.4.5　分布图层对象

【图层】|【分布】下拉菜单中的命令用于均匀分布所选图层，在选择了3个或更多的图层时，才能使用这些命令，如图3-124、图3-125所示。

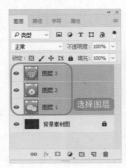 

图3-124　选择图层　　图3-125　【分布】命令

- 【顶边】：可以从每个图层的顶端像素开始，间隔均匀地分布图层。
- 【垂直居中】：可以从每个图层的垂直中心像素开始，间隔均匀地分布图层。
- 【底边】：可以从每个图层的底端像素开始，间隔均匀地分布图层。
- 【左边】：可以从每个图层的左端像素开始，间隔均匀地分布图层。
- 【水平居中】：可以从每个图层的水平中心开始，间隔均匀地分布图层。
- 【右边】：可以从每个图层的右端像素开始，间隔均匀地分布图层。

> **提　示**
> 由于分布操作不像对齐操作那样很容易地观察出每种选项的结果，用户可以在每一个分布结果后面绘制辅助线，以查看效果。

3.5　白酒包装设计——应用图层样式

作品描述

白酒是大家都熟知的，作为我国的国粹，文化历史悠久。白酒的生产和销售都是针对特定的消费群体，但是它们之间有一个共通点，那就是包装设计。对于厂家和企业来说，一款优秀的包装可以吸引大量的消费者从而刺激消费，不仅可以带来可观的利益，也可以宣传自己的品牌。

白酒包装制作完成后的效果如图3-126所示。

图3-126　白酒包装

素材	素材\Cha03\白酒素材.psd
场景	场景\Cha03\白酒包装设计——应用图层样式.psd
视频	视频教学\Cha03\白酒包装设计——应用图层样式.mp4

▶▶ 案例实现

01 按 Ctrl+N 快捷键，弹出【新建文档】对话框，将【名称】设置为"白酒包装"，将【宽度】和【高度】分别设置为 60、65，将【分辨率】设置为 600，将【颜色模式】设置为【RGB 颜色、8 位】，单击【背景内容】右侧的色块，在弹出的【拾色器】对话框中设置颜色为 #5c5b5c，单击【创建】按钮，如图 3-127 所示。

图3-127 新建文档

🏷 提示

在新建文档时，用户可以根据需要自行设置文档的名称。

02 选择【矩形工具】，绘制矩形。将【填充】设置为深红（#a50000），将【描边】设置为无，将 W、H 分别设置为 2915、6725，如图 3-128 所示。

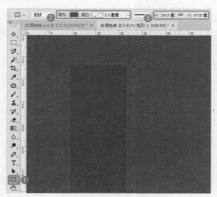

图3-128 绘制矩形

03 使用【矩形工具】绘制其他的矩形对象，将颜色分别设置为浅红（#ac1f24）、黄色（#fadba6），如图 3-129 所示。

04 单击【创建新组】按钮，创建【包装制作】组，将【图层】面板中所有的矩形图层进行归类，如图 3-130 所示。

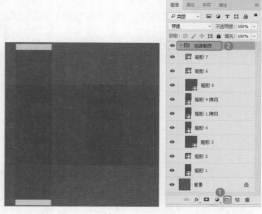

图3-129 设置颜色　　图3-130 归类图层

👤 疑难解答　绘制包装时，矩形有大有小，应怎样调整？

在绘制图形对象时如果大小不统一，可选择相应的图层，按Ctrl+T快捷键进行变换调整。

05 单击【图层】面板底部的【创建新图层】按钮，新建图层。使用【钢笔工具】绘制路径，按 Ctrl+Enter 快捷键，将路径转换为选区。将前景色【颜色】设置为 #e0ca75，按 Alt+Delete 快捷键，对其进行填充，如图 3-131 所示。

图3-131 填充完成后的效果

06 在【图层 1】图层上双击，弹出【图层样式】对话框，勾选【斜面和浮雕】复选框，在【结构】选项组中将【样式】设置为【内斜面】，将【方法】设置为【平滑】，将【深度】设置为 251，将【方向】设置为【上】，将【大小】、【软化】分别设置为5、0。在【阴影】选项组中将【光泽等高线】设置为【锥形 - 反转】，将【高光模式】设置为【颜色减淡】，将【高光颜色】设置为#fcedc2，将【不透明度】设置为42，将【阴影模式】设置为【正片叠底】，将【阴影颜色】设置为#bf9665，将【不透明度】设置为48，如图3-132所示。

择【移动工具】，勾选【自动选择】复选框，选择【组】选项，选择如图3-136所示的素材组。

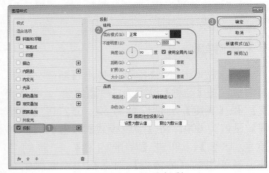

图3-134　设置投影

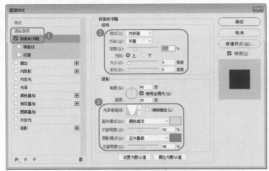

图3-132　设置斜面和浮雕

07 勾选【渐变叠加】复选框，单击【渐变】右侧的渐变条，在弹出的对话框中将0%位置处的颜色值设置为#fce9be，将71%位置处的颜色值设置为#c5a068，将100%位置处的颜色值设置为#c59e67，单击【确定】按钮，如图3-133所示。

图3-135　添加图层特效后的效果

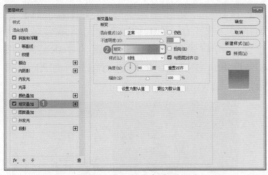

图3-133　设置渐变叠加

图3-136　选择素材组

08 勾选【投影】复选框，将【混合模式】设置为【正常】，将色块的颜色值设置为#4e0b0c，将【不透明度】设置为100，将【角度】设置为90，勾选【使用全局光】复选框，将【距离】、【扩展】、【大小】分别设置为1、0、5，单击【确定】按钮，如图3-134所示。

09 添加图层特效后的效果如图3-135所示。

10 打开"白酒素材.psd"素材文件，选

提　示

这里为了节省时间，将一部分图形对象作为素材提供，用户感兴趣的话，可以通过前面介绍的方法，利用【钢笔工具】、【横排文本工具】尝试制作一下。

11 将其拖曳至当前文档中，将【素材组】调整至图层的上方，适当调整位置，如图3-137所示。

12 单击【图层】面板底部的【创建新图层】按钮，新建【装饰】图层。使用【钢笔

工具】绘制图形，然后将对象转换为选区并填充颜色，如图 3-138 所示。

图3-137 调整位置后的效果

图3-138 填充颜色后的效果

13 在该图层上双击，弹出【图层样式】对话框，勾选【斜面和浮雕】复选框，在【结构】选项组中将【样式】设置为【描边浮雕】，将【方法】设置为【雕刻清晰】，将【深度】设置为 100，将【方向】设置为【上】，将【大小】、【软化】分别设置为 18、0。在【阴影】选项组中，将【角度】设置为 120，将【高度】设置为 30，将【光泽等高线】设置为【线性】，将【高光模式】设置为【滤色】，将【色块】设置为白色，将【不透明度】设置为 75，将【阴影模式】设置为【正片叠底】，将【色块】设置为黑色，将【不透明度】设置为 30，如图 3-139 所示。

14 勾选【渐变叠加】复选框，单击【渐变】右侧的渐变条，在弹出的对话框中，将 0% 位置处的颜色值设置为 #f1e29f，将 50% 位置处的颜色值设置为 #f08538，将 100% 位置处的颜色值设置为 #a2502e，如图 3-140 所示。

15 勾选【投影】复选框，设置投影的参数，如图 3-141 所示。

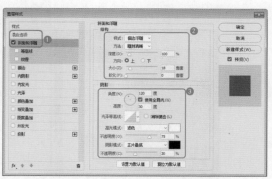

图3-139 设置斜面和浮雕

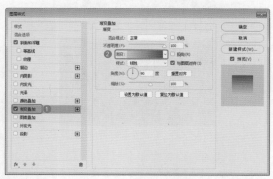

图3-140 设置渐变叠加

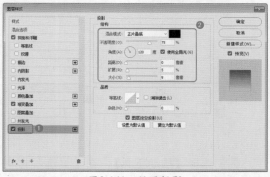

图3-141 设置投影

16 选择装饰的对象，按住 Alt 键的同时拖动鼠标，复制对象，按 Ctrl+T 快捷键，在图形上单击鼠标右键，在弹出的快捷菜单中选择【旋转 180 度】命令，如图 3-142 所示。

17 使用相同的方法，对图形进行复制，然后调整位置，如图 3-143 所示。

18 单击【创建新组】按钮，新建【装饰组】组，将装饰图层进行归类，如图 3-144 所示。

19 在【图层】面板中选择【包装制作】组，单击【锁定全部】按钮 ，如图 3-145

所示。

图3-142　选择【旋转180度】命令

图3-143　复制并调整对象位置

图3-144　归类分组

图3-145　锁定组

20 选择【移动工具】，在工具选项栏中选择【图层】选项，框选如图3-146所示的对象。

图3-146　框选对象

21 按住 Alt 键对其进行复制，调整对象的位置，效果如图 3-147 所示。

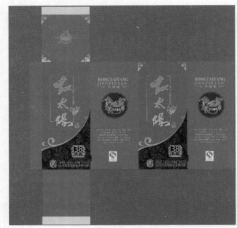

图3-147　最终效果

3.5.1　应用图层样式

本节通过具体操作介绍为图层添加图层样式。

01 打开"素材 \Cha03\ 图层样式 .psd"素材文件，按F7键打开【图层】面板，选择【初夏 特惠】图层，如图 3-148 所示。

图3-148　选择文本

02 在【图层】面板底部单击【添加图层样式】按钮 fx，然后在打开的下拉列表中选择一个效果命令，即可弹出【图层样式】对话框，进入到相应效果的设置面板；或者双击文本图层名称右侧的空白区域，在弹出的【图层样式】对话框中，勾选【投影】和【描边】复选框，设置数值，完成后单击【确定】按钮，如图 3-149 所示。

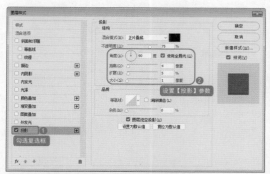

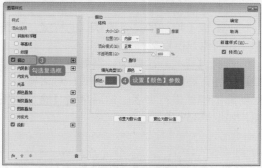

图3-149 设置图层样式

图3-151 观察图层样式

03 至此就完成了对文本图层添加的图层样式，效果如图 3-150 所示。

图3-150 完成后的效果

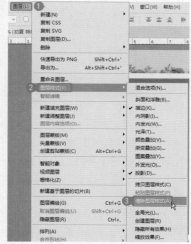

图3-152 选择【清除图层样式】命令

03 还可以在【图层】面板中选择一个图层样式，将其直接拖曳至【删除图层】按钮上，只可将图层中的一个图层样式进行删除，如图 3-153、图 3-154 所示。

3.5.2 清除图层样式

清除图层样式常用于清除一些多余的图层样式。下面介绍如何清除图层样式。

01 继续上一节的操作。在【图层】面板中可看到创建好的图层样式，如图 3-151 所示。

02 在菜单栏中选择【图层】|【图层样式】|【清除图层样式】命令，可以将选中图层的图层样式全部清除，如图 3-152 所示。

图3-153 选择一个图层样式　　图3-154 清除后的效果

3.5.3 创建图层样式

下面介绍如何创建图层样式。

01 新建一个空白文档，在【图层】面板中，双击【背景】图层将其解锁。确定【图层0】图层在选中的情况下，在菜单栏中选择【图层】|【图层样式】命令或在图层名称右侧空白处双击，在弹出的【图层样式】对话框中编辑所要为图层添加的图层样式效果，如图 3-155 所示。

图3-155 设置图层样式

02 添加完成图层样式后，在【图层样式】对话框中选择【样式】选项卡，在【样式】选项组中单击【更多】按钮 ，在弹出的下拉菜单中可以根据需要选择图层样式类型，如图 3-156 所示。

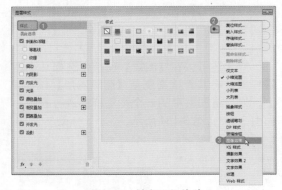

图3-156 样式下拉菜单

03 选择完成后，会弹出【图层样式】提示框，单击【追加】按钮，如图 3-157 所示。

图3-157 【图层样式】提示框

04 设置完成后，此时在【样式】选项组中即可追加刚才选择的图层样式类型中的图层样式，如图 3-158 所示。

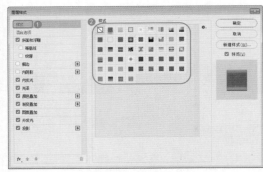

图3-158 新增样式

05 以上增加的是系统默认的样式，下面学习如何添加自定义样式。

选择【样式】选项卡，然后单击【新建样式】按钮，在弹出的【新建样式】对话框中，对新建的样式进行命名，然后单击【确定】按钮，如图 3-159 所示。

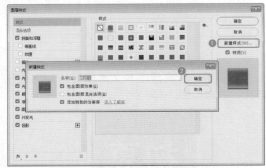

图3-159 【新建样式】对话框

06 单击确定后，即可在【图层样式】对话框的【样式】选项组中看到刚才添加的图层样式，如图 3-160 所示。

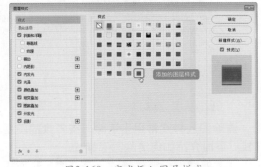

图3-160 完成添加图层样式

3.5.4 管理图层样式

下面将介绍如何管理图层样式。

01 新建一个空白文档。选择工具箱中的【自定形状工具】 ，在工具选项栏中设置填充颜色以及描边颜色，并选择一种图形，然后在文件中进行绘制创建，如图 3-161 所示。

图3-161　创建图形

02 在菜单栏中选择【窗口】|【样式】命令，打开【样式】面板，在确定绘制的形状图层处于编辑的状态下，在【样式】面板中选择一种样式，进行应用，如图 3-162 所示。

图3-162　应用样式效果

03 如果所选样式不符合需求，即可在【样式】面板中重新进行样式的选择，进行应用，这样就可替换原有的样式，如图 3-163 所示。

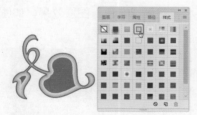

图3-163　替换原样式后的效果

3.5.5 删除【样式】面板中的样式

下面将介绍如何删除【样式】面板中的样式。

01 在菜单栏中选择【窗口】|【样式】命令，打开【样式】面板，选择想要删除的图层样式效果，单击鼠标右键，在弹出的快捷菜单中选择【删除样式】命令，即可将该图层样式效果进行删除，如图 3-164 所示。

02 还可以通过在弹出的【图层样式】对

话框中选择【样式】选项，从中选择想要删除的图层样式效果，单击鼠标右键，在弹出的快捷菜单中选择【删除样式】命令，即可删除该图层样式效果，如图 3-165 所示。

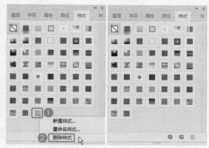

图3-164　在【样式】面板中删除样式

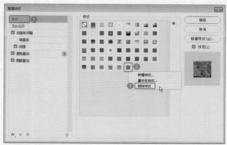

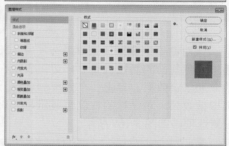

图3-165　在【图层样式】对话框中删除样式

> 💬 **提　示**
>
> 除以上两种方法外，在【样式】面板中选择一个图层样式并将其拖曳至 按钮上可直接删除样式。

3.5.6 使用图层样式

在 Photoshop 中，对图层样式进行管理是通过【图层样式】对话框来完成的，还可以通过【图层】|【图层样式】命令添加各种样式，如图 3-166 所示。

也可以单击【图层】面板底部的【添加图层样式】按钮 来完成，如图 3-167 所示。

图3-166 【图层样式】命令　图3-167　添加图层样式

在【图层样式】对话框的左侧列出了 10
种效果，如图 3-168 所示。

图3-168 【图层样式】对话框

在该对话框中选择任意效果选项后，即在
该选项名称前面的复选框有✓标记，表示在图
层中添加了该效果。单击一个效果的名称，可
以选中该效果，对话框的右侧会显示与之对应
的设置选项，如图 3-169 所示。

图3-169 选择效果

如果只单击效果名称前面的复选框，则
可以应用该效果，但不会显示效果的选项，如
图 3-170 所示。

逐一尝试各个选项的功能后就会发现，所
有样式的选项参数都有许多的相似之处。

图3-170 使用效果

- 【混合模式】：用来设置图层之间的
  混合模式，该选项默认为【正常】。
- 【不透明度】：可以输入数值或拖动
  滑块设置图层效果的不透明度。
- 【通道】：在3个复选框中，可以选
  择参加高级混合的R、G、B通道中的
  任何一个或者多个，也可以一个都不
  选，但是一般得不到理想的效果。
- 【挖空】：控制投影在半透明图层中
  的可视性或闭合。应用这个选项可以
  控制图层色调的深浅，如图3-171所
  示。单击下三角按钮可以弹出下拉列
  表，它们的效果各不相同。将【挖
  空】设置为【深】，将【填充不透明
  度】数值设定为0，如图3-172所示。
  挖空到【背景】图层效果，如图3-173
  所示。

图3-171 调整色调

图3-172 设置挖空

图3-173 挖空到背景效果

> **提示**
>
> 当使用【挖空】选项时,在默认的情况下会从该图层挖到【背景】图层。如果没有【背景】图层,则以透明的形式显示。

◆ 【将内部效果混合成组】:选中这个复选框可将本次操作作用到图层的内部效果,然后合并到一个组中。这样在下次使用的时候,出现在面板的默认参数即为现在的参数。

◆ 【将剪贴图层混合成组】:将剪贴的图层合并到同一个组中。

◆ 【透明形状图层】:可以限制样式或挖空效果的范围。

◆ 【图层蒙版隐藏效果】:用来定义图层效果在图层蒙版中的应用范围。如果在添加了图层蒙版的图层上没有勾选【图层蒙版隐藏效果】复选框,则效果会在蒙版区域内显示,如图 3-174 所示;如果勾选了【图层蒙版隐藏效果】复选框,则图层蒙版中的效果不会显示,如图 3-175 所示。

图3-174 未勾选【图层蒙版隐藏效果】复选框

◆ 【矢量蒙版隐藏效果】:用来定义图层效果在矢量蒙版中的应用范围。勾选该复选框,矢量蒙版中

的效果不会显示;取消勾选该复选框,则效果也会在矢量蒙版区域内显示。

图3-175 勾选【图层蒙版隐藏效果】复选框

● 【混合颜色带】:用来控制当前图层与它下面的图层混合时,在混合结果中显示哪些像素。

在该对话框的【混合颜色带】中可以发现,【本图层】和【下一个图层】的颜色条两端均是由两个小三角形做成的,它们是用来调整该图层色彩深浅的。如果直接用鼠标拖动的话,则只能将整个三角形拖动,没有办法缓慢改变图层的颜色深浅。如果按住 Alt 键后拖动鼠标,则可拖动右侧的小三角,从而达到缓慢改变图层颜色深浅的目的。使用同样的方法可以对其他的三角形进行调整。

3.5.7 投影

【投影】图层样式可以为图层内容添加投影,使其产生立体感。

01 打开"素材 \Cha03\ 特效素材 .pad"素材文件,如图 3-176 所示。

图3-176 打开的素材文件

02 双击【加入 我们】图层,弹出【图层样式】对话框,勾选【投影】复选框,将【混合模式】设置为【正常】,将颜色设置为

#b7881e，将【不透明度】设置为67，将【角度】设置为120，将【距离】、【扩展】、【大小】分别设置为20、10、7，如图3-177所示。

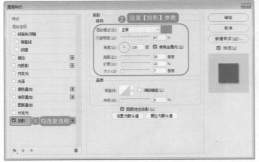

图3-177　设置投影

03 执行以上操作后，单击【确定】按钮，效果如图3-178所示。

图3-178　设置阴影后的效果

- 【混合模式】：用来设置投影与下面图层的混合模式，该选项默认为【正片叠底】。

- 【投影颜色】：单击【混合模式】右侧的色块，可以在弹出的【选择阴影颜色】对话框中设置投影的颜色，如图3-179所示。

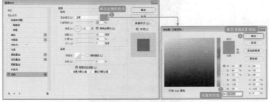

图3-179　设置投影颜色

- 【不透明度】：拖动滑块或输入数值可以设置投影的不透明度。值越高，投影越深；值越低，投影越浅，如图3-180所示。

图3-181　设置不透明度

- 【角度】：确定效果应用于图层时所采用的光照角度，可以在文本框中输入数值，也可以拖动圆形的指针来进行调整，指针的方向为光源的方向，效果如图3-181所示。

图3-181　设置角度

- 【使用全局光】：选中该复选框，所产生的光源作用于同一个图像中的所有图层。取消选中该复选框，产生目光源只作用于当前编辑的图层。

- 【距离】：控制阴影离图层中图像的距离，值越高，投影越远。也可以将光标放在场景文件的投影上当鼠标变为形状时，单击并拖动鼠标直接调整摄影的距离和角度，效果如图3-182所示。

图3-182　拖动投影的距离

- 【扩展】：用来设置投影的扩展范围，受后面【大小】选项的影响。
- 【大小】：用来设置投影的模糊范围。值越高模糊范围越广；值越小，投影越清晰，如图3-183所示。
- 【等高线】：应用该选项可以使图像产生立体的效果。单击其下拉按钮会打开【等高线拾色器】面板，从中可以根据图像选择适当的模式，如图3-184所示。

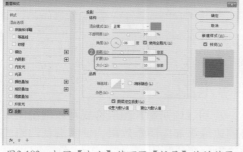

图3-183 相同【大小】值不同【扩展】值的效果

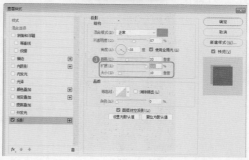

图3-183 相同【大小】值不同【扩展】值的效果(续)

图3-184 12种等高线模式

- 【消除锯齿】：选中该复选框，在对固定的选区做一些变化时，可以使变化的效果不至于显得很突然，可使效果过渡变得柔和。
- 【杂色】：用来在投影中添加杂色。该值较高时，投影将显示为点状，效果如图3-185所示。
- 【用图层挖空投影】：用来控制半透明图层中投影的可见性。勾选该复选框后，如果当前图层的【填充】小于100%，则半透明图层中的投影不见了，效果如图3-186所示。图3-187所示为取消勾选该复选框后的效果。

如果觉得这里的模式太少，则可以打开【等高线拾色器】面板后，单击右上角的 按钮，打开如图3-188所示的下拉菜单。

图3-185　添加杂色后的效果

图3-186　勾选【用图层挖空投影】复选框　　图3-187　未勾选【用图层挖空投影】复选框

图3-188　下拉菜单

下面介绍如何新建一个等高线。

单击等高线图标可以弹出【等高线编辑器】对话框，如图3-189所示。

- 【预设】：在该下拉列表中可以先选择比较接近用户需要的等高线，然后在【映射】选项组中的曲线上单击添加锚点，用鼠标拖动锚点会得到一条

曲线，其默认的模式是平滑的曲线。

- 【输入和输出】：【输入】指的是图像在该位置原来的色彩相对数值。【输出】指的是通过这条等高线处理后，得到的图像在该处的色彩相对数值。

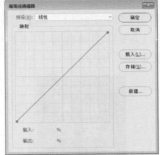

图3-189　【等高线编辑器】对话框

完成对曲线的调整以后，单击【新建】按钮，弹出【等高线名称】对话框，如图3-190所示。

图3-190　【等高线名称】对话框

如果对当前调整的等高线进行保留，可以通过单击【存储】按钮对等高线进行保存，在弹出的【另存为】对话框中命名保存即可，如图3-191所示。载入等高线的操作和保存类似。

图3-191　【另存为】对话框

3.5.8　内阴影

应用【内阴影】图层样式可以围绕图层内容的边缘添加内阴影效果，使图层呈凹陷的外观效果。

01 打开"素材\Cha03\特效素材.psd"素材文件,如图3-192所示。

图3-192 打开的素材文件

02 在【加入 我们】图层上双击,弹出【图层样式】对话框,勾选【内阴影】复选框,将【混合模式】设置为【正片叠底】,设置填充颜色为#751b00,将【不透明度】设置为35,将【角度】设置为120,将【距离】设置为37,将【阻塞】设置为10,将【大小】设置为5,如图3-193所示。

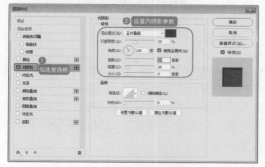

图3-193 设置内阴影

03 设置完成后单击【确定】按钮,添加内阴影后的效果,如图3-194所示。

图3-194 设置后的效果

【内阴影】面板中的【品质】选项组在【投影】面板中都涉及到了。

从图3-193中可以看出,【结构】选项组只

是将原来的【扩展】改为了现在的【阻塞】,这是一个和【扩展】相似的功能,但它是扩展的逆运算。【扩展】是将阴影向图像或选区的外面扩展,而【阻塞】则是向图像或选区的里边扩展,得到的效果极为类似,在精确制作时可能会用到。如果将这两个选项都选中并分别对它们进行参数设置,则会得到意想不到的效果。

3.5.9 外发光

应用【外发光】图层样式可以围绕图层内容的边缘创建外部发光效果。

01 打开"素材\Cha03\特效素材.psd"素材文件,如图3-195所示。

图3-195 打开的素材文件

02 在【加入我们】图层上双击,弹出【图层样式】对话框,勾选【外发光】复选框,将【混合模式】设置为【滤色】,将【不透明度】设置为64,选择渐变颜色,将【方法】设置为【柔和】,将【扩展】设置为50,将【大小】设置为29,如图3-196所示。

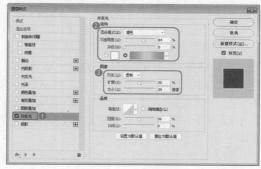

图3-196 设置外发光

03 设置完成后单击【确定】按钮,设置后的效果如图3-197所示。

【外发光】面板中各选项的含义如下。

- 【可选颜色】：选中色块单选按钮，然后单击色块，在弹出的【拾色器】对话框中可以选择一种颜色作为外发光的颜色；选中右侧的渐变单选按钮，然后单击渐变条，可在弹出的【渐变编辑器】对话框中设置渐变颜色作为外发光颜色。
- 【方法】：包括【柔和】和【精确】两个选项，用于设置光线的发散效果。
- 【扩展】和【大小】：用于设置外发光的模糊程度和亮度。
- 【范围】：该选项用于设置颜色不透明度的过渡范围。
- 【抖动】：用于改变渐变的颜色和不透明度的应用。

图3-197　设置后的效果

3.5.10　内发光

应用【内发光】图层样式可以围绕图层内容的边缘创建内部发光效果。

01 继续上一节的操作，在【加入我们】图层上双击，弹出【图层样式】对话框，将【混合模式】设置为【线性光】，将【不透明度】设置为20，将【杂色】设置为29，选中色块单选按钮并将颜色设置为#9af991，将【方法】设置为【柔和】，将【阻塞】设置为10，将【大小】设置为0，如图3-198所示。

02 设置完成后单击【确定】按钮，效果如图3-199所示。

 提　示

在需要印刷时，样式要尽量少使用。

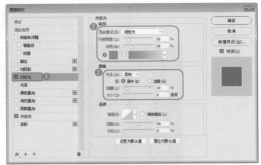

图3-198　设置内发光

图3-199　设置后效果

【内发光】的选项和【外发光】的选项几乎一样。只是【外发光】中的【扩展】选项变成了【内发光】中的【阻塞】。【外发光】得到的阴影是在图层的边缘，在图层之间看不到效果的影响。而【内发光】得到的效果只在图层内部，即得到的阴影只出现在图层的不透明区域。

3.5.11　斜面和浮雕

应用【斜面和浮雕】图层样式可以为图层内容添加暗调和高光效果，使图层内容呈现突起的浮雕效果。

01 打开"素材\Cha03\特效素材.psd"素材文件，如图3-200所示。

图3-200　打开的素材文件

02 在【加入我们】图层上双击，弹出【图层样式】对话框，勾选【斜面和浮雕】复选框将【样式】设置为【外斜面】，将【深度】设置为334，将【大小】设置为29，将【软化】设置为4，如图 3-201 所示。

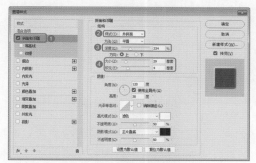

图3-201 设置斜面和浮雕

03 设置完成后单击【确定】按钮，效果如图 3-202 所示。

- 【样式】：在该下拉列表中共有5个模式，分别是【外斜面】、【内斜面】、【浮雕效果】、【枕状浮雕】和【描边浮雕】。
- 【方法】：在该下拉列表中有3个选项，分别是【平滑】、【雕刻清晰】和【雕刻柔和】。
  - 【平滑】：选择该选项可以得到边缘过渡比较柔和的图层效果，也就是它得到的阴影边缘变化不尖锐，如图 3-203 所示。

图3-202 斜面和浮雕效果　图3-203 平滑效果

  - 【雕刻清晰】：选择该选项将产生边缘变化明显的效果。跟【平滑】选项相比较，它产生的效果立体感特别强，如图 3-204 所示。
  - 【雕刻柔和】：与【雕刻清晰】选项类似，但是它的边缘色彩变化

要稍微柔和一点，如图 3-205 所示。

图3-204 雕刻清晰　图3-205 雕刻柔和

- 【深度】：控制效果的颜色深度。数值越大，得到的阴影越深；数值越小，得到的阴影颜色越浅。
- 【方向】：包括【上】、【下】两个方向，用来切换亮部和阴影的方向。选中【上】单选按钮，则是亮部在上面，如图3-206所示；选中【下】单选按钮，则是亮部在下面，如图3-207所示。

图3-206 【上】效果　图3-207 【下】效果

- 【大小】：用来设置斜面和浮雕中阴影面积的大小。
- 【软化】：用来设置斜面和浮雕的柔和程度。该值越高，效果越柔和。
- 【角度】：控制灯光在圆中的角度。圆中的圆圈符号可以用鼠标移动。
- 【高度】：是指光源与水平面的夹角。值为0表示底边；值为90表示图层的正上方。
- 【使用全局光】：决定应用于图层效果的光照角度。既可以定义全部图层的光照效果，也可以将光照应用到单个图层中，可以制造出一种连续光源照在图像上的效果。

- 【光泽等高线】：此选项的编辑和使用方法和前面讲到的等高线的编辑方法是一样的。
- 【消除锯齿】：选中该复选框，可以使混合等高线或光泽等高线的边缘像素变化的效果不至于显得很突然，可使效果过渡变得柔和。此选项在具有复杂等高线的小阴影上最有用。
- 【高光模式】：指定斜面或浮雕高光的混合模式。这相当于在图层的上方有一个带色光源，光源的颜色可以通过右边的颜色方块来调整。它会使图层达到许多种不同的效果。
- 【阴影模式】：指定斜面或浮雕阴影的混合模式，可以调整阴影的颜色和模式。通过右边的颜色方块可以改变阴影的颜色，在下拉列表中可以选择阴影的模式。

在【图层样式】对话框的左侧勾选【等高线】复选框，可以切换到【等高线】面板，如图 3-208 所示。使用【等高线】可以勾画在浮雕处理中被遮住的起伏、凹陷和凸起，如图 3-209 所示。

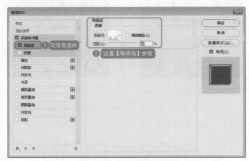

图3-208　设置等高线

图3-209　设置后的效果

在【图层样式】对话框的左侧勾选【纹理】复选框，可以切换到【纹理】面板，如图 3-210 所示。

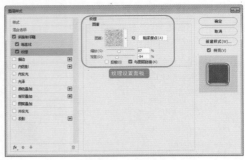

图3-210　设置纹理

- 【图案】：在该下拉面板中可以选择合适的图案。斜面和浮雕的浮雕效果就是按照图案的颜色或者它的浮雕模式进行的，如图3-211所示。在预览图上可以看出待处理的图像的浮雕模式和所选图案的关系。

图3-211　两种图案浮雕模式

- 【贴紧原点】：单击此按钮可使图案的浮雕效果从图像或者文档的角落开始。
- 【缩放】：拖动滑块或输入数值可以调整图案的大小。
- 【深度】：用来设置图案的纹理应用程度。
- 【反相】：可反转图案纹理的凹凸方向。
- 【与图层链接】：勾选该复选框可以将图案链接到图层，此时对图层进行变换操作时，图案也会一同变换。在该复选框处于勾选状态时，单击【紧贴原点】按钮，可以将图案的原点对齐到文档的原点。如果取消勾选择该复选框，则单击【紧贴原点】按钮，可以将原点放在图层的左上角。

3.5.12　光泽

应用【光泽】图层样式可根据图层内容的形状在内部应用阴影，创建光滑的打磨效果。

01　打开"素材\cha03\特效素材.psd"素材文件。打开【图层样式】对话框，勾选【光泽】复选框，将【混合模式】设置为【正片叠底】，颜色设置为 #560000，将【不透明度】设置为 50，将【角度】设置为 120，将【距离】设置为 11，将【大小】设置为 14，如图 3-212 所示。

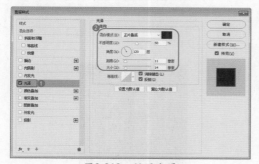

图3-212　设置光泽

02　设置完成后单击【确定】按钮，效果如图 3-213 所示。

图3-213　完成后的效果

💬 提　示

在【结构】选项组中，阴影是在图像的内部。

- 【混合模式】：以图像和黑色为编辑对象，其模式与图层的【混合模式】一样。只是在这里 Photoshop 将黑色当作一个图层来处理。
- 【不透明度】：调整【混合模式】中颜色图层的不透明度。
- 【角度】：即光照射的角度，它控制

着阴影所在的方向。

- 【大小】：即光照的大小，它控制阴影的大小。
- 【距离】：指定阴影或光泽效果的偏移距离。可以在文档窗口中拖动以调整偏移距离。数值越小，图像上被效果覆盖的区域越大。此距离值控制着阴影的距离。

3.5.13　颜色叠加

应用【颜色叠加】图层样式可以为图层内容添加颜色。

01　继续上一节的操作，打开【图层样式】对话框，勾选【颜色叠加】复选框，将【混合模式】设置为【正常】，将颜色设置为 #ffa311，将【不透明度】设置为 30，如图 3-214 所示。

图3-214　设置参数颜色叠加

02　设置完成后单击【确定】按钮，效果如图 3-215 所示。【颜色叠加】是将颜色当作一个图层，然后再对该图层施加一些效果或者图层混合模式。

图3-215　设置后的效果

3.5.14　渐变叠加

应用【渐变叠加】图层样式可以为图层内容

添加渐变颜色。

01 打开"素材\Cha03\特效素材.psd"素材文件,在【图层样式】对话框中勾选【渐变叠加】复选框,将【混合模式】设置为【正常】,将【不透明度】设置为100,选择一种渐变样式,将【角度】设置为90,如图3-216所示。

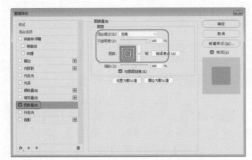

图3-216 设置渐变叠加

02 设置完成后单击【确定】按钮,效果如图3-217所示。

图3-217 设置后的效果

该选项与【颜色叠加】选项一样,都可以将原有的颜色进行叠加改变,然后通过调整混合模式与不透明度控制渐变颜色的不同效果。

- 【混合模式】:以图像和黑白渐变为编辑对象,其模式与图层的【混合模式】一样,用于设置使用渐变叠加时色彩混合的模式。
- 【不透明度】:用于设置对图像进行渐变叠加时色彩的不透明程度。
- 【渐变】:设置使用的渐变色。
- 【样式】:用于设置渐变类型。

3.5.15 图案叠加

应用【图案叠加】图层样式可以选择一种图案叠加到原有图像上。

01 继续上一节的操作,打开【图层样式】对话框,勾选【图案叠加】复选框,将【混合模式】设置为【变亮】,将【不透明度】设置为100,选择一种图案,如图3-218所示。

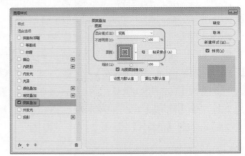

图3-218 设置图案叠加

02 设置完成后单击【确定】按钮,如图3-219所示。

图3-219 设置后的效果

3.5.16 描边

【描边】图层样式可以使用颜色、渐变或图案来描绘对象的轮廓。

01 继续上一节的操作,为其添加【描边】效果,将【大小】设置为13,将【不透明度】设置为100,将【颜色】设置为#d75b6a,如图3-220所示。

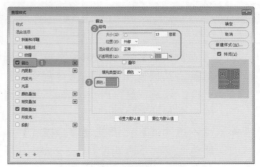

图3-220 设置描边

02 设置完成后单击【确定】按钮，效果如图 3-221 所示。

图3-221 设置后的效果

➡ 3.6 上机练习——月饼包装设计

在本节中将通过实例来介绍运用 Photoshop 中的图层对图像进行处理，以达到美观、时尚的效果。

▶▶ 作品描述

月饼包装作为商品与消费者之间的信息纽带，对其文化性的要求显得突出。好的月饼包装不仅可以提高销售份额，更加可以提升品牌形象，使我国传统的月饼文化得以更加广泛的传播。月饼包装制作完成后的效果如图 3-222 所示。

图3-222 月饼包装

素材	素材\Cha03\月饼包装素材.psd、素材1.png、素材2.png、素材3.png、素材4.png
场景	场景\Cha03\月饼包装设计.psd
视频	视频教学\Cha03\月饼包装设计.mp4

▶▶ 案例实现

01 打开"素材\Cha03\月饼包装素材.psd"素材文件，如图 3-223 所示。

02 打开【图层】面板，在【图层 1】图

层上方新建【花纹 1】和【花纹 2】图层，使用【钢笔工具】分别绘制花纹对象，将填充颜色设置为 #ca742b，如图 3-224 所示。

图3-223 打开的素材文件

图3-224 绘制花纹对象

03 在【图层】面板中选择【图层 2】、【花纹 1】和【花纹 2】图层，单击鼠标右键，在弹出的快捷菜单中选择【创建剪贴蒙版】命令，如图 3-225 所示。

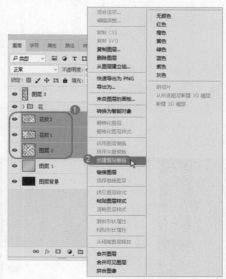

图3-225 选择【创建剪贴蒙版】命令

04 创建蒙版后的效果如图 3-226 所示。

图3-226　创建蒙版后的效果

知识链接

释放剪贴蒙版的方法如下：

在创建完蒙版后的图层上单击鼠标右键，在弹出的快捷菜单中选择【释放剪贴蒙版】命令，如图3-227所示，即可释放蒙版。

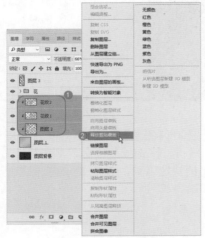

图3-227　释放剪贴蒙版

05　使用【横排文字工具】输入文本，在【字符】面板中将【字体】设置为【方正小标宋简体】，将【字体大小】设置为113、【行距】为80、【字符间距】为100，将【颜色】设置为#854822，如图3-228所示。

图3-228　设置文本

06　在【图层】面板中将文字图层调整至图层上方，如图3-229所示。

图3-229　调整文字图层顺序

07　按Ctrl+O快捷键，弹出【打开】对话框，选择"素材\Cha03\素材1.png、素材2.png"素材文件，如图3-230所示。

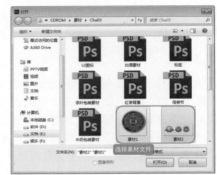

图3-230　选择素材文件

08　单击【打开】按钮，将素材文件拖曳至当前文档中，调整素材的位置，效果如图3-231所示。

图3-231　调整素材的位置

09　使用【横排文字工具】分别输入文本"福满""金秋"，在【字符】面板中将【字体】设置为【汉仪魏碑简】，将【字体大小】设置为100，将【行距】设置为100，将【字距】设置为0，将【颜色】设置为#721505，如图3-232所示。

图3-232 设置文本

10 在【福满】图层的上侧双击，弹出
【图层样式】对话框，勾选【投影】复选框，
将【混合模式】设置为【正常】，将颜色设置
为#b28520，将【不透明度】设置为60，将【角
度】设置为135，将【距离】、【扩展】、【大小】
分别设置为32、27、9，单击【确定】按钮，
如图 3-233 所示。

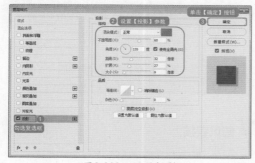

图3-233 设置投影

11 制作投影后的效果如图 3-234 所示。

图3-234 制作投影后的效果

12 在【福满】图层右侧单击鼠标右键，
在弹出的快捷菜单中选择【拷贝图层样式】命
令，如图 3-235 所示。

13 在【金秋】图层右侧单击鼠标右键，
在弹出的快捷菜单中选择【粘贴图层样式】命
令，如图 3-236 所示。

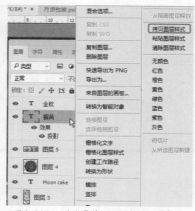

图3-235 选择【拷贝图层样式】命令

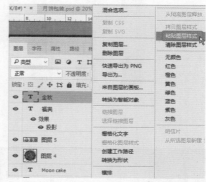

图3-236 选择【粘贴图层样式】命令

14 粘贴图层样式后的效果如图 3-237
所示。

图3-237 粘贴图层样式后的效果

15 使用【横排文字工具】输入其他文本
对象，如图 3-238 所示。

16 按 Ctrl+O 快捷键，在弹出的【打开】
对话框中选择"素材 3.png"和"素材 4.png"
素材文件，如图 3-239 所示。

17 单击【打开】按钮，将素材文件拖曳
至当前文档中，调整素材的位置，如图 3-240
所示。

图3-238　输入其他文本

图3-239　选择素材文件

图3-240　调整素材位置

18　在菜单栏中选择【图像】|【模式】|【RGB 颜色】命令，如图 3-241 所示。

图3-241　选择【RGB颜色】命令

19　弹出 Adobe Photoshop CC 2018 提示框，单击【不拼合】按钮，如图 3-242 所示。

图3-242　单击【不拼合】按钮

20　弹出【另存为】对话框，设置保存路径，将【文件名】设置为【月饼包装】，将【保存类型】设置为 JPEG，单击【保存】按钮，如图 3-243 所示。

图3-243　设置保存文件

▶▶ 知识链接

考虑到用 CMYK 模式导出来的效果比较暗，如图 3-244 所示。所以，在此采用 RGB 模式。

图3-244　CMYK模式导出的效果

➡ **3.7** 习题与训练

1. 如何创建新图层？
2. 如何添加图层样式？

第 ④ 章 设计宣传展架——文本的输入与编辑

在平面设计作品中，文字不仅可以传达信息，还能起到美化版面、强化主题的作用。Photoshop CC 2018的工具箱中包含4种文字工具，可以创建不同类型的文字。在本章中，将介绍点文本、段落文本和蒙版文本的创建以及对文本的编辑。

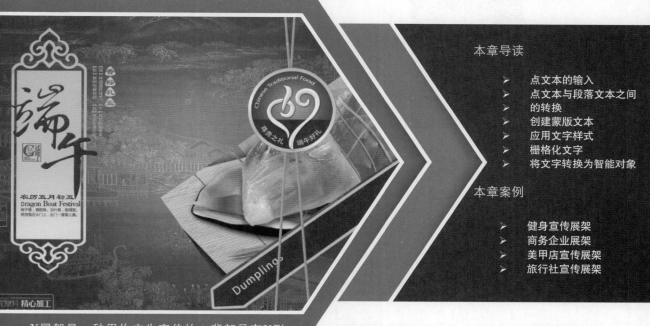

本章导读

- 点文本的输入
- 点文本与段落文本之间的转换
- 创建蒙版文本
- 应用文字样式
- 栅格化文字
- 将文字转换为智能对象

本章案例

- 健身宣传展架
- 商务企业展架
- 美甲店宣传展架
- 旅行社宣传展架

X展架是一种用作广告宣传的、背部具有X形支架的展览展示用品。X展架是根据产品的特点，设计与之匹配的产品促销展架，再加上具有创意的LOGO标牌，使产品醒目地展现在公众面前，从而加大对产品的宣传广告作用。

4.1 制作健身宣传展架——文本的输入

作品描述

X 展架已被广泛地应用于大型卖场、商场、超市、展会、公司、招聘会等场所的展览展示活动，同时也应用于展览广告、巡回展示、商业促销、会议演示。健身宣传展架制作完成后的效果如图 4-1 所示。

图4-1　健身宣传展架

素材	素材\Cha04\健身背景1.jpg、健身背景2.png、健身背景3.jpg、健身4.png、健身logo.png
场景	场景\Cha04\制作健身宣传展架——文本的输入.psd
视频	视频教学\Cha04\制作健身宣传展架——文本的输入.mp4

案例实现

01 在菜单栏中选择【文件】|【新建】命令，在弹出的【新建文档】对话框中将【宽度】和【高度】分别设置为3543、5315，将【分辨率】设置为72，将【颜色模式】设置为【RGB颜色】，将【背景内容】设置为【背景色】，单击【创建】按钮，如图 4-2 所示。

图4-2　创建新文档

02 在菜单栏中选择【文件】|【打开】命令，在弹出的【打开】对话框中选择"健身背景1.jpg"和"健身背景2.png"素材文件，单击【打开】按钮，如图 4-3 所示。

图4-3　选择素材文件

03 打开后的素材文件如图 4-4 所示。

图4-4　打开的素材文件

04 使用【移动工具】将打开的素材文件拖曳至新建文档中，并将其调整至合适的位置，效果如图 4-5 所示。

05 使用相同的方法，打开【健身背景3.jpg】素材文件，并使用【移动工具】将其调整至新建文档中的合适位置，效果如图 4-6所示。

图4-5　调整完成后的　　图4-6　调整位置后的
　　　　效果　　　　　　　　　效果

06 在【图层】面板中选中【图层3】图层，并单击鼠标右键，在弹出的快捷菜单中选择【创建剪贴蒙版】命令，如图4-7所示。

07 创建完成后的效果如图4-8所示。

图4-7　创建剪贴蒙版　　图4-8　创建完成后的
　　　　　　　　　　　　　　　　　　　　效果

08 选择工具箱中的【多边形工具】，在工具选项栏中将【填充颜色】设置为无，将【描边颜色】设置为白色，将【描边宽度】设置为5，单击【描边类型】按钮，在弹出的下拉面板中单击【更多选项】按钮，在弹出的【描边】对话框中勾选【虚线】复选框，将【虚线】和【间隙】均设置为5，设置完成后单击【确定】按钮。将【边】设置为3，然后在工作区中按住Shift键并拖动鼠标，绘制多边形，效果如图4-9所示。

图4-9　绘制多边形

09 在【图层】面板中选中【多边形1】图层，并单击鼠标右键，在弹出的快捷菜单中选择【栅格化图层】命令，如图4-10所示。

10 选择工具箱中的【橡皮擦工具】，按住Shift键的同时拖动鼠标擦除多边形，效果如图4-11所示。

11 再次选择工具箱中的【多边形工具】，在工具选项栏中将【填充颜色】设置为无，将【描边颜色】设置为白色，将【描边宽度】设

置为5，单击【描边类型】按钮，在弹出的下拉面板中单击最上方的选项，将【边】设置为3，然后在工作区中按住Shift键拖动鼠标，绘制多边形，效果如图4-12所示。

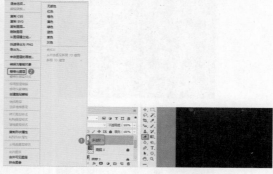

图4-10　栅格化图层　　　图4-11　擦除多边形

图4-12　绘制多边形

12 在【图层】面板中选中【多边形2】图层，并单击鼠标右键，在弹出的快捷菜单中选择【栅格化图层】命令，如图4-13所示。

13 选择工具箱中的【橡皮擦工具】，按住Shift键的同时拖动鼠标擦除多边形，效果如图4-14所示。

图4-13　栅格化图层　　　图4-14　擦除多边形

14 在【图层】面板中选中【多边形1】图层，在菜单栏中选择【编辑】|【自由变换】命令，将其旋转至合适的角度，并调整至合适

的位置，如图4-15所示。

图4-15　变换多边形

15 使用相同的方法，将另一个多边形调整至合适的角度，效果如图4-16所示。

图4-16　再次变换多边形

16 选择工具箱中的【横排文字工具】，打开【字符】面板，将【字体】设置为【汉仪超粗黑简】，将【字体大小】设置为700，将【字符行距】和【字符间距】分别设置为【(自动)】、0，将【字体颜色】设置为#ff0000，然后在工作区中输入文本，效果如图4-17所示。

图4-17　输入文本

疑难解答　输入完文本后，怎样完成文本的编辑？
　　输入完文本后，可以使用鼠标单击任意工具或图层进行确定，也可以通过按Ctrl+Enter快捷键来完成。

17 在【图层】面板中选中【生命】图层，在菜单栏中选择【编辑】|【自由变换路径】命

令，将其旋转至合适的角度，并调整至合适的位置，如图4-18所示。

图4-18　变换文本

18 选择工具箱中的【横排文字工具】，打开【字符】面板，将【字体】设置为【汉仪超粗黑简】，将【字体大小】设置为500，将【字符行距】和【字符间距】分别设置为【(自动)】、0，将【字体颜色】设置为#ffffff，然后在工作区中输入文本，效果如图4-19所示。

图4-19　输入文本

19 使用相同的方法，再次输入文本，并调整其旋转角度和位置，效果如图4-20所示。

图4-20　再次输入文本

20 选择工具箱中的【横排文字工具】，

打开【字符】面板,将【字体】设置为【汉仪超粗黑简】,将【字体大小】设置为 700,将【字符行距】和【字符间距】分别设置为【(自动)】、0,将【字体颜色】设置为 #000000,然后在工作区中输入文本【生】,如图 4-21 所示。

图 4-21 输入文本

21 在【图层】面板中选中【生】图层,单击【添加图层蒙版】按钮,在工具箱中单击【渐变工具】按钮,在工具选项栏中将渐变条设置为【前景色到背景色渐变】,将【渐变类型】设置为【线性渐变】,将【前景色】和【背景色】分别设置为 #ff0000、#000000,设置完成后为该文本绘制渐变,效果如图 4-22 所示。

图 4-22 绘制渐变

22 在【图层】面板中选中【生】图层,在菜单栏中选择【编辑】|【自由变换路径】命令,将其旋转至合适的角度,并调整至合适的位置,如图 4-23 所示。

图 4-23 变换文本

23 使用相同的方法,输入文本【命】,并在【图层】面板中选中【命】图层,单击鼠标右键,在弹出的快捷菜单中选择【栅格化文字】命令,如图 4-24 所示。

图 4-24 选择【栅格化文字】命令

24 设置完成后继续选中该图层,使用【橡皮擦工具】擦除该文本中多余的形状,如图 4-25 所示。

图 4-25 擦除文本

25 在【图层】面板中选中【命】图层,单击【添加图层蒙版】按钮,在工具箱中单击【渐变工具】按钮,在工具选项栏中将渐变条设置为【黑白渐变】,将【渐变类型】设置为【线性渐变】,设置完成后为该文本绘制渐变,效果如图 4-26 所示。

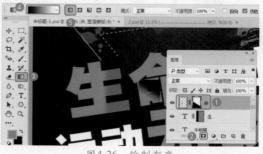

图 4-26 绘制渐变

26 在【图层】面板中选中【命】图层,在菜单栏中选择【编辑】|【自由变换路径】命

令，将其旋转至合适的角度，并调整至合适的位置，如图4-27所示。

图4-27　变换文本

27 使用上面介绍的方法输入并设置其他文本，设置完成后的效果如图4-28所示。

图4-28　设置完成后的效果

28 选择工具箱中的【横排文字工具】，打开【字符】面板，将【字体】设置为【Adobe黑体 Std】，将【字体大小】设置为180，将【字符行距】和【字符间距】分别设置为【自动】、200，将【填充颜色】设置为#ffffff，然后在工作区中输入文本，如图4-29所示。

图4-29　输入文本

29 在【图层】面板中选中FITNESS>>>>>>>>>图层，在菜单栏中选择【编辑】|【自由变换路径】命令，将其旋转至合适的角度，并调整至合适的位置，效果如图4-30所示。

30 使用上面介绍的方法输入其他文本和字符，并调整其旋转角度和位置，效果如图4-31所示。

31 选择工具箱中的【横排文字工具】，

打开【字符】面板，将【字体】设置为【汉仪超粗黑简】，将【字体大小】设置为150，将【字符行距】和【字符间距】分别设置为【自动】、5，将【填充颜色】设置为#ffffff，然后在工作区中输入文本【生 / 命 / 不 / 息 • 运 / 动 / 不 / 止】，如图4-32所示。

图4-30　调整完成后的效果

图4-31　调整输入的文本

图4-32　输入文本

32 输入完成后，使用【横排文字工具】选中【生 / 命】文本，打开【字符】面板，将【字体颜色】修改为#ff0000，如图4-33所示。

图4-33　调整文本颜色

33 再次使用【横排文字工具】选中【运 / 动】文本，打开【字符】面板，将【字体颜色】

修改为#ff0000，如图4-34所示。

图4-34 再次调整文本颜色

34 使用【移动工具】将其调整至合适的位置，效果如图4-35所示。

图4-35 调整位置

35 选择工具箱中的【横排文字工具】，打开【字符】面板，将【字体】设置为【Adobe黑体 Std】，将【字体大小】设置为41，将【字符行距】和【字符间距】分别设置为50、0，将填充颜色设置为#ffffff，然后在工作区中输入文本，如图4-36所示。

图4-36 输入文本

36 选择工具箱中的【直线工具】，在工作区中按住Shift键拖动鼠标绘制直线。在工具选项栏中将【填充颜色】设置为#ffffff，将【描边颜色】设置为无，将W和H分别设置为2350、5，如图4-37所示。

图4-37 绘制直线

37 将刚刚绘制的直线进行复制，并调整至合适的位置，效果如图4-38所示。

图4-38 调整完成后的效果

38 选择工具箱中的【横排文字工具】，使用相同的方法创建文本，如图4-39所示。

图4-39 创建文本

39 在菜单栏中选择【文件】|【打开】命令，在弹出的【打开】对话框中选择【健身logo.png】素材文件，单击【打开】按钮，如图4-40所示。

图4-40 选择素材文件

40 使用【移动工具】将该素材文件拖曳至当前文档中，并将其调整至合适的位置，效果如图4-41所示。

图4-41　调整完成后的效果

41 在菜单栏中选择【文件】|【打开】命令，在弹出的【打开】对话框中选择【健身4.png】素材文件，单击【打开】按钮，如图4-42所示。

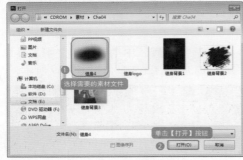

图4-42　选择素材文件

42 使用【移动工具】将该素材文件拖曳至当前文档中，并将其调整至合适的位置。在【图层】面板中将其重命名为【黑色水印】，并按Ctrl+J快捷键将其复制。选中【黑色水印】和【黑色水印 拷贝】图层，将其调整至所有文本图层的下方，效果如图4-43所示。

图4-43　调整完成后的效果

4.1.1　点文本的输入

下面介绍如何输入点文本。

1.【横排文字工具】的使用方法

01 打开【横排文字工具 .jpg】素材文件，在工具箱中选择【横排文字工具】 T，在工具选项栏中将【字体】设置为【迷你繁启体】，将【字体大小】设置为150，将【文本颜色】的RGB值设置为0、0、0，如图4-44所示。

图4-44　设置参数

02 在打开的图像上单击鼠标左键，输入文本，按Ctrl+Enter快捷键确认，如图4-45所示。

图4-45　输入文本

提 示

当用户在图像上输入文本后，系统将会为输入的文本单独生成一个图层。

2.【直排文字工具】的使用方法

01 打开【直排文字工具 .jpg】素材文件，在工具箱中选择【直排文字工具】 IT，在工具选项栏中将【字体】设置为【迷你繁启体】，将【字体大小】设置为100，将【文本颜色】的RGB值设置为239、94、112，如图4-46所示。

02 在打开的图像上单击鼠标左键，输入文本，按Ctrl+Enter快捷键确认，如图4-47所示。

图4-46　设置参数

图4-47　输入文本

4.1.2　设置文本属性

下面介绍如何设置文本属性的方法。

选择【横排文字工具】，其工具选项栏如图4-48所示。

图4-48　工具选项栏

- 【更改文本方向】 IT：单击此按钮，可以在横排文字和直排文字之间进行切换。
- 【字体】设置框 迷你繁启体 ：在该设置框中，可以设置字体类型。
- 【字体大小】设置框 T 100点 ：在该设置框中，可以设置字体大小。
- 【消除锯齿】设置框 平滑 ：消除锯齿的方法包括【无】、【锐利】、【犀利】、【浑厚】、【平滑】等，通常设置为【平滑】。
- 【段落格式】设置区：包括【左对齐文本】、【居中对齐文本】和【右对齐文本】。
- 【文本颜色】设置项 ：单击可以弹出拾色器，从中可以设置文本颜色。

4.1.3　编辑段落文本

段落文本是在文本框中输入的文字，它具有自动换行、可调整文字区域大小等优势，在处理文字量较大的文本时，可以使用段落文字来完成。下面将具体介绍段落文本的创建方法。

01 打开【编辑段落文本.jpg】素材文件，在工具箱中选择【横排文字工具】，在工作区中单击并拖动鼠标拖出一个矩形定界框，如图4-49所示。

图4-49　创建矩形定界框

02 释放鼠标，在素材图像中会出现一个闪烁的光标后，进行文本的输入，这时当输入的文字到达文本框边界时系统会进行自动换行，如图4-50所示。完成文本的输入后，按Ctrl+Enter快捷键进行确定。

图4-50　输入文字

03 当文本框中不能显示全部文字时，它右下角的控制点会显示为 形状，如图4-51所示。可以拖动文本框上的控制点调整定界框大小，字体会在调整后的文本框内进行重新排列。

图4-51　调整定界框

在创建文本定界框时，如果按住 Shift 键并拖动可保持定界框的比例进行缩放。

4.1.4 点文本与段落文本之间的转换

在文本的输入中，点文本与段落文本之间是可以转换的。下面将介绍点文本和段落文本之间转换的方法。

1. 段落文本转换为点文本

下面介绍如何将段落文本转换点文本。

01 继续上一小节的操作。在【图层】面板中的文字图层上单击鼠标右键，在弹出的快捷菜单中选择【转换为点文本】命令，如图 4-52 所示。

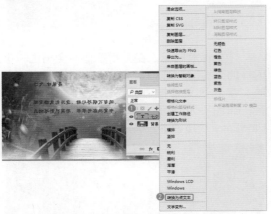

图4-52 选择【转换为点文本】命令

02 执行操作后，即可将其转换为点文本，效果如图 4-53 所示。除此之外，用户还可以通过菜单栏中的【图层】|【文字】|【转换为点文本】命令来转换点文本。

图4-53 转换为点文本

2. 点文本转换为段落文本

下面介绍如何将点文本转换为段落文本。

01 打开【点文本转换为段落文本 .jpg】

素材文件，选择工具箱中的【横排文字工具】，在工具选项栏中将【字体】设置为【汉仪雁翎体简】，将【字体大小】设置为 15，将【文本颜色】的 RGB 值设置为 43、16、100，在素材图像中单击并输入文字，效果如图 4-54 所示。

图4-54 输入文字

02 在【图层】面板中右击文字图层，在弹出的快捷菜单中选择【转换为段落文本】命令，如图 4-55 所示。

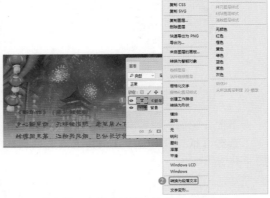

图4-55 选择【转换为段落文本】命令

03 执行操作后，即可将文本转换为段落文本，效果如图 4-56 所示。

图4-56 转换为段落文本

4.2 制作商务企业展架——创建蒙版文本

作品描述

根据展示架特点（外观优美、结构牢固、

组装自由、拆装快捷、运输方便），设计与之匹配的产品促销精品展示架，精品展示架可全方位展示出产品的特征，且风格优美，高贵典雅，又有良好的装饰效果。精品展示架使产品发挥出不同凡响的魅力。商务企业展架制作完成后的效果如图4-57所示。

图4-57 商务企业展架

素材	素材\Cha04\企业背景1.jpg~企业背景5.jpg、企业二维码.jpg、咨询电话与住址.psd、企业装饰.psd
场景	场景\Cha04\制作商务企业展架——创建蒙版文本.psd
视频	视频教学\Cha04\制作商务企业展架——创建蒙版文本.mp4

» 案例实现

01 按 Ctrl+N 快捷键，弹出【新建文档】对话框，将【宽度】和【高度】分别设置为1500、3464，将【分辨率】设置为150，将【颜色模式】设置为8位 CMYK 颜色，将【背景内容】设置为白色，单击【创建】按钮，如图4-58所示。

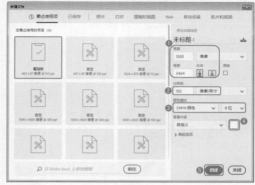

图4-58 新建文档

02 新建【图层1】图层，使用【钢笔工具】绘制图形，将其转换为选区并填充黑色，如图4-59所示。

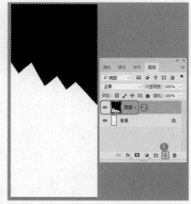

图4-59 绘制选区并填充颜色

03 在菜单栏中选择【文件】|【置入嵌入对象】命令，弹出【置入嵌入的对象】对话框，选择"企业背景1.jpg"素材文件，单击【置入】按钮，如图4-60所示。

图4-60 选择置入嵌入的对象

04 调整置入的素材位置及大小，在【企业背景1】图层上单击鼠标右键，在弹出的快捷菜单中选择【创建剪贴蒙版】命令，创建剪贴蒙版后的效果如图4-61所示。

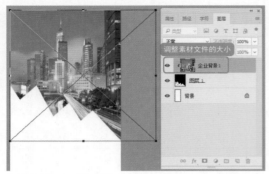

图4-61　创建剪贴蒙版

05 新建6个图层，分别绘制条形状，然后将其重新命名。新建【装饰条】组，将图层归类到该组中，如图4-62所示。

图4-62　归类组后的效果

06 打开"企业装饰.psd"素材文件，选择【装饰组】组，如图4-63所示。

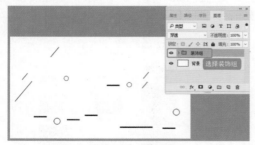

图4-63　选择【装饰组】图层

07 将组拖曳至当前文档中，将【装饰组】组调整至【装饰条】组的上方，如图4-64所示。

图4-64　添加素材文件

08 使用【横排文字工具】输入文本【企】、【业】、【简介】，将【字体】设置为【方正大黑简体】，将【字体大小】设置为140，如图4-65所示。

图4-65　设置文本大小

09 置入"企业背景2.jpg"素材文件，调整图像的大小和位置，如图4-66所示。

图4-66　调整图像大小和位置

10 在【企业背景2】图层上单击鼠标右键，在弹出的快捷菜单中选择【创建剪贴蒙版】命令，如图4-67所示。

图4-67 创建剪贴蒙版

🏷 提示

　　在文本输入状态下，单击 3 次可以选择一行文字；单击 4 次可以选择整个段落；按 Ctrl+A 快捷键可以选择全部的文本。

11 使用【横排文字工具】拖动鼠标绘制文本框，输入相应的文本，将【字体】设置为【微软雅黑】，将【字体大小】设置为 12，将【行距】设置为 15，将【字符间距】设置为 100，将【字体颜色】设置为 #323333，如图 4-68 所示。

图4-68 设置文本

12 选择工具箱中【圆角矩形工具】，将【填充】设置为黑色，将【描边】设置为无，将【半径】设置为 28，绘制圆角矩形，如图 4-69 所示。

图4-69 绘制圆角矩形

13 在菜单栏中选择【文件】|【置入嵌入

对象】命令，弹出【置入嵌入的对象】对话框，选择"企业背景 3.jpg"素材文件，单击【置入】按钮，如图 4-70 所示。

图4-70 选择素材文件

14 调整图像大小及位置，为其创建剪贴蒙版，如图 4-71 所示。

图4-71 创建剪贴蒙版

15 使用【横排文字工具】输入文本，将【字体】设置为【Adobe 黑体 Std】，将【字体大小】设置为 27，将【字符间距】设置为 20，将【颜色】设置为 #ea5504，单击【仿粗体】按钮，如图 4-72 所示。

图4-72 设置文本

16 使用【横排文字工具】输入文本，将【字体】设置为【黑体】，将【字体大小】设置为 11，将【行距】设置为 12.7，将【字符间距】

设置为100，设置【颜色】为黑色，如图4-73
所示。

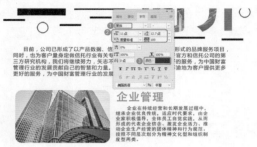

图4-73　设置文本

17 使用【椭圆工具】和【直线工具】
绘制如图4-74所示的图形，设置颜色为
#ae512b，分别对图层进行重命名。

图4-74　绘制图形后的效果

18 使用相同的方法，设置如图4-75所示
的文本。

图4-75　设置文本后的效果

19 新建【图层2】图层，使用【钢笔
工具】绘制图形，按Ctrl+Enter快捷键，将其
转换为选区，填充颜色为#85bbe6，如图4-76
所示。

图4-76　绘制图形

20 新建【图层3】图层，使用【钢笔
工具】绘制图形，按Ctrl+Enter快捷键，将其
转换为选区，填充颜色为#3778bd，如图4-77
所示。

图4-77　绘制图形

21 在菜单栏中选择【文件】|【置入嵌入
对象】命令，弹出【置入嵌入的对象】对话框，
选择"企业二维码.jpg"素材文件，单击【置
入】按钮，如图4-78所示。

图4-78　置入嵌入的对象

22 调整置入后的素材文件大小及位置，如图 4-79 所示。

图4-79 调整素材文件

23 打开【咨询电话与住址 .psd】素材文件，如图 4-80 所示。

图4-80 打开的素材文件

24 将其拖曳至当前文档中，调整至合适的位置，效果如图 4-81 所示。

图4-81 调整位置

25 使用【横排文字工具】输入文本，将【字体】设置为【黑体】，将【字体大小】设置为 45，将【字符间距】设置为 100，将【颜色】设置为黑色，如图 4-82 所示。

图4-82 设置文本

26 商务企业展架最终效果如图 4-83 所示。

图4-83 最终效果

4.2.1 横排文字蒙版的输入

下面将介绍如何进行横排文字蒙版的输入。

01 打开"素材 \Cha04\ 横排文字蒙版 .jpg"素材文件，选择工具箱中的【横排文字蒙版工具】，在工具选项栏中将【文字】设置为【方正综艺简体】，将【字体大小】设置为 120，如图 4-84 所示。

图4-84 设置文本

02 然后单击确定文字的输入点，图像会迅速出现一个红色蒙版，如图 4-85 所示。

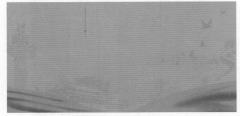

图4-85 创建蒙版

03 输入文本，并按 Ctrl+Enter 快捷键确认，如图 4-86 所示。

图4-86 输入文本

04 选择工具箱中的【渐变工具】，在工具选项栏的【点按可编辑渐变】中选择渐变色，对文本进行填充。按 Ctrl+D 快捷键取消选区。完成后的效果如图 4-87 所示。

图4-87 完成后的效果

4.2.2 直排文字蒙版的输入

下面介绍如何进行直排文字蒙版的输入方法。

01 打开"素材\Cha04\直排文字蒙版.jpg"素材文件。选择工具箱中的【直排文字蒙版工具】，在工具选项栏中将【字体】设置为【方正综艺简体】，将【字体大小】设置为 120，如图 4-88 所示。

图4-88 设置文本

02 然后在图像上单击确定文字的输入点，图像会迅速出现一个红色蒙版，如图 4-89 所示。

03 输入文本，并按 Ctrl+Enter 快捷键确认，如图 4-90 所示。

图4-89 创建蒙版　　图4-90 输入文本

04 选择工具箱中的【渐变工具】，在工具选项栏的【点按可编辑渐变】中选择渐变色，对文本进行填充。按 Ctrl+D 快捷键取消选区，完成后的效果如图 4-91 所示。

图4-91 完成后的效果

4.3 制作美甲店宣传展架——文本的编辑

作品描述

美甲是一种对指（趾）甲进行装饰美化的工作，又称为甲艺设计，具有表现形式多样化的特点。美甲是根据客人的手形、甲形、肤质、服装的色彩和要求，对指（趾）甲进行消毒、清洁、护理、保养、修饰美化的过程。美甲宣传展架制作完成后的效果如图 4-92 所示。

图 4-92　美甲店宣传展架

素材	素材\Cha04\美甲素材1.jpg、美甲素材2.png、美甲素材3.png、美甲素材4.jpg~美甲素材8.jpg、美甲素材9.png、美甲素材10.png
场景	场景\Cha04\制作美甲店宣传展架——文本的编辑.psd
视频	视频教学\Cha04\制作美甲店宣传展架——文本的编辑.mp4

案例实现

01 按 Ctrl+N 快捷键，弹出【新建文档】对话框，将【宽度】和【高度】分别设置为1500、3601，将【分辨率】设置为150，单击

【创建】按钮，如图 4-93 所示。

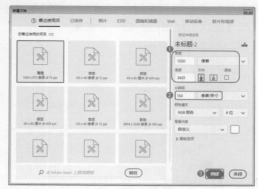

图 4-93　创建新文档

02 选择工具箱中的【钢笔工具】，接着单击【图层】面板底部的【创建新图层】按钮，新建【图层 1】图层，绘制图形，按Ctrl+Enter 快捷键转换为选区，确认【前景色】为黑色，按 Alt+Delete 快捷键填充颜色，如图 4-94 所示。

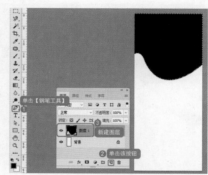

图 4-94　填充颜色

03 打开"素材\Cha04\美甲素材 1.jpg"素材文件，如图 4-95 所示。

图 4-95　打开的素材文件

04 将素材文件拖曳至当前文档中，并在该图层上单击鼠标右键，在弹出的快捷菜单中选择【创建剪贴蒙版】命令，如图4-96所示。

图4-96 选择【创建剪贴蒙版】命令

05 创建剪贴蒙版后的效果如图4-97所示。

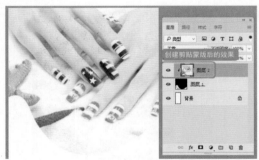

图4-97 创建剪贴蒙版

06 将【前景色】设置为#e95b89，新建【图层3】图层，使用【钢笔工具】绘制图形，并将其转换为选区，按Alt+Delete快捷键，填充颜色，如图4-98所示。

图4-98 填充颜色

07 将【前景色】设置为#f5b7cc，新建【图层4】图层，使用【钢笔工具】绘制图形，

并将其转换为选区，按Alt+Delete快捷键，填充颜色，如图4-99所示。

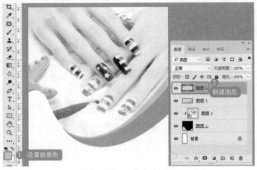

图4-99 填充颜色

08 在菜单栏中选择【文件】|【置入嵌入对象】命令，如图4-100所示。

图4-100 选择【置入嵌入对象】命令

09 弹出【置入嵌入的对象】对话框，选择"美甲素材2.png"素材文件，单击【置入】按钮，如图4-101所示。

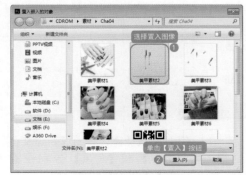

图4-101 置入图像

10 调整素材文件的大小，将图层调整至【图层 1】图层的下方，如图 4-102 所示。

图4-102　调整图层顺序

11 使用【横排文字工具】输入文本，将【字体】设置为【汉仪秀英体简】，将【字体大小】设置为 133，将【字符间距】设置为 -45，将【颜色】设置为 #e7355b，如图 4-103 所示。

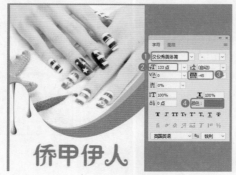

图4-103　设置文本颜色

12 打开"美甲素材 3.png"素材文件，如图 4-104 所示。

图4-104　打开的素材文件

13 将对象拖曳至当前文档中，并将该图层调整至最上方，调整素材的位置，效果如图 4-105 所示。

图4-105　调整素材位置

14 使用【横排文字工具】输入文本，将【字体】设置为【汉仪秀英体简】，将【字体大小】设置为 45，将【字符间距】设置为 -45，将【颜色】设置为 #e7355b，如图 4-106 所示。

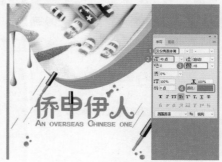

图4-106　设置文本

15 选择工具箱中的【矩形工具】，将【填充】设置为 #f6c0d0，将【描边】设置为无，绘制矩形，如图 4-107 所示。

图4-107　设置矩形的填充和描边

16 选择工具箱中的【矩形工具】，将【填充】设置为 #e7355b，将【描边】设置为无，绘制矩形，如图 4-108 所示。

图4-108　设置矩形的填充和描边

17 使用【横排文字工具】输入文本，将【字体】设置为【汉仪综艺体简】，将【字体大小】设置为 33，将【字符间距】设置为 140，将【颜色】设置为白色，如图 4-109 所示。

图4-109　设置文本

18 使用【横排文字工具】输入文本，将【字体】设置为【黑体】，将【字体大小】设置为 26，将【字符间距】设置为 255，将【颜色】设置为黑色，如图 4-110 所示。

图4-110　设置文本

19 继续输入其他的文本，设置其字体、大小及颜色，如图 4-111 所示。

20 新建【图层 5】图层，使用【钢笔工具】绘制图形，按 Ctrl+Enter 快捷键将其转换

为选区，将【填充颜色】设置为 #e86f94，如图 4-112 所示。

图4-111　设置其他文本

图4-112　填充颜色后的效果

疑难解答　如何结束文本的输入操作？
单击工具选项栏中的按钮或按Esc键，即可结束文本的输入操作。

21 选择工具箱中的【椭圆工具】，将【填充】设置为黑色，将【描边】设置 #e7345c，将【描边粗细】设置为 10，绘制椭圆，如图 4-113 所示。

图4-113　绘制椭圆

22 在菜单栏中选择【文件】|【置入嵌入对象】命令，弹出【置入嵌入的对象】对话框，选择"美甲素材4.jpg"素材文件，单击【置入】按钮，如图4-114所示。

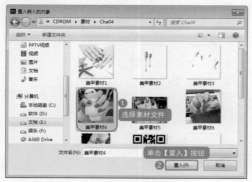

图4-114 选择素材文件

23 调整素材的大小和位置，效果如图4-115所示。

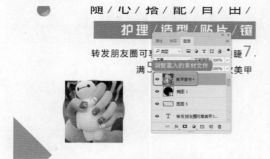

图4-115 调整大小和位置

24 在【美甲素材4】图层上单击鼠标右键，在弹出的快捷菜单中选择【创建剪贴蒙版】命令，效果如图4-116所示。

图4-116 创建剪贴蒙版

25 使用相同的方法，制作其他的蒙版对象，效果如图4-117所示。

26 选择工具箱中的【圆角矩形工具】，将【填充】设置为#f8d1de，将【描边】设置为

无，将【半径】设置为20，绘制圆角矩形，如图4-118所示。

图4-117 制作其他蒙版对象

图4-118 绘制圆角矩形

27 选择工具箱中的【圆角矩形工具】，将【填充】设置为#e95b89，将【描边】设置为无，将【半径】设置为20，绘制圆角矩形，如图4-119所示。

图4-119 绘制圆角矩形

28 使用【横排文字工具】输入文本，将【字体】设置为【方正大黑简体】，将【字体大小】设置为18，将【字符间距】设置为120，将【颜色】设置为白色，如图4-120所示。

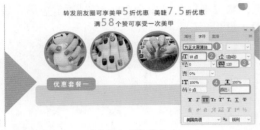

图4-120　设置文本

29 使用【横排文字工具】输入文本，将【字体】设置为【黑体】，将【字体大小】设置为13，将【行距】设置为20，将【字符间距】设置为20，将【颜色】设置为黑色，如图4-121所示。

图4-121　设置文本

30 使用相同的方法，制作如图4-122所示的内容。

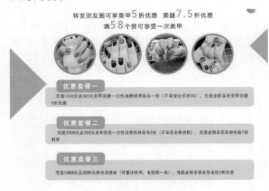

图4-122　制作其他内容

31 选择工具箱中的【矩形工具】，将【填充】设置为#e95b88，将【描边】设置为无，绘制矩形，如图4-123所示。

32 使用【横排文字工具】输入如图4-124所示文本。

33 置入"美甲素材8.jpg""美甲素材9.png"和"美甲素材10.png"素材文件，并分

别调整它们的大小和位置，如图4-125所示。

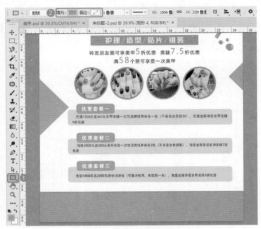

图4-123　绘制矩形

图4-124　输入文本

图4-125　调整文本的大小和位置

34 选择工具箱中的【直线工具】，将【填充】设置为白色，将【描边】设置为无，将【粗细】设置为10，绘制直线，如图4-126所示。

图4-126　绘制直线

> **提 示**
>
> 按住 Shift 键可绘制直线段。

35 选择工具箱中的【直线工具】，将【粗细】设置为 5，绘制直线，如图 4-127 所示。

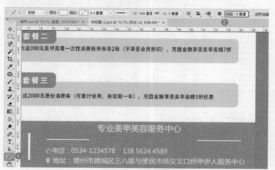

图 4-127 绘制直线

36 选择工具箱中的【多边形工具】，单击工具选项栏中的【设置其他形状和路径选项】按钮，在该下拉面板中勾选【星形】复选框，将【边】设置为 5，绘制星形，如图 4-128 所示。

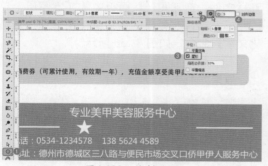

图 4-128 绘制星形

37 对星形对象进行多次复制，调整星形的位置，如图 4-129 所示。

图 4-129 复制星形并调整位置

38 最终效果如图 4-130 所示。

图 4-130 美甲展架最终效果

4.3.1 设置文字字形

为了增强文字的效果，可以创建变形文字。下面将介绍设置文字变形的方法。

01 打开"素材\Cha04\设置文字变形.psd"素材文件。选择工具箱中的【横排文字工具】，在该素材文件中选择文字，如图 4-131 所示。

图 4-131 选择文字

02 在工具选项栏中单击【创建变形文字】按钮，在弹出的【变形文字】对话框中单击【样式】右侧的下三角按钮，在弹出的下拉列表中选择【旗帜】选项，如图4-132所示。

图4-132 选择【旗帜】选项

03 单击【确定】按钮，即可完成对文字的变形，效果如图4-133所示。

图4-133 文字变形后的效果

4.3.2 应用文字样式

应用不同的文字样式将会出现不同的效果。下面将介绍如何应用文字样式。

01 打开"素材\Cha04\应用文字样式.psd"素材文件。选择工具箱中的【横排文字工具】，在该素材文件中选择文字，在工具选项栏中单击【设置字体系列】下三角按钮，在弹出的下拉列表中选择【方正综艺简体】选项，如图4-134所示。

02 执行操作后，即可改变字体样式，效果如图4-135所示。

图4-134 选择字体　　图4-135 完成后的效果

4.3.3 栅格化文字

文字图层是一种特殊的图层。要想对文字进行进一步的处理，可以对文字进行栅格化处理，即先将文字转换成一般的图像再进行处理。下面介绍如何对文字进行栅格化处理。

01 打开"素材\Cha04\栅格化文字.psd"素材文件，在【图层】面板中的文字图层上单击鼠标右键，在弹出的快捷菜单中选择【栅格化文字】命令，如图4-136所示。

02 执行操作后，即可将文字进行栅格化，效果如图4-137所示。

图4-136 选择【栅格化文字】命令　　图4-137 完成后的图层状态

> **提示**
>
> 选择【栅格化文字】命令，可以将当前选择的文字图层栅格化，栅格化后文字会变成图像，可以用画笔等进行编辑，但不能再修改内容。

4.3.4 载入文本路径

路径文字是创建在路径上的文字，文字会沿路径排列出图形效果。下面将介绍如何创建文本路径。

01 打开"素材\Cha04\载入文本路径.psd"素材文件。选择工具箱中的【直线工具】 ，将工具模式设置为形状，在工作区中绘制一条直线，如图 4-138 所示。

02 选择工具箱中的【横排文字工具】 ，将光标放置在路径上，当光标变为 I 形状时，如图 4-139 所示，单击鼠标输入文本。在工具选项栏中将【字体】设置为【汉仪综艺体简】，将【字体大小】设置为 120，将【行距】设置为 72，将【字体颜色】设置为白色，完成后的效果如图 4-140 所示。

图 4-138 绘制直线

图 4-139 光标在路径上的显示形状

图 4-140 输入文字后的效果

4.3.5 将文字转换为智能对象

下面介绍如何将文字转换为智能对象的方法。

01 在【图层】面板中将已建立的文字图层处于选择状态，单击鼠标右键，在弹出的快捷菜单中选择【转换为智能对象】命令，如图 4-141 所示。

02 即可将文字转换为智能对象，如图 4-142 所示。

图 4-141 转换为智能对象

图 4-142 转换后的图层状态

4.4 上机练习——制作旅行社宣传展架

下面通过制作旅行社宣传展架来巩固前面所学的知识。

作品描述

"旅"是旅行，外出，即为了实现某一目的而在空间上从甲地到乙地的行进过程；"游"是外出游览、观光、娱乐，即为达到这些目的所作的旅行。二者合起来即旅游。所以，旅行偏重于行，旅游不但有"行"，且有观光、娱乐含义。旅行社宣传展架制作完成后的效果如图 4-143 所示。

素材	素材\Cha04\旅行背景.jpg、旅行背景2.jpg、旅行背景3.jpg、旅行二维码1.jpg、旅行二维码2.jpg、地图.png、途乐logo.png
场景	场景\Cha04\制作旅行社宣传展架.psd
视频	视频教学\Cha04\制作旅行社宣传展架.mp4

图4-143　旅行社宣传展架

案例实现

01 按 Ctrl+N 快捷键，弹出【新建文档】对话框，将【宽度】和【高度】分别设置为1000、2667，将【分辨率】设置为150，单击【创建】按钮，如图 4-144 所示。

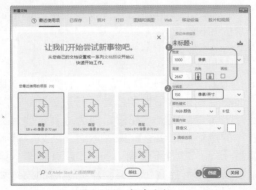

图4-144　新建文档

02 单击【图层】面板底部的【创建新图层】按钮，新建【图层 1】图层。使用【钢笔工具】绘制图形，按 Ctrl+Enter 快捷键将其转换为选区，将【前景色】设置为黑色，按Alt+Delete 快捷键，填充颜色，效果如图 4-145

所示。

图4-145　填充图层颜色

03 在菜单栏中选择【文件】|【置入嵌入对象】命令，弹出【置入嵌入的对象】对话框，选择"旅行背景 .jpg"素材文件，单击【置入】按钮，如图 4-146 所示。

图4-146　选择素材文件

04 调整图像的大小和位置，如图 4-147所示。

图4-147　调整图像大小和位置

05 调整完成后按 Enter 键进行确认。在【旅行背景】图层上单击鼠标右键，在弹出的快捷菜单中选择【创建剪贴蒙版】命令，创建剪贴蒙版，如图 4-148 所示。

图4-148　创建剪贴蒙版

06 新建【图层 2】图层并创建选区，将【填充颜色】设置为 #f08300，如图 4-149 所示。

图4-149　填充选区颜色

07 新建【图层 3】图层并创建选区，将【填充颜色】设置为 #d12188，如图 4-150 所示。

图4-150　填充选区颜色

08 新建【图层 4】图层并创建选区，将【填充颜色】设置为 #e94a48，如图 4-151 所示。

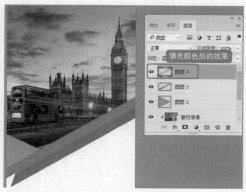

图4-151　填充选区颜色

09 使用相同的方法，新建【图层 5】和【图层 6】图层，并设置其颜色，如图 4-152 所示。

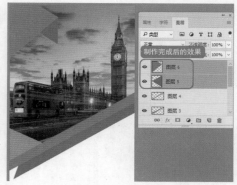

图4-152　填充选区颜色

10 在菜单栏中选择【文件】|【置入嵌入对象】命令，弹出【置入嵌入的对象】对话框，选择"途乐 logo.png"素材文件，单击【置入】按钮，如图 4-153 所示。

图4-153　选择素材文件

11 调整图像的大小和位置，效果如图 4-154 所示。

图4-154 调整图像大小和位置

12 选择工具箱中的【椭圆工具】，将【填充】设置为#e94a47，将【描边】设置为无，绘制椭圆，如图4-155所示。

图4-155 设置椭圆填充和描边

13 在椭圆图层上双击鼠标，弹出【图层样式】对话框，勾选【描边】复选框，将【大小】设置为27，将【位置】设置为【外部】，将【混合模式】设置为【正常】，将【不透明度】设置为100，将【颜色】设置为白色，如图4-156所示。

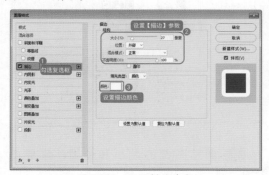

图4-156 设置描边参数

知识链接

旅行和旅游的区别就在于：旅行是在观察身边的景色和事物，行万里路，读万卷书，相对于是指个人，是行走。旅游是指游玩，通常是团体出行，在时间上是很短暂的。旅游就是旅行游览活动。它是一种复杂的社会现象，旅行要涉及社会的政治、经济、文化、历史、地理、法律等各个社会领域。旅游也是一种娱乐活动，任何去外地游玩都可以算。世界旅游组织指出，旅行的定义是某人出外最少离家55英里（88.5千米）。

旅游按照旅行游览活动的不同动机可以分为休假旅游、生态旅游、毕业旅游、蜜月旅游、保健旅游、会议旅游、商务旅游、宗教旅游和科学考察旅游。

14 勾选【投影】复选框，将【混合模式】设置为【正片叠底】，将【不透明度】设置为64，将【角度】设置为90，将【距离】、【扩展】、【大小】分别设置为35、0、103，单击【确定】按钮，如图4-157所示。

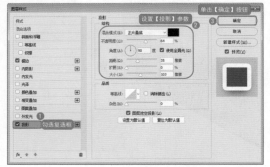

图4-157 设置投影参数

15 添加图层样式后的效果如图4-158所示。

图4-158 添加图层样式

16 使用【横排文字工具】输入文本，将【字体】设置为【Adobe 黑体 Std】，将【字体大

小】设置为20，将【字符间距】设置为50，将
【颜色】设置为白色，如图4-159所示。

小】设置为45，将【字符行距】设置为48，
将【字符间距】设置为50，将【颜色】设置为
#363837，如图4-164所示。

图4-159 设置文本

17 使用【横排文字工具】输入文本，将
【字体】设置为【Adobe 黑体 Std】，将【字体大
小】设置为19，将【字符间距】设置为50，将
【颜色】设置为白色，如图4-160所示。

图4-160 设置文本

18 使用【横排文字工具】输入文本，将
【字体】设置为【Adobe 黑体 Std】，将【字体
大小】设置为38，将【颜色】设置为白色，如
图4-161所示。

19 将"地图.png"置入当前文档中，调
整图像的大小和位置，效果如图4-162所示。

20 使用【横排文字工具】输入文本，将
【字体】设置为【方正综艺简体】，将【字体大
小】设置为65，将【字符行距】设置为48，
将【字符间距】设置为50，将【颜色】设置为
#363837，如图4-163所示。

21 使用【横排文字工具】输入文本，将
【字体】设置为【方正综艺简体】，将【字体大

图4-161 设置文本

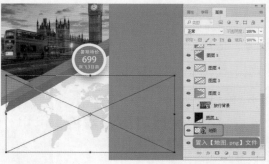

图4-162 置入素材并调整大小和位置

图4-163 设置文本

图4-164 设置文本

22 使用【横排文字工具】输入文本，将【字体】设置为【Adobe 黑体 Std】，将【字体大小】设置为 13，将【字符行距】设置为 17，将【字符间距】设置为 50，将【颜色】设置为 #040000，如图 4-165 所示。

图4-165　设置文本

23 选择工具箱中的【圆角矩形工具】，将【填充】设置为 #f08300，将【描边】设置为无，将【半径】设置为 20，绘制圆角矩形，如图 4-166 所示。

图4-166　绘制圆角矩形

24 在菜单栏中选择【文件】|【置入嵌入对象】命令，选择"旅行背景 2.jpg"素材文件，单击【置入】按钮，如图 4-167 所示。

图4-167　选择素材文件

25 调整置入后的素材图片，如图 4-168 所示。

图4-168　调整置入后的素材图片

26 在刚刚置入的素材图片所在图层上单击鼠标右键，在弹出的快捷菜单中选择【创建剪贴蒙版】命令，创建剪贴蒙版，如图 4-169 所示。

图4-169　创建剪贴蒙版

27 选择工具箱中的【圆角矩形工具】，将【填充】设置为 #e94a47，将【描边】设置为无，将【半径】设置为 50，绘制圆角矩形，如图 4-170 所示。

图4-170　绘制圆角矩形

28 使用【横排文字工具】输入文本，将

【字体】设置为【Adobe 黑体 Std】，将【字体大小】设置为 16，将【字符间距】设置为 100，将【颜色】设置为白色，如图 4-171 所示。

图4-171 设置文本

29 使用【椭圆工具】按住 Shift 键的同时绘制正圆形，将【填充】设置为白色，将【描边】设置为无，如图 4-172 所示。

图4-172 绘制正圆形

30 使用【横排文字工具】输入文本，将【字体】设置为【Adobe 黑体 Std】，将【字体大小】设置为 11，将【字符间距】设置为 0，将【颜色】设置为 #e94a47，如图 4-173 所示。

图4-173 输入文本并设置字符

31 使用【横排文字工具】输入文本，将【字体】设置为【Adobe 黑体 Std】，将【字体大小】设置为 10，将【字符行距】设置为 16，将【颜色】设置为黑色，如图 4-174 所示。

32 通过上面介绍的方法，制作如图 4-175 所示的效果。

33 使用相同的方法，制作如图 4-176 所示的效果。

34 新建【图层7】图层，使用【钢笔工具】绘制图形并将其转换为选区，将【填充】设置为 #f08300，如图 4-177 所示。

图4-174 输入文本并设置字符

图4-175 制作后的效果

图4-176 制作完成后的效果

图4-177 填充选区颜色

35 新建【图层8】图层，使用【钢笔工具】绘制图形并将其转换为选区，将【填充】设置为 #e94a48，如图 4-178 所示。

36 使用【横排文字工具】输入文本，将【字体】设置为【Adobe 黑体 Std】，将【字体大小】设置为 15，将【颜色】设置为黑色，如图 4-179 所示。

图4-178 填充选区颜色

图4-179 设置文本

37 使用【横排文字工具】输入文本，将【字体】设置为【微软雅黑】，将【字体大小】设置为25，将【颜色】设置为#e94a47，如图4-180所示。

图4-180 输入文本并设置字符

38 使用【横排文字工具】输入文本，将【字体】设置为【黑体】，将【字体大小】设置为16，将【行距】设置为20，将【字符间距】设置为50，将【颜色】设置为黑色，如图4-181所示。

39 使用【横排文字工具】输入文本，将

【字体】设置为【Adobe 黑体 Std】，将【字体大小】设置为14，将【字符间距】设置为80，将【颜色】设置为白色，如图4-182所示。

图4-181 输入文本并设置字符

图4-182 输入文本并设置字符

40 置入"旅行二维码1.jpg""旅行二维码2.jpg"素材文件，调整对象的位置和大小，如图4-183所示。

图4-183 调整对象的位置和大小

4.5 习题与训练

1. 如何精确设置【段落文本大小】对话框的大小？

2. 如何将文字转换为图像？

第 **5** 章　UI设计——图形与路径

　　UI设计（或称界面设计）是指对软件的人机交互、操作逻辑、界面美观的整体设计。UI设计分为实体UI和虚拟UI，互联网中所说的UI设计是虚拟UI，UI即User Interface(用户界面)的简称。好的UI设计不仅是让软件变得有个性有品位，还要让软件的操作变得舒适简单、自由，充分体现软件的定位和特点。

本章导读

- ➤ 钢笔工具
- ➤ 自由钢笔工具
- ➤ 形状工具的使用
- ➤ 添加锚点
- ➤ 描边路径
- ➤ 填充路径

本章案例

- ➤ 播放器界面
- ➤ 计时器图标
- ➤ 手机日历界面
- ➤ 按钮图标

　　UI设计师的职能大体包括三方面：一是图形设计，软件产品的产品"外形"设计。二是交互设计，主要在于设计软件的操作流程、树状结构、操作规范等。一个软件产品在编码之前需要做的就是交互设计，并且确立交互模型、交互规范。三是用户测试/研究，这里所谓的"测试"，其目标恰在于测试交互设计的合理性及图形设计的美观性，主要通过以目标用户问卷的形式衡量UI设计的合理性。如果没有这方面的测试/研究，UI设计的好坏只能凭借设计师的经验或者领导的审美来评判，这样就会给企业带来极大的风险。

5.1 制作播放器界面——创建路径

作品描述

播放器界面是由多个不同的基本元素组成的，它们主要通过外形的组合、色彩的搭配、材质和风格的统一，经过合理的布局与美化来构成一个完整的界面效果。播放器界面制作完成后的效果如图5-1所示。

图5-1 播放器界面

素材	素材\Cha05\素材01.jpg、素材02.png、素材03.png、素材04.jpg
场景	场景\Cha05\制作播放器界面——创建路径.psd
视频	视频教学\Cha05\制作播放器界面——创建路径.mp4

案例实现

01 启动 Photoshop 软件，按 Ctrl+O 快捷键，打开【打开】对话框，在弹出的【打开】对话框中选择"素材 \Cha05\ 素材 01.jpg"素材文件，如图 5-2 所示。

图5-2 选择素材文件

02 单击【打开】按钮，即可将选中的素

材文件打开，效果如图 5-3 所示。

03 选择工具箱中的【圆角矩形工具】□，在工作界面中绘制一个圆角矩形，如图 5-4 所示。

图5-3 打开的素材文件　图5-4 绘制圆角矩形

04 在【属性】面板中将 W、H 分别设置为 1308、877，将 X、Y 分别设置为 831、564，将【填充颜色】的 RGB 值设置为 253、169、0，将【描边颜色】设置为无，将【左上角半径】、【右上角半径】、【左下角半径】、【右下角半径】均设置为 25，如图 5-5 所示。

图5-5 绘制圆角矩形

05 按 F7 键打开【图层】面板，选择【圆角矩形 1】图层，在菜单栏中选择【图层】|【图层样式】|【投影】命令，如图 5-6 所示。

图5-6 选择【投影】命令

提 示

除了上述方法可以打开【图层样式】对话框外，用户还可以在【图层】面板中选择要进行操作的图层后，在该图层上双击鼠标左键，同样也可以打开【图层样式】对话框。

06 在弹出的【图层样式】对话框中勾选【投影】复选框，将【不透明度】设置为35，将【角度】设置为30，勾选【使用全局光】复选框，将【距离】、【扩展】、【大小】分别设置为9、10、43，如图 5-7 所示。

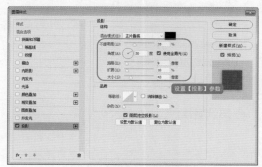

图5-7　设置投影参数

07 设置完成后，单击【确定】按钮，即可为圆角矩形添加投影效果，如图 5-8 所示。

图5-8　添加投影后的效果

08 按 Ctrl+O 快捷键，在弹出的【打开】对话框中选择"素材 \Cha05\ 素材 02.png"素材文件，如图 5-9 所示。

09 单击【打开】按钮，将选中的素材文件打开。选择工具箱中的【移动工具】，按住鼠标左键将该素材文件拖曳至"素材 01.jpg"文档中，在【属性】面板中将 W、H 分别设置为 14、13，将 X、Y 分别设置为 5.64、3.54，如图 5-10 所示。

10 在【图层】面板中选择【图层 1】图层，按住 Alt 键的同时在【图层 1】图层与【圆角矩形 1】图层的中间位置单击鼠标左键，创建剪贴蒙版，如图 5-11 所示。

图5-9　选择素材文件

图5-10　设置文件属性

图5-11　创建剪贴蒙版

11 根据前面所介绍的方法，将"素材03.png"素材文件添加至"素材 01.jpg"文档中，在【属性】面板中将 W、H 分别设置为 13.31、13.34，将 X、Y 分别设置为 5.66、1.72，如图 5-12 所示。

提 示

在创建剪贴蒙版时，用户还可以在选择【图层 1】图层后单击鼠标右键，在弹出的快捷菜单中选择【创建剪贴蒙版】命令来执行该操作。

图5-12 添加素材文件并设置其参数

12 在【图层】面板中选择【图层2】图层，将其【混合模式】设置为【正片叠底】，并为其创建剪贴蒙版，效果如图5-13所示。

图5-13 设置图层混合模式并创建剪贴蒙版

13 单击工具箱中的【椭圆工具】按钮 ○ ，在工具选项栏中将【工具模式】设置为【路径】，在工作区中按住 Shift 键绘制一个正圆形，如图5-14所示。

图5-14 绘制路径

14 在工具选项栏中单击【形状】按钮，新建一个形状图层，在【属性】面板中将 W、

H 均设置为 360，将 X、Y 分别设置为 1304、768，将【描边颜色】的 RGB 值设置为 255、255、255，将【填充颜色】设置为无，将【描边粗细】设置为 2，如图5-15所示。

图5-15 设置路径属性

知识链接

　　路径是不包含像素的矢量对象，用户可以利用路径功能绘制各种线条或曲线，它在创建复杂选区、准确绘制图形方面有更快捷、更实用的优点。

　　1. 路径的形态

　　【路径】是由线条及其包围的区域组成的矢量轮廓。它包括有起点和终点的开放式路径，如图5-16所示；以及没有起点和终点的闭合式路径，如图5-17所示。此外，路径也可以由多个相互独立的路径组件组成，这些路径组件被称为子路径。图5-18所示的路径中包含 4 个子路径。

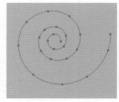

图5-16 开放式路径　　图5-17 闭合式路径

　　2. 路径的组成

　　路径由一个或多个曲线段或直线段、控制点、锚点和方向线等构成，如图5-19所示。

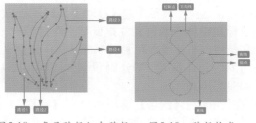

图5-18 多子路径组合路径　　图5-19 路径构成

锚点又称为定位点,它的两端会连接直线或曲线。根据控制柄和路径的关系,可分为几种不同性质的锚点。平滑点连接可以形成平滑的曲线,如图5-20所示;角点连接形成的直线如图5-21所示。

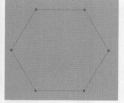

图5-20 平滑点连接成的　　图5-21 角点连接成的
　　　　平滑曲线　　　　　　　　直线

3.【路径】面板

【路径】面板用来存储和管理路径。

在菜单栏中执行【窗口】|【路径】命令,可以打开【路径】面板。该面板中列出了每条存储的路径,以及当前工作路径和当前矢量蒙版的名称和缩览图,如图5-22所示。

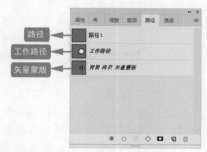

图5-22 【路径】面板

- 【路径】:当前文档中包含的路径。
- 【工作路径】:该路径是出现在【路径】面板中的临时路径,用于定义形状的轮廓。
- 【矢量蒙版】:当前文档中包含的矢量蒙版。
- 【用前景色填充路径】按钮 ●:单击该按钮,可以用前景色填充路径形成的区域。
- 【用画笔描边路径】按钮 ○:单击该按钮,可以用画笔工具沿路径描边。
- 【将路径作为选区载入】按钮 ⬚:单击该按钮,可以将当前选择的路径转换为选区。
- 【从选区生成工作路径】按钮 ◇:如果创建了选区,单击该按钮,可以将选区边界转换为工作路径。
- 【添加图层蒙版】按钮 ▣:单击该按钮,可以为当前工作路径创建矢量蒙版。
- 【创建新路径】按钮 🗐:单击该按钮,可以创建新的路径。如果按住Alt键单击该按钮,可以打开【新建路径】对话框,在该对话框中输入路径的名称也可以新建路径。新建路径后,可以

使用钢笔工具或形状工具绘制图形。

- 【删除当前路径】按钮 🗑:选择路径后,单击该按钮,可删除路径。也可以将路径拖曳至该按钮上直接删除。

15 在【图层】面板中选中【椭圆1】图层,将【不透明度】设置为51,如图5-23所示。

图5-23 设置图层的不透明度

16 继续在【图层】面板中选择【椭圆1】图层,将其拖曳至【创建新图层】按钮 🗐 上,对其进行复制,如图5-24所示。

图5-24 复制图层

17 选中复制后的图层,在【属性】面板中将W、H均设置为336,将X、Y分别设置为1316、779,将【填充颜色】的RGB值设置为255、255、255,将【描边颜色】设置为无,如图5-25所示。

18 在【图层】面板中将复制后的图层的【不透明度】设置为100,将【填充】设置为79,如图5-26所示。

19 双击该图层,在弹出的【图层样式】对话框中勾选【描边】复选框,将【大小】设置为2,将【不透明度】设置为58,将【颜色】的RGB值设置为255、255、255,如图5-27

所示。

图5-25　设置椭圆的属性参数

图5-26　设置图层不透明度与填充参数

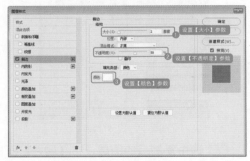

图5-27　设置描边参数

20 设置完成后，单击【确定】按钮。根据前面所介绍的方法，将"素材04.jpg"素材文件添加到文档中，并为其创建剪贴蒙版，效果如图5-28所示。

21 选择工具箱中的【椭圆工具】 ○.，在工具选项栏中单击【形状】按钮，在工作区中按住Shift键绘制一个正圆形。在【属性】面板中将W、H均设置为102，将X、Y分别设置为1428、900，将【填充颜色】设置为255、255、255，将【描边颜色】设置为无，在【图

层】面板中将【不透明度】、【填充】均设置为88，如图5-29所示。

图5-28　添加素材文件并创建剪贴蒙版

图5-29　绘制正圆形并设置其参数

22 单击工具箱中的【钢笔工具】按钮 ∅.，在工具选项栏中将【工具模式】设置为【形状】，将【填充】的RGB值设置为89、88、95，在工作区中绘制一个如图5-30所示的图形。

图5-30　绘制图形并设置填充颜色

提　示

在此设置填充颜色的RGB时，需要在不选择任何对象图层的状态下执行，否则将会更改选中的对象图层的填充颜色。

23 使用相同的方法，在工作区中使用【钢笔工具】◢与【椭圆工具】◯绘制其他图形，效果如图 5-31 所示。

图5-31 绘制其他图形后的效果

24 在【图层】面板中选择【图层 2】图层，单击【创建新的填充或调整图层】按钮●，在弹出的下拉菜单中选择【色彩平衡】命令，如图 5-32 所示。

图5-32 选择【色彩平衡】命令

疑难解答 在使用【钢笔工具】绘制图形时需要注意什么？

使用【钢笔工具】绘制直线的方法比较简单，但是在操作时需要记住单击鼠标左键的同时不要按住鼠标进行拖动，否则将会创建曲线路径。如果绘制水平、垂直或以45°为增量的直线时，可以按住Shift键的同时进行单击。

25 在【属性】面板中设置【色彩平衡】的参数，如图 5-33 所示。

26 继续在【图层】面板中选择【图层 2】图层，按 Ctrl+T 快捷键，调出变换控制框，单击鼠标右键，在弹出的快捷菜单中选择【垂直翻转】命令，如图 5-34 所示。

27 将选中图像进行旋转后，按 Enter 键完成操作。选择工具箱中的【横排文字工具】

T,，在工作区中单击鼠标左键，输入 Billie Jean(Michael Jackson)，在【字符】面板中将【字体】设置为 Myriad Pro，将【字体大小】设置为 13，将【颜色】的 RGB 值设置为 255、255、255，单击【仿粗体】按钮 T，然后调整其位置，效果如图 5-35 所示。

图5-33 设置色彩平衡参数

图5-34 选择【垂直翻转】命令

图5-35 输入文字并进行设置

28 选择工具箱中的【直线工具】╱，在工具选项栏中将【工具模式】设置为【形状】，将【填充颜色】的 RGB 值设置为 78、186、188，将【描边颜色】设置为无，将【粗细】

设置为1，在工作区中绘制一条水平直线，如图5-36所示。

图5-36　绘制水平直线

29 在【图层】面板中双击该图层，在弹出的【图层样式】对话框中勾选【外发光】复选框，将【混合模式】设置为【滤色】，将【不透明度】设置为28，将【发光颜色】的RGB值设置为99、235、238，将【方法】设置为【柔和】，将【扩展】和【大小】分别设置为0、5，如图5-37所示。

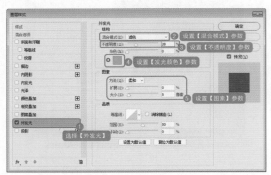

图5-37　设置外发光

30 设置完成后，单击【确定】按钮。将该图层进行复制，并将复制后的图形向右移动。选中复制的图层，在其下方的图层样式上单击鼠标右键，在弹出的快捷菜单中选择【颜色叠加】命令，如图5-38所示。

图5-38　选择【颜色叠加】命令

31 在弹出的【图层样式】对话框中勾选【颜色叠加】复选框，设置【叠加颜色】为255、255、255，如图5-39所示。

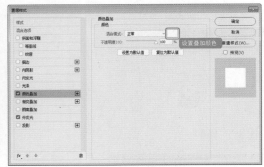

图5-39　设置叠加颜色

32 再在该对话框的左侧列表框中勾选【外发光】复选框，设置【发光颜色】为255、255、255，如图5-40所示。

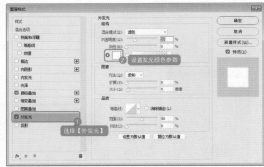

图5-40　设置外发光颜色

33 设置完成后，单击【确定】按钮，效果如图5-41所示。

图5-41　设置后的效果

34 根据前面所介绍的方法绘制其他图形，并输入相应的文本，效果如图5-42所示。

图5-42　创建其他对象后的效果

5.1.1 【钢笔工具】的使用

　　【钢笔工具】 ✍. 是创建路径的最主要的工具，它不仅可以用来选取图像，而且可以绘制矢量图形等，如图5-43所示。【钢笔工具】无论是绘制直线或是曲线，都非常简单，随手可得。其操作特点是通过用鼠标在工作区中创建各个锚点，根据锚点的路径和描绘的先后顺序，产生直线或者是曲线的效果。

图5-43　矢量图形

　　选择工具箱中的【钢笔工具】 ✍.，开始绘制之前光标会呈现 ✍. 形状，若大小写锁定键被按下则为 ÷ 形状。下面就来学习使用【钢笔工具】创建路径与图形的方法。

1. 绘制直线图形

　　下面将介绍如何使用【钢笔工具】 ✍. 绘制直线图形。

　　01 按 Ctrl+O 快捷键，在弹出的【打开】对话框中选择"素材 \Cha05\ 素材 05.psd"素材文件，如图 5-44 所示。

　　02 单击【打开】按钮，即可将选中的素材文件打开，效果如图 5-45 所示。

　　03 选择工具箱中的【钢笔工具】 ✍.，在工具选项栏中将【工具模式】设置为【形状】，

　　将【填充】的 RGB 值设置为 139、60、19，将【描边】设置为无，在工作区中的不同位置单击鼠标左键，使用【钢笔工具】绘制直线，如图 5-46 所示。

图5-44　选择素材文件

图5-45　打开的素材文件

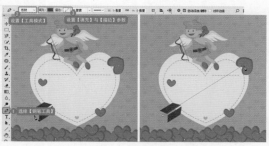

图5-46　绘制直线

　　04 使用相同的方法绘制其他直线，即可完成由直线组成的图形，效果如图 5-47 所示。

图5-47　绘制图形后的效果

05 按 F7 键打开【图层】面板，将【形状 1】图层调整至【图层 1】图层的下方，完成后的效果如图 5-48 所示。

图5-48　调整图层排放顺序

2. 绘制曲线图形

单击鼠标左键创建第一个锚点，然后按住鼠标左键拖动创建第二个锚点，如图 5-49 所示，这样就可以绘制曲线并使锚点两端出现方向线。方向点的位置及方向线的长短会影响到曲线的方向和弧度。

▶ 知识链接

贝塞尔曲线（Bézier Curve），又称贝兹曲线或贝济埃曲线，是应用于二维图形应用程序的数学曲线。1962 年，法国数学家 Pierre Bézier 第一个研究了这种矢量绘制曲线的方法，并给出了详细的计算公式，因此按照这样的公式绘制出来的曲线就用他的姓氏来命名为贝塞尔曲线。一般的矢量图形软件通过它来精确绘制出曲线，贝兹曲线由线段与节点组成，节点是可拖动的支点，线段像可伸缩的皮筋，我们在绘图工具上看到的【钢笔工具】就是来做这种矢量曲线的。贝塞尔曲线是计算机图形学中相当重要的参数曲线，它具有精确和易于修改的特点，被广泛地应用在计算机图形领域中，如 Photoshop、Illustrator、CorelDRAW 等软件中都包含可以绘制贝塞尔曲线的工具。

绘制出曲线后，若要在之后接着绘制直线，则需要按住 Alt 键在最后一个锚点上单击，使控制线只保留一段，再释放 Alt 键，在新的地方单击创建另一个锚点即可，如图 5-50 所示。

下面将通过实际步骤来讲解如何绘制曲线路径。

01 打开"素材\Cha05\素材 06.psd"素材文件，如图 5-51 所示。

02 选择工具箱中的【钢笔工具】，在

工具选项栏中将【工具模式】设置为【形状】，将【填充】的 RGB 值设置为 225、41、51，单击鼠标左键创建第一个锚点，然后按住鼠标左键拖动创建第二个锚点，绘制一条曲线，如图 5-52 所示。

　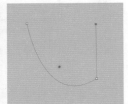

图5-49　绘制曲线　　　图5-50　绘制曲线后接直线

图5-51　打开的素材文件

图5-52　绘制曲线

03 创建完成第二个锚点后，按住 Alt 键将光标移至第二个锚点上，当光标变为　　形状时，单击鼠标左键，如图 5-53 所示。

04 根据上面所介绍的方法绘制其他曲线，绘制后的效果如图 5-54 所示。

05 在【图层】面板中选择【形状 1】图层，将其调整至 520 图层的下方，调整后的效果如图 5-55 所示。

图5-53 按住Alt键单击第二个锚点

图5-54 绘制其他曲线后的效果

图5-55 调整图层排放顺序

📢 **知识链接**

当选择【钢笔工具】 后，在工具选项栏中单击【设置其他钢笔和路径选项】按钮，在弹出的下拉面板中勾选【橡皮带】复选框，如图5-56所示。则可在绘制时直观地看到下一节点之间的轨迹，如图5-57所示。

图5-56 勾选【橡皮带】复选框

图5-57 显示锚点之间的轨迹

贝塞尔曲线是依据4个位置任意的点坐标绘制出的一条光滑曲线。在历史上，研究贝塞尔曲线的人最初是按照已知曲线参数方程来确定4个点的思路设计出这种矢量曲线绘制法。贝塞尔曲线的有趣之处更在于它的"皮筋效应"，也就是说，随着点有规律地移动，曲线将产生皮筋伸引一样的变换，带来视觉上的冲击。

5.1.2 【自由钢笔工具】的使用

【自由钢笔工具】 是用来绘制比较随意的图形，它的使用方法与【套索工具】非常相似。选择该工具后，在画面中单击并拖动鼠标左键即可绘制路径，路径的形状为光标运行的轨迹，Photoshop会自动为路径添加锚点。

下面就来详细介绍一下使用【自由钢笔工具】创建图形的方法。

01 打开"素材 \Cha05\ 素材 06.psd"素材文件，如图 5-58 所示。

图5-58 打开的素材文件

02 选择工具箱中的【自由钢笔工具】 ,
在工具选项栏中将【工具模式】设置为【形
状】,将【填充】的RGB值设置为225、41、
51,将【描边】设置为无,在工作区中对如
图5-59所示的心形进行绘制。

图5-59 对心形进行绘制

03 当释放鼠标后,即可完成心形图形的
绘制,效果如图5-60所示。

图5-60 绘制图形后的效果

04 在【图层】面板中将【形状1】图层
调整至520图层的下方,并在工作区中调整该
心形的位置及大小,调整后的效果如图5-61
所示。

图5-61 调整图层排放顺序

5.1.3 【弯度钢笔工具】的使用

【弯度钢笔工具】可以以同样轻松的方式
绘制平滑曲线和直线段。使用【弯度钢笔工
具】 可以在设计中创建自定义形状,或定义
精确的路径,以便毫不费力地优化图像。在执
行该操作的时候,无需切换工具就能创建、切
换、编辑、添加或删除平滑点或角点。

下面就来介绍如何使用【弯度钢笔工具】
创建路径。

01 打开"素材\Cha05\ 素材07.psd"素材
文件,如图5-62所示。

图5-62 打开的素材文件

02 选择工具箱中的【弯度钢笔工具】 ,
在工具选项栏中将【工具模式】设置为【形
状】,将【填充】的RGB值设置为239、0、
62,将【描边】设置为无,在工作区中单击鼠
标左键创建第一个锚点,然后再创建第二个锚
点,即可创建一条直线,如图5-63所示。

图5-63 创建一条直线

🏷 提 示

路径的第一段最初始终显示为一条直线,依据
接下来绘制的是曲线还是直线,Photoshop稍后会
对它进行相应的调整。如果绘制的下一段是曲线,
Photoshop将使第一段曲线与下一段平滑的关联。

03 然后再在工作区中单击鼠标左键创建第三个锚点，此时，前面所绘制的直线将自动调节为曲线状态，如图 5-64 所示。

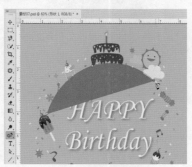

图5-64　创建第三个锚点

04 使用相同的方法，创建其他锚点，完成图形的绘制，如图 5-65 所示。

图5-65　绘制完成后的图形

05 在【图层】面板中选择【形状 1】图层，按住鼠标将其调整至【图层 2】图层的下方，调整后的效果如图 5-66 所示。

图5-66　调整图层排放顺序

🏷 **提　示**

在使用【弯度钢笔工具】绘制图形时，如果希望路径的下一段变为弯曲的曲线状态，单击一次鼠标左键创建锚点，Photoshop 将会自动将绘制的线段平滑为曲线状态，如果希望接下来要绘制一条直线，可以双击鼠标左键创建锚点，则创建的线段将会变为直线。

» 知识链接

【弯度钢笔工具】使用技巧介绍如下。

如果需要将已经创建的曲线转换为角点，使用【弯度钢笔工具】在锚点上双击鼠标左键，即可将曲线转换为角点状态；同样，如果需要将角点转换为曲线，使用【弯度钢笔工具】在锚点上双击鼠标左键，即可将角点转换为曲线。

在使用【弯度钢笔工具】时，如果需要对创建的锚点进行移动，只需要单击该锚点并按住鼠标左键进行拖动便可移动该锚点的位置。

如果需要将创建的锚点进行删除，可以使用【弯度钢笔工具】在需要删除的锚点上单击，然后按 Delete 键将其删除即可。在删除锚点后，曲线将被保留下来并根据剩余的锚点进行适当的调整。

5.1.4　形状工具的使用

形状工具包括【矩形工具】□、【圆角矩形工具】□、【椭圆工具】○、【多边形工具】○、【直线工具】／和【自定形状工具】♨。这些工具包含了一些常用的基本形状和自定义图形，通过它们可以方便绘制所需的基本形状和图形。

1.【矩形工具】的使用

【矩形工具】□用来绘制矩形和正方形。按住 Shift 键的同时拖动鼠标左键可以绘制正方形；按住 Alt 键的同时拖动鼠标左键可以以光标所在位置为中心绘制矩形；按住 Shift+Alt 快捷键的同时拖动鼠标左键可以以光标所在位置为中心绘制正方形。

选择工具箱中的【矩形工具】□后，然后在工具选项栏中单击【设置其他形状和路径选项】按钮✿，弹出如图 5-67 所示的面板，在该面板中可以选择绘制矩形的方法。

图5-67　矩形工具面板

- 【不受约束】：选中该单选按钮后，可以绘制任意大小的矩形和正方形。

- 【方形】：选中该单选按钮后，只能绘制任意大小的正方形。

- 【固定大小】：选择该单选按钮后，然后在右侧的文本框中输入要创建的矩形的固定宽度和固定高度，输入完成后，则会按照输入的宽度和高度来创建矩形。

- 【比例】：选中该单选按钮后，然后在右侧的文本框中输入相对宽度和相对高度的值，无论绘制多大的矩形，都会按照该比例进行绘制。

- 【从中心】：勾选该复选框后，无论以任何方式绘制矩形，都将以光标所在位置为矩形的中心向外扩展绘制矩形。

下面将介绍如何使用【矩形工具】绘制图形。

01 打开"素材\Cha05\素材08.psd"素材文件，如图 5-68 所示。

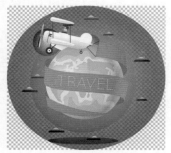

图5-68　打开的素材文件

02 选择工具箱中的【矩形工具】 ▢，在工具选项栏中将【工具模式】设置为【形状】，将【填充】的 RGB 值设置为 179、229、252，将【描边】设置为无，单击【设置其他形状和路径选项】按钮 ⚙，选中【固定大小】单选按钮，将 W、H 分别设置为 4663、4417，如图 5-69 所示。

03 设置完成后，在工作区中拖动鼠标，即可创建一个 4663 像素 ×4417 像素的矩形，如图 5-70 所示。

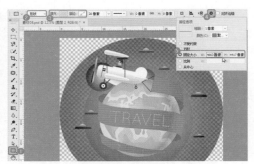

图5-69　设置工具选项参数

图5-70　创建矩形后的效果

04 在【图层】面板中选择【矩形 1】图层，将其拖曳至【图层 2】图层的下方，效果如图 5-71 所示。

图5-71　调整图层排放顺序

2.【圆角矩形工具】的使用

【圆角矩形工具】 ▢，用来创建圆角矩形。它的创建方法与【矩形工具】相同，只是比【矩形工具】多了一个【半径】选项，用来设置圆角的半径。该数值越高，圆角就越大。图 5-72 所示为将【半径】设置为 600 时的效果。

图 5-73 所示为【半径】为 1000 时的效果。

🏷 **提　示**

在使用【矩形工具】绘制矩形时，用户可以按住 Shift 键绘制正方形。

🏷 **提　示**

在使用【圆角矩形工具】创建图形时，半径只可以介于 0.00 像素到 1000.00 像素之间。

图5-72　半径为600时的效果

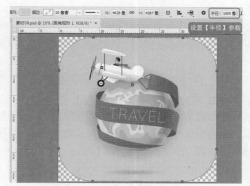

图5-73　半径为1000时的效果

3.【椭圆工具】的使用

使用【椭圆工具】◎.可以创建规则的圆形，也可以创建不受约束的椭圆形。在绘制图形时，按住 Shift 键可以绘制一个正圆形。

下面将介绍如何利用【椭圆工具】◎.绘制图形。

01 打开"素材\Cha05\ 素材 09.psd"素材文件，如图 5-74 所示。

图5-74　打开的素材文件

02 选择工具箱中的【椭圆工具】◎.，在工具选项栏中将【工具模式】设置为【形状】，将【填充】的 RGB 值设置为 255、116、117，将【描边】设置为无，在工作区中按住鼠标左

键绘制一个椭圆形，如图 5-75 所示。

图5-75　绘制椭圆形

03 在【图层】面板中选择【椭圆 1】图层，将其拖曳至【图层 2】图层的下方，效果如图 5-76 所示。

图5-76　调整图层排放顺序

04 再在【图层】面板中选择【图层 2】图层，在工具选项栏中单击【路径操作】按钮▣.，在弹出的下拉列表中选择【减去顶层形状】选项，如图 5-77 所示。

图5-77　选择【减去顶层形状】选项

知识链接

路径操作下拉列表中的各个选项的功能如下。

- 【新建图层】：选择该选项后，可以创建新的图形图层。
- 【合并形状】：选择该选项后，新绘制的图形会与现有的图形合并，如图5-78所示。

图5-78 合并形状

- 【减去顶层形状】：选择该选项后，可以从现有的图形中减去新绘制的图形，如图5-79所示。

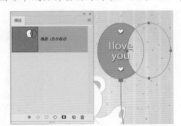

图5-79 减去顶层形状

- 【与形状区域相交】：选择该选项后，即可保留两个图形所相交的区域，如图5-80所示。

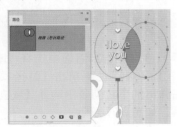

图5-80 与形状区域相交

- 【排除重叠形状】：选择该选项后，将删除两个图形所重叠的部分，如图5-81所示。

图5-81 排除重叠形状

- 【合并形状组件】：选择该选项后，可以将两个图形进行合并，并将其转换为常规路径。

05 使用【椭圆工具】 ◎ 在工作区中绘制一个如图5-82所示的椭圆形。

06 再次使用【椭圆工具】 ◎ 在工作区中绘制一个如图5-83所示的椭圆形。

图5-82 绘制椭圆形　　图5-83 再次绘制椭圆形

07 在【图层】面板中选择【椭圆2】图层，将其拖曳至【创建新图层】按钮 ◻ 上，将其进行复制。按Ctrl+T快捷键调出变换控制框，单击鼠标右键，在弹出的快捷菜单中选择【水平翻转】命令，如图5-84所示。

图5-84 选择【水平翻转】命令

08 执行该操作后，即可将选中的图形进行水平翻转，在工作界面中调整其位置，调整后的效果如图5-85所示。

4.【多边形工具】的使用

使用【多边形工具】 ◎ 可以创建多边形和星形。下面将介绍使用【多边形工具】的具体操作方法。

01 打开"素材\Cha05\素材10.psd"素材文件，如图5-86所示。

02 在【图层】面板中选择【背景】图层，选择工具箱中的【多边形工具】 ◎ ，将【工具模式】设置为【形状】，将【填充】的RGB值设置为255、222、0，将【描边】设置为无，单击【设置其他形状和路径选项】按钮，在弹出的下拉面板中勾选【星形】复选框，将【缩进边依据】设置为50，将【边】设置为5，如

图 5-87 所示。

图5-85　调整图形位置后　图5-86　打开的素材文件
　　　　的效果

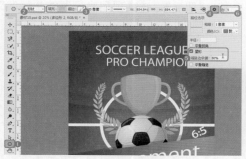

图5-87　设置工具参数

选择【多边形工具】💠后，在工具选项栏中单击【设置其他形状和路径选项】按钮💠，弹出如图 5-88 所示的下拉面板，在该面板上可以设置相关参数。其中各选项的含义介绍如下。

图5-88　工具下拉面板

- 【半径】：用来设置多边形或星形的半径。
- 【平滑拐角】：用来创建具有平滑拐角的多边形或星形。图 5-89 所示为未勾选和勾选该复选框的对比效果。

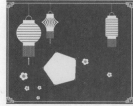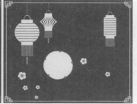

图5-89　未勾选和勾选后的对比效果

- 【星形】：勾选该复选框可以创建星形。
- 【缩进边依据】：当勾选【星形】复选框后，该选项才会被激活，用于设置星形的边缘向中心缩进的数量，该值越高，缩进量就越大。图 5-90 和图 5-91 所示的是【缩进边依据】为 50% 和【缩

进边依据】为 80% 的对比效果。

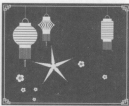

图5-90　【缩进边依据】　图5-91　【缩进边依据】
　　　　为50%　　　　　　　　　　为80%

- 【平滑缩进】：当勾选【星形】复选框后，该选项才会被激活，可以使星形的边平滑缩进。图 5-92 和图 5-93 所示为勾选前与勾选后的对比效果。

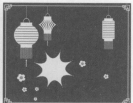

图5-92　未勾选【平滑缩　图5-93　勾选【平滑缩
　　　　进】复选框　　　　　　　　进】复选框

03 设置完成后，使用【多边形工具】💠在工作区中绘制一个星形，如图 5-94 所示。

图5-94　绘制星形

04 在【图层】面板中双击【多边形 1】图层，在弹出的【图层样式】对话框中勾选【投影】复选框，将【混合模式】设置为【正常】，将【阴影颜色】的 RGB 值设置为 237、155、44，将【不透明度】设置为 100，将【距离】、【扩展】、【大小】分别设置为 15、19、0，如图 5-95 所示。

05 设置完成后，单击【确定】按钮。继续选择【多边形工具】💠，在工具选项栏中将【填充】的 RGB 值设置为 217、18、41，单击【设置其他形状和路径选项】按钮💠，在弹出的下拉面板中将【缩进边依据】设置为 30，勾选【平滑缩进】复选框，将【边】设置为 20，

如图 5-96 所示。

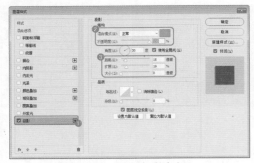

图5-95　设置投影参数

图5-96　设置工具参数

06 设置完成后，使用【多边形工具】 在工作区中绘制一个多边形，并根据前面所介绍的方法为其添加【投影】效果，如图5-97所示。

图5-97　绘制多边形后的效果

5.【直线工具】的使用

【直线工具】 用来创建直线和带箭头的线段。选择【直线工具】 后，然后在工具选项栏中单击【设置其他形状和路径选项】按钮 ，弹出如图5-98所示的下拉面板。

图5-98　工具下拉板

- 【起点 / 终点】：勾选【起点】复选框后会在直线的起点处添加箭头；勾选【终点】复选框后会在直线的终点处添加箭头；如果同时勾选这两个复选框，则会绘制出双向箭头。

- 【宽度】：该选项用来设置箭头宽度与直线宽度的百分比。

- 【长度】：该选项用来设置箭头长度与直线宽度的百分比。

- 【凹度】：该选项用来设置箭头的凹陷程度。

6.【自定形状工具】的使用

在【自定形状工具】 中有许多 Photoshop 自带的形状，选择该工具后，单击工具选项栏中的【形状】右侧的 按钮，即可打开形状库。然后单击形状库右上角的 按钮，在弹出的下拉菜单中选择【全部】命令，在弹出的提示框中单击【确定】按钮，即可显示系统中存储的全部图形，如图 5-99 所示。

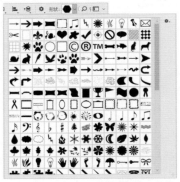

图5-99　【自定形状工具】形状库

5.2 计时器图标——修改路径

作品描述

如果想要设计出优秀的 UI 界面，基础元素的创建与制作是必不可少的，它不仅是组成整个界面效果的基础元素，也是构成界面的基本单位。下面将通过形状工具与如何修改路径为基础，介绍制作计时器图标，效果如图 5-100 所示。

图5-100　计时器图标

素材	素材\Cha05\素材11.png、素材12.png、素材13.png、投影.png
场景	场景\Cha05\计时器图标——修改路径.psd
视频	视频教学\Cha05\计时器图标——修改路径.mp4

案例实现

01 启动 Photoshop 的软件，按 Ctrl+N 快捷键，在弹出的新建文档对话框中将【宽度】、【高度】均设置为 1024，将【分辨率】设置为 300，将【背景内容】设置为【透明】，如图 5-101 所示。

图5-101　设置新建文档

02 设置完成后，单击【创建】按钮，创建一个透明文档。在工具箱中将【前景色】的 RGB 值设置为 37、41、45，在【图层】面板中选择【图层 1】图层，按 Alt+Delete 快捷键填充前景色，如图 5-102 所示。

图5-102　填充前景色

03 在【图层】面板中单击【创建新图层】按钮，新建【图层 2】图层。在工具箱中将【背景色】的 RGB 值设置为 134、134、134，按 Ctrl+Delete 快捷键填充背景色，如图 5-103 所示。

图5-103　填充背景色

04 继续选中【图层2】图层，在菜单栏中选择【滤镜】|【杂色】|【添加杂色】命令，如图5-104所示。

图5-104　选择【添加杂色】命令

05 在弹出的【添加杂色】对话框中将【数量】设置为110，选中【高斯分布】单选按钮，勾选【单色】复选框，如图5-105所示。

图5-105　设置添加杂色参数

06 设置完成后，单击【确定】按钮。在【图层】面板中选中【图层2】图层，将【混合模式】设置为【正片叠底】，将【不透明度】设置为9，如图5-106所示。

图5-106　设置图层混合模式与不透明度

07 按Ctrl+O快捷键，在弹出的【打开】对话框中选择"素材\Cha05\素材11.png"素材文件，如图5-107所示，单击【打开】按钮。

图5-107　选择素材文件

08 选择工具箱中的【移动工具】，按住鼠标左键将其拖曳至前面所创建的文档中，并在【图层】面板中将【不透明度】设置为9，如图5-108所示。

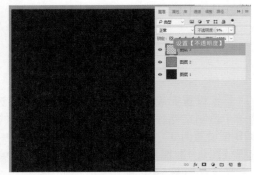

图5-108　设置不透明度

09 单击工具箱中的【圆角矩形工具】按钮，在工具选项栏中将【工具模式】设置为【形状】，将【填充】的RGB值设置为27、28、31，将【描边】设置为无，将【半径】设置为100，在工作区中绘制一个圆角矩形，如图5-109所示。

图5-109 绘制圆角矩形

10 在【图层】面板中选择【圆角矩形 1】图层，在【属性】面板中将 W、H 分别设置为551、552，将 X、Y 分别设置为237、222，如图 5-110 所示。

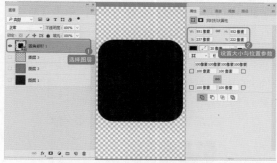

图5-110 设置圆角矩形参数

11 在【图层】面板中双击【圆角矩形 1】图层，在弹出的【图层样式】对话框中勾选【斜面和浮雕】复选框，将【深度】设置为950，将【大小】设置为 0，将【角度】设置为120，将【高光模式】设置为【叠加】，将【不透明度】设置为 97，将【阴影模式】下的【不透明度】设置为 0，如图 5-111 所示。

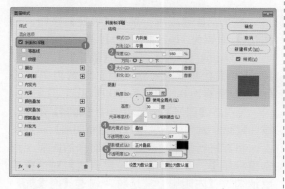

图5-111 设置斜面和浮雕参数

疑难解答 在Photoshop中，可以为【背景】图层添加图层样式吗？

不可以。但是可以双击【背景】图层，将其转换为普通图层，然后再为其添加图层样式。

12 在该对话框的左侧列表框中勾选【描边】复选框，将【大小】设置为2，将【位置】设置为【外部】，将【混合模式】设置为【正片叠底】，将【不透明度】设置为66，将【颜色】的 RGB 值设置为 0、0、0，如图 5-112 所示。

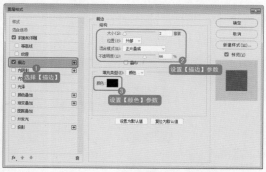

图5-112 设置描边参数

13 在该对话框的左侧列表框中勾选【渐变叠加】复选框，将【混合模式】设置为【叠加】，将【不透明度】设置为61，将【渐变】设置为【黑—白渐变】，将【缩放】设置为150，如图 5-113 所示。

图5-113 设置渐变叠加参数

14 在该对话框的左侧列表框中勾选【图案叠加】复选框，将【混合模式】设置为【叠加】，单击【图案】右侧的按钮，在弹出的下拉面板中单击右上角的按钮，在弹出的下拉菜单中选择【艺术表面】命令，如图 5-114 所示。

15 接着在弹出的对话框中单击【追加】按钮，在图案下拉面板中选择【石头（80×80

像素，灰度 模式）】，将【缩放】设置为94，如图 5-115 所示。

图5-114　选择【艺术表面】命令

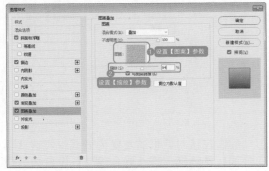

图5-115　设置图案叠加参数

16 设置完成后，单击【确定】按钮。单击工具箱中的【椭圆工具】按钮，在工具选项栏中将【工具模式】设置为【形状】，将【填充】的RGB值设置为0、0、0，在工作区中按住 Shift 键绘制一个正圆形，在【属性】面板中将 W、H 均设置为526，将 X、Y 分别设置为248、236，如图 5-116 所示。

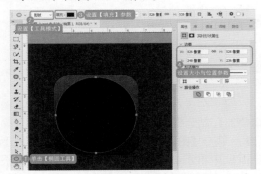

图5-116　绘制正圆形并进行设置

17 在【图层】面板中双击【椭圆 1】图层，在弹出的【图层样式】对话框中勾选左侧列表框中的【内阴影】复选框，将【不透明度】

设置为100，将【角度】设置为120，勾选【使用全局光】复选框，将【距离】、【阻塞】、【大小】分别设置为47、0、66，如图 5-117 所示。

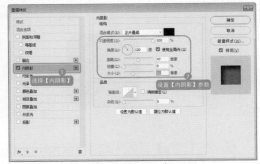

图5-117　设置内阴影参数

18 在该对话框的左侧列表框中勾选【渐变叠加】复选框，将【混合模式】设置为【正常】，将【不透明度】设置为100，单击【渐变】右侧的渐变色，在弹出的【渐变编辑器】对话框中将左侧色标的RGB值设置为255、255、255，将【不透明度】设置为22，将右侧色标的RGB值设置为0、0、0，将【不透明度】设置为90，如图 5-118 所示。

图5-118　设置渐变颜色

19 设置完成后，单击【确定】按钮。将【缩放】设置为116，如图 5-119 所示。

20 设置完成后，单击【确定】按钮。在【图层】面板中将【不透明度】设置为20，将【填充】设置为0，如图 5-120 所示。

21 在【图层】面板中选中【椭圆】图层，按住鼠标左键将其拖曳至【创建新图层】按钮上，将其进行复制。再在复制出来的图层上双击鼠标左键，在弹出的【图层样式】对话框中取消勾选【内阴影】复选框，勾选【内发光】复选框，将【混合模式】设置为【叠加】，将

【不透明度】设置为50，将【阻塞】、【大小】
分别设置为0、9，如图5-121所示。

【大小】分别设置为0、11，如图5-124所示。

图5-119 设置缩放参数

图5-122 设置渐变颜色

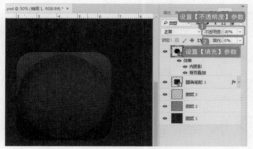

图5-120 设置不透明度与填充参数

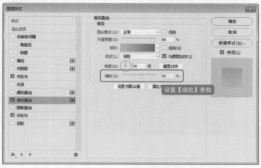

图5-123 设置缩放参数

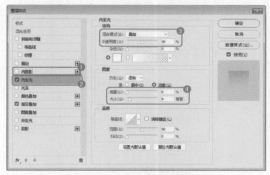

图5-121 设置内发光参数

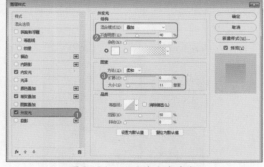

图5-124 设置外发光参数

22 在该对话框的左侧列表框中勾选【渐
变叠加】复选框，将【不透明度】设置为88，
单击【渐变】右侧的渐变颜色，在弹出的【渐
变编辑器】对话框中将左侧色标的RGB值设
置为0、0、0，将右侧色标的【不透明度】设
置为75，如图5-122所示。

23 设置完成后，单击【确定】按钮。将
【缩放】设置为95，如图5-123所示。

24 再在该对话框的左侧列表框中勾选
【外发光】复选框，将【混合模式】设置为【叠
加】，将【不透明度】设置为40，将【扩展】、

25 再勾选【投影】复选框，将【混合
模式】设置为【叠加】，设置【阴影颜色】的
RGB值设置为255、255、255，将【不透明度】
设置为60，将【角度】设置为90，取消勾选
【使用全局光】复选框，将【距离】、【扩展】、
【大小】分别设置为2、0、2，如图5-125所示。

26 设置完成后，单击【确定】按钮。单
击工具箱中的【矩形工具】按钮，在工具选
项栏中将【填充】的RGB值设置为0、194、
217，在工作区中绘制一个矩形，如图5-126

149

所示。

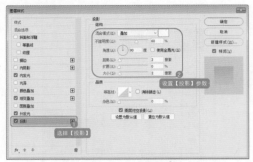

图5-125 设置投影参数

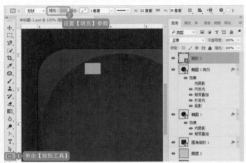

图5-126 绘制矩形后的效果

27 单击工具箱中的【转换点工具】按钮，在矩形的锚点上单击鼠标左键，对矩形进行调整，调整后的效果如图5-127所示。

图5-127 调整矩形

28 按Ctrl+R快捷键，显示标尺。在工作区中创建两条以圆形为中心的辅助线，如图5-128所示。

提示

在对矩形进行调整时，在锚点上单击并拖动鼠标，即可将角点转换成平滑点，相邻的两条线段也会变为曲线，如果按住Alt键进行拖动，可以将单侧线段变为曲线。

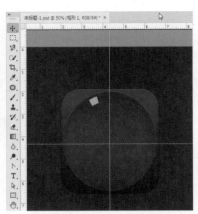

图5-128 添加辅助线

疑难解答 锚点之间的转换有何技巧？

使用【直接选择工具】时，按住Ctrl+Alt快捷键（可以暂时切换为【转换点工具】），单击并拖动锚点，即可将其转换为平滑点。如果按住Ctrl+Alt快捷键在平滑点上单击，即可将平滑点转换为角点。

在使用【钢笔工具】时，将光标放置在锚点上，按住Alt键也可以暂时转换为【转换点工具】，按住鼠标左键拖动锚点或者单击锚点，即可完成锚点之间的转换。

知识链接

在Photoshop中提供了一些辅助工具。辅助工具的主要作用是用来辅助操作的，通过使用辅助工具来提高操作的精确程度，提高工作效率。在Photoshop中，可以利用标尺、网格和参考线等工具来完成辅助操作。

利用标尺可以精确地定位图像中的某一点以及创建参考线。

在菜单栏中选择【视图】|【标尺】命令，如图5-129所示。也可以通过Ctrl+R快捷键打开标尺。

图5-129 选择【标尺】命令

标尺会出现在当前窗口的顶部和左侧，标尺内的虚线可显示出当前鼠标所处的位置。如果想要更改标尺原点，可以从图像上的特定点开始度量，在左上角按住鼠标左键拖动到特定的位置后释放鼠标，即可改变原点的位置。

29 在【图层】面板中选择【矩形 1】图层，按 Ctrl+T 快捷键，在工作区中将矩形的中心点调整至辅助线的相交处，在工具选项栏中将【旋转】设置为 15，如图 5-130 所示。

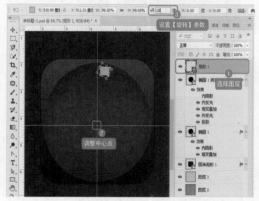

图5-130 调整矩形的中心点

30 按 Enter 键确认，按三次 Ctrl+Shift+Alt+T 快捷键进行变换复制，效果如图 5-131 所示。

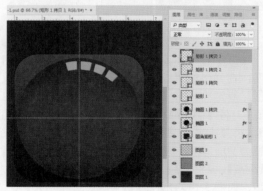

图5-131 变换复制图层

31 在【图层】面板中按住 Ctrl 键选中【矩形 1】、【矩形 1 拷贝】、【矩形 1 拷贝 2】和【矩形 1 拷贝 3】图层，按住鼠标左键将其拖曳至【创建新图层】按钮 上，继续选中复制出来的图层，按 Ctrl+T 快捷键，将中心点调整至辅助线相交的位置，在工具选项栏中将【旋转】设置为 60，如图 5-132 所示。

32 使用相同的方法复制其他图形，复制后的效果如图 5-133 所示。

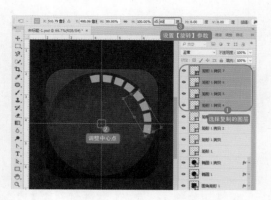

图5-132 复制图层并进行旋转

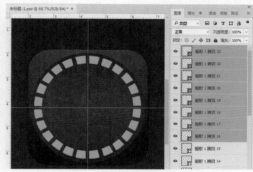

图5-133 复制其他图形后的效果

33 在【图层】面板中选择所有的矩形图层，单击鼠标右键，在弹出的快捷菜单中选择【合并形状】命令，如图 5-134 所示。

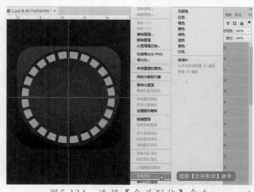

图5-134 选择【合并形状】命令

34 在【图层】面板中将合并后的图层命名为【矩形 1】，并双击该图层，在弹出的【图层样式】对话框中勾选【内阴影】复选框，将【不透明度】设置为 45，将【角度】设置为 120，勾选【使用全局光】复选框，将【距离】、【阻塞】、【大小】分别设置为 2、0、6，如图 5-135 所示。

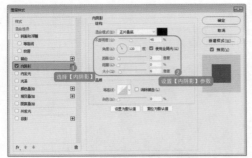

图5-135　设置内阴影参数

[35] 再勾选【外发光】复选框，将【混合模式】设置为【滤色】，将【不透明度】设置为22，将【发光颜色】的RGB值设置为0、194、217，将【扩展】、【大小】分别设置为0、9，如图5-136所示。

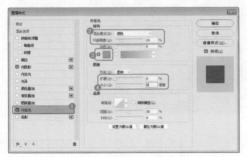

图5-136　设置外发光参数

[36] 设置完成后，单击【确定】按钮。在【图层】面板中将【不透明度】设置为10，如图5-137所示。

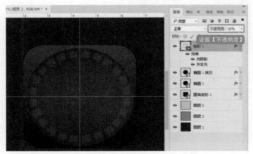

图5-137　设置图层不透明度

[37] 在【图层】面板中对【矩形1】图层进行复制，将复制出的【矩形1拷贝】图层的【不透明度】设置为100。单击工具箱中的【路径选择工具】按钮，在工作区中按住Shift键选择如图5-138所示的路径。

[38] 按Delete键将选中的路径进行删除。单击工具箱中的【椭圆工具】按钮，在工作

区中按住Shift键绘制一个正圆形，在【属性】面板中将W、H分别设置为376、374，将X、Y分别设置为322、313，如图5-139所示。

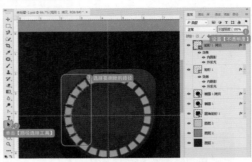

图5-138　选择路径

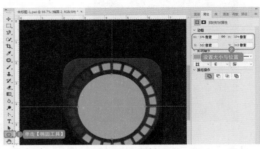

图5-139　绘制圆形

> 🏷 提　示
>
> 在此不用设置圆形的填充颜色，为绘制的圆形指定任意颜色即可。

[39] 在【图层】面板中双击【椭圆2】图层，在弹出的【图层样式】对话框中勾选【投影】复选框，将【混合模式】设置为【正片叠底】，将【阴影颜色】的RGB值设置为0、0、0，将【不透明度】设置为40，将【角度】设置为90，取消勾选【使用全局光】复选框，将【距离】、【扩展】、【大小】分别设置为15、0、19，如图5-140所示。

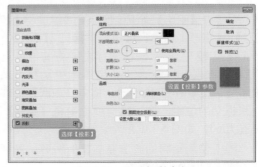

图5-140　设置投影参数

40 单击工具箱中的【椭圆工具】按钮 ○ ，在工作区中按住 Shift 键绘制一个正圆形，在【属性】面板中将 W、H 都设置为 392，将 X、Y 分别设置为 315、304，将【填充】设置为 68、68、68，如图 5-141 所示。

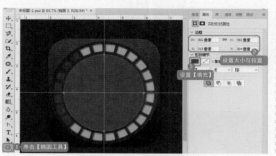

图5-141 绘制正圆形并进行设置

41 在【图层】面板中双击【椭圆 3】图层，在弹出的【图层样式】对话框中勾选【描边】复选框，将【大小】设置为 4，将【位置】设置为【外部】，将【混合模式】设置为【正常】，将【不透明度】设置为 65，将【填充类型】设置为【渐变】，单击【渐变】右侧的渐变条，在弹出的【渐变编辑器】对话框中将左侧色标的 RGB 值设置为 67、67、67，将右侧色标的 RGB 值设置为 208、208、208，设置完成后，单击【确定】按钮。描边参数设置如图 5-142 所示。

图5-142 设置描边参数

42 再勾选【渐变叠加】复选框，将【混合模式】设置为【叠加】，将【不透明度】设置为 100，单击【渐变】右侧的渐变条，在弹出的【渐变编辑器】对话框中将左侧色标的 RGB 值设置为 175、178、190，将【不透明度】设置为 100，在位置 25 处添加一个色标，将其 RGB 值设置为 184、187、197，在位置 75 处添加一个色标，将其 RGB 值设置为 227、228、232，将右侧色标的 RGB 值设置为 243、243、245，将【不透明度】设置为 100，如图 5-143 所示。

图5-143 设置渐变颜色

43 设置完成后，单击【确定】按钮。返回到【图层样式】对话框中，将【缩放】设置为 100，设置完成后，单击【确定】按钮。在【图层】面板中选择【椭圆 3】图层，将其拖曳至【创建新图层】按钮上，对其进行复制。在【属性】面板中将 W、H 均设置为 371，将 X、Y 分别设置为 325、313，如图 5-144 所示。

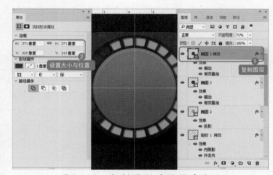

图5-144 复制图形并设置其属性

44 在【图层】面板中选择【椭圆 3 拷贝】图层，并双击该图层，在弹出的【图层样式】对话框中勾选【投影】复选框，将【不透明度】设置为 35，将【距离】、【扩展】、【大小】分别设置为 47、0、37，如图 5-145 所示。

45 设置完成后，单击【确定】按钮，即可完成【投影】效果的添加。根据前面所介绍的方法，使用【椭圆工具】 ○ 以及【图层样式】创建其他图形，并进行相应的设置，效果如图 5-146 所示。

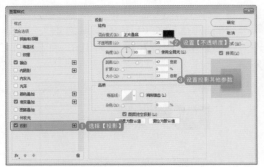

图5-145　设置投影参数

图5-147　设置纹理参数

图5-148　选择【曲线】命令

图5-146　创建其他图形后的效果

> **提　示**
>
> 用户可以参照提供的【素材\Cha05\计时器-细节.psd】素材文件进行设置，在此就不一一进行赘述了。

知识链接

通过观察效果可以发现计时器轮廓上带有纹理效果，可以在Photoshop的【图层】面板中创建一个纯色图层，并选中该图层，在菜单栏中选择【滤镜】|【滤镜库】命令，在弹出的【滤镜库】对话框中选择【纹理】选项组下的【纹理化】选项，将【纹理】设置为【砂岩】，将【缩放】设置为125，将【凸现】设置为4，如图5-147所示。设置完成后，单击【确定】按钮即可。然后继续选中该图层，在【图层】面板中单击【创建新的填充或调整图层】按钮，在弹出的下拉菜单中选择【曲线】命令，如图5-148所示。调整曲线参数，为【曲线】图层与纯色图层创建一个剪贴蒙版，新建一个图层组，将两个图层添加至图层组中，并为图层组添加图层蒙版即可。

46 打开"素材\Cha05\素材12.png"素材文件，按住鼠标左键将其拖曳至前面所操作的文档中，在工作区中调整其位置，在【图层】面板中将该图层的【不透明度】设置为12，如图5-149所示。

图5-149　添加素材文件并设置其不透明度

47 使用相同的方法，将"素材13.png"素材文件与"投影.png"素材文件添加至当前文档中，将"投影.png"素材文件调整至【图层3】图层的上方，将其【混合模式】设置为【叠加】，将【不透明度】设置为80，如图5-150所示。

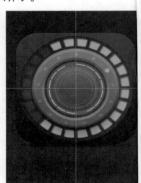

图5-150　添加素材文件并进行设置

48 选择工具箱中的【横排文字工具】T，在工作区中单击鼠标，输入"2:40"，在【属性】面板中将【字体】设置为Century Gothic，将【字体类型】设置为Bold，将【字体大小】设置为21，将【颜色】的RGB值设置为0、194、217，将X、Y分别设置为3.59、3.87，如图5-151所示。

图5-151　输入文本并进行设置

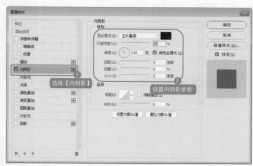

图5-154　设置内阴影参数

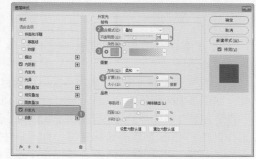

图5-155　设置外发光参数

🏷 **提 示**

在此设置文本的X、Y参数时，需要使用【移动工具】选择文本才可以进行设置。如果使用文本工具选中文本，则X、Y参数以灰色显示，无法进行设置。

知识链接

在Photoshop中，可以将所有的参考线进行隐藏。在菜单栏中选择【视图】|【显示】|【画布参考线】命令，如图5-152所示，即可将所创建的参考线取消显示，如图5-153所示。

图5-152　选择【画布参考　　图5-153　取消参考线
线】命令　　　　　　　的显示

49 在【图层】面板中选中文本图层，并双击该图层，在弹出的【图层样式】对话框中勾选【内阴影】复选框，将【混合模式】设置为【正片叠底】，将【不透明度】设置为30，将【角度】设置为120，勾选【使用全局光】复选框，将【距离】、【阻塞】、【大小】分别设置为2、0、2，如图5-154所示。

50 再勾选【外发光】复选框，将【混合模式】设置为【叠加】，将【不透明度】设置为35，将【发光颜色】的RGB值设置为0、194、217，将【扩展】、【大小】分别设置为0、13，如图5-155所示。

51 设置完成后，单击【确定】按钮。执行该操作后，即可完成计时器图标的制作，效果如图5-156所示。

52 按Shift+Ctrl+S快捷键，在弹出的【另存为】对话框中指定保存路径，将【文件名】设置为【计时器图标】，将【保存类型】设置为【JPEG（*.JPG;*.JPEG;*.JPE)】，如图5-157所示。

图5-156　计时器　图5-157　设置保存路径及名称、
图标　　　　　　　　　类型

53 设置完成后，单击【保存】按钮。接着在弹出的对话框中使用其默认参数，单击【确定】按钮完成保存。

5.2.1 选择路径

本节主要介绍【路径选择工具】和【直接选择工具】两种路径选择的方法。

1．路径选择工具

【路径选择工具】用于选择一个或几个路径并对其进行移动、组合、对齐、分布和变形。选择【路径选择工具】，或反复按 Shift+A 快捷键，其工具选项栏如图 5-158 所示。

图5-158　【路径选择工具】选项栏

下面就来介绍使用【路径选择工具】的具体操作方法。

01 打开"素材 \Cha05\ 素材 14.psd"素材文件，如图 5-159 所示。

02 选择工具箱中的【路径选择工具】，在工作区中的心形上单击鼠标左键，即可选中该图形的路径，可以看到路径上的锚点都是实心显示的，即可移动路径，如图 5-160 所示。

图5-159　打开的素材　图5-160　使用路径工具选
　　　　文件　　　　　　　　　择路径

03 按住 Alt 键拖动鼠标左键，即可对选中的心形进行复制，效果如图 5-161 所示。

图5-161　复制后的效果

提　示

在使用【路径选择工具】时，如果直接拖动鼠标左键，可以对选中的路径进行移动。

2．直接选择工具

【直接选择工具】用于移动路径中的锚点

或线段，还可以调整手柄和控制点。路径的原始效果如图 5-162 所示。选择要调整的锚点，按住鼠标左键进行拖动，就可改变路径的形状，如图 5-163 所示。

图5-162　选择路径　图5-16_　调整路径后的效果

5.2.2 添加/删除锚点

本节主要介绍【添加锚点工具】和【删除锚点工具】在路径中的使用方法。

1．添加锚点工具

【添加锚点工具】可以用于在路径上添加的新锚点。

01 选择工具箱中的【添加锚点工具】，在路径上单击，如图 5-164 所示。

02 添加锚点后，按住鼠标左键拖动锚点，即可对图形进行调整，如图 5-165 所示。

图5-164　使用【添加锚　图5-16_　调整图形后的
　　　　点工具】　　　　　　　　　效果

2．删除锚点工具

【删除锚点工具】用于删除路径上已经存在的锚点。

01 使用【直接选择工具】选择要进行调整的路径，如图 5-166 所示。

02 选择工具箱中的【删除锚点工具】，在需要删除的锚点上单击鼠标左键，即可将该锚点删除，效果如图 5-167 所示。

提　示

也可以在【钢笔工具】状态下，在工具选项栏中勾选【自动添加 / 删除】复选框，此时在路径上单击即可添加锚点，在锚点上单击即可删除锚点。

图5-166 选择要调整的 图5-167 删除锚点后的效果
路径

5.2.3 转换点工具

使用【转换点工具】可以使锚点在角点、平滑点和转角之间进行转换。

- 将角点转换为平滑点：使用【转换点工具】在锚点上单击并拖动鼠标，即可将角点转换为平滑点，如图5-168所示。

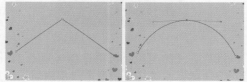

图5-168 将角点转换为平滑点

- 将平滑点转换为角点：使用【转换点工具】直接在锚点上单击即可，如图5-169所示。

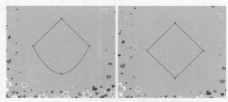

图5-169 将平滑点转换为角点

- 将平滑点转换为转角：使用【转换点工具】单击方向点并拖动，更改控制点的位置或方向线的长短即可，如图5-170所示。

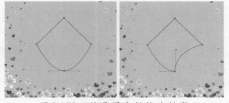

图5-170 将平滑点转换为转角

5.3 手机日历界面——编辑路径

▶ 作品描述

在 Photoshop CC 中，初步绘制的路径往往不够完美，需要对局部或整体进行编辑，编辑路径的工具与修改路径的工具相同。下面将通过制作手机日历界面来讲解如何编辑路径，如图 5-171 所示。

图5-171 手机日历界面

素材	素材\Cha05\素材15.jpg
场景	场景\Cha05\手机日历界面——编辑路径.psd
视频	视频教学\Cha05\手机日历界面——编辑路径.mp4

▶ 案例实现

01 启动 Photoshop CC 软件，按 Ctrl+N 快捷键，在弹出的【新建文档】对话框中将【宽度】、【高度】分别设置为444、602，将【分辨率】设置为72，将【背景内容】设置为【透明】，如图 5-172 所示。

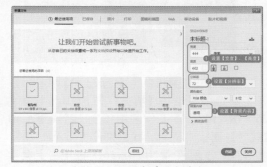

图5-172 设置新建文档参数

02 设置完成后，单击【创建】按钮。单击工具箱中的【矩形工具】按钮，在工具选项栏中将【填充】的 RGB 值设置为57、66、100，在工作区中绘制一个矩形，在【属性】面板中将 W、H 分别设置为404、430，将 X、Y

分别设置为 21、157，将【左下角半径】与【右下角半径】均设置为 8，如图 5-173 所示。

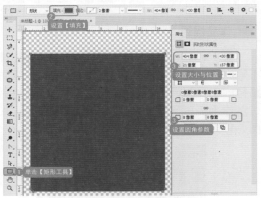

图5-173　绘制矩形并进行设置

03 单击工具箱中的【矩形工具】按钮 ▢，在工具选项栏中将【填充】的 RGB 值设置为 52、104、175，在工作区中绘制一个矩形，在【属性】面板中将 W、H 分别设置为 406、82，将 X、Y 分别设置为 20、75，如图 5-174 所示。

图5-174　再次绘制矩形并进行设置

04 单击工具箱中的【矩形工具】按钮 ▢，在工具选项栏中将【填充】的 RGB 值设置为 26、78、149，在工作区中绘制一个矩形，在【属性】面板中将 W、H 分别设置为 404、74，将 X、Y 分别设置为 20、16，将【左上角半径】与【右上角半径】均设置为 6，如图 5-175 所示。

05 单击工具箱中的【添加锚点工具】按钮 ⟟，在该矩形上单击鼠标左键，添加 3 个锚点，并对添加的锚点进行调整，效果如图 5-176 所示。

图5-175　继续绘制矩形并进行设置

图5-176　调整锚点后的效果

06 在【图层】面板中选择【矩形 3】图层，按住鼠标左键将其拖曳至【创建新图层】按钮 ▧ 上，对其进行复制。将复制的【矩形 3 拷贝】图层调整至【矩形 3】图层的下方，并选中【矩形 3 拷贝】图层，单击工具箱中的【直接选择工具】按钮 ▸，在工具选项栏中将【填充】的 RGB 设置为 255、255、255，调整该图形的位置，如图 5-177 所示。

图5-177　复制图形并调整其填充颜色

07 选择工具箱中的【横排文字工具】 T，在工作区中单击鼠标，输入 2019，使用【移动工具】选中输入的文本，在【字符】面板中将【字体】设置为 Myriad Pro，将【字体大小】设置为 45.5，将【字符间距】设置为 25，将【颜色】的 RGB 值设置为 255、255、255，在

【图层】面板中将【填充】设置为65，效果如图 5-178 所示。

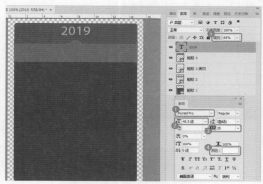

图5-178 输入文本并进行设置

08 使用相同的方法，输入其他的文本，并对输入的文本进行相应的设置，效果如图 5-179 所示。

图5-179 输入其他文本并进行设置后的效果

09 单击工具箱中的【画笔工具】按钮 ，按F5键打开【画笔预设】面板，选择【尖角123】，将【大小】设置为3，将【圆度】设置为100，将【硬度】设置为100，将【间距】设置为5，如图 5-180 所示。

图5-180 设置画笔预设参数

10 在【图层】面板中单击【创建新图层】按钮，创建一个新的图层。单击工具箱中的【椭圆工具】按钮 ，在工具选项栏中将【工具模式】设置为【路径】，在工作区中按住 Shift 键绘制一个正圆形，在【属性】面板中将 W、H 均设置为31，将 X、Y 分别设置为375、109，如图 5-181 所示。

图5-181 新建图层并绘制路径

疑难解答 路径是否可以进行打印？

路径是矢量对象，不包含像素，则没有进行填充或描边处理的路径是不能被打印出来的。但是，使用PSD、TIFF、JPEG、PDF等格式存储文件时，可以保存路径。

11 在工具箱中将【前景色】的 RGB 值设置为255、255、255，在路径上单击鼠标右键，在弹出的快捷菜单中选择【描边路径】命令，如图 5-182 所示。

图5-182 选择【描边路径】命令

12 执行该操作后，将会弹出【描边路径】对话框，使用其默认设置（在此时用画笔模式），单击【确定】按钮，效果如图 5-183 所示。

13 单击工具箱中的【钢笔工具】按钮 ，在工具选项栏中将【工具模式】设置为【路径】，在工作区中绘制一个如图 5-184 所示的路径。在【图层】面板中选择【图层 1】。

图5-183　描边路径后的效果

图5-184　绘制路径

14 在该路径上单击鼠标右键，在弹出的快捷菜单中选择【描边路径】命令，在弹出的【描边路径】对话框中使用其默认设置，单击【确定】按钮。效果如图5-185所示。

图5-185　描边路径后的效果

15 在【图层】面板中选择【图层1】图层，并将其拖曳至【创建新图层】按钮 上，对其进行复制。按Ctrl+T快捷键，右击鼠标右键，在弹出的快捷菜单中选择【水平翻转】命令，如图5-186所示。

16 按Enter键完成变换。在工作区中调整其位置，效果如图5-187所示。

17 使用前面所介绍的方法绘制其他图形，并对绘制的图形进行相应的设置，效果如图5-188所示。

图5-186　选择【水平翻转】命令

图5-187　调整图形位置后的效果

图5-188　创建其他图形后的效果

18 按Ctrl+Shift+Alt+E快捷键，对图层进行盖印。打开"素材\Cha05\素材15.jpg"素材文件，将盖印的图层拖曳至"素材15.jpg"素材文档中，对其进行调整，效果如图5-189所示。

图5-189　调整后的效果

5.3.1　将选区转换为路径

下面就来介绍将选区转换为路径的操作方法。

01 打开"素材 \Cha05\ 素材 16.psd"素材文件，如图 5-190 所示。

图 5-190　打开的素材文件

02 在【图层】面板中选择【图层 1】图层，按住 Ctrl 键单击【图层 1】图层缩览图，将其载入选区，如图 5-191 所示。

图 5-191　载入选区

03 打开【路径】面板，单击【从选区生成工作路径】按钮 ◇，即可将选区转换为路径，如图 5-192 所示。

图 5-192　将选区转换为路径

5.3.2　路径和选区的转换

下面就来介绍路径与选区之间的转换。

在【路径】面板中单击【将路径作为选区载入】按钮 ○，可以将路径转换为选区进行操作，如图 5-193 所示。也可以按 Ctrl+Enter 快捷键来完成这一操作。

图 5-193　将路径转换成选区

如果在按住 Alt 键的同时单击【将路径作为选区载入】按钮 ○，则可弹出【建立选区】对话框，如图 5-194 所示。通过该对话框可以设置【羽化半径】等选项。

图 5-194　【建立选区】对话框

单击【从选区生成工作路径】按钮 ◇，可以将当前的选区转换为路径进行操作。如果在按住 Alt 键的同时单击【从选区生成工作路径】按钮 ◇，则可弹出【建立工作路径】对话框，如图 5-195 所示。

图 5-195　【建立工作路径】对话框

> **提　示**
>
> 【建立工作路径】对话框中的【容差】选项是控制选区转换为路径时的精确度。该值越大，建立路径的精确度就越低；该值越小，精确度就越高，但同时锚点也会增多。

5.3.3　描边路径

描边路径是指用绘画工具和修饰工具沿路径描边。下面就来介绍描边路径的操作方法。

01 选择工具箱中的【画笔工具】 ✐ ，然后在菜单栏中选择【窗口】|【画笔】命令（或按 F5 键），打开【画笔】面板，选择尖角123，将【大小】、【间距】分别设置为 51、292，如图 5-196 所示。

图5-196　设置画笔参数

02 在【路径】面板中单击【用画笔描边路径】按钮 ○ ，即可为路径进行描边，效果如图 5-197 所示。

图5-197　描边路径后的效果

除了上述方法外，用户还可以使用【钢笔工具】 ✐ 在路径上单击鼠标右键，在弹出的快捷菜单中选择【描边路径】命令，如图 5-198 所示。

图5-198　选择【描边路径】命令

提 示

在【路径】面板中选择一个路径后，单击【用画笔描边路径】按钮 ○ ，可以使用【画笔工具】的当前设置描边路径。再次单击该按钮会增加描边的【不透明度】，使描边看起来更粗。【前景色】可以控制描边路径的颜色。

执行该操作后，将会弹出【描边路径】对话框，如图 5-199 所示。单击【确定】按钮，同样也可以对路径进行描边。

图5-199　【描边路径】对话框

5.3.4　填充路径

下面就来介绍填充路径的操作方法。

01 首先在工作区中创建一个路径，如图 5-200 所示。

图5-200　创建路径

02 将【前景色】的 RGB 值设置为 255、255、255，在【路径】面板中单击【用前景色填充路径】按钮 ● ，即可为路径填充前景色，效果如图 5-201 所示。

图5-201　填充前景色后的效果

5.4 上机练习——制作按钮图标

作品描述

按钮是 UI 界面中必不可少的基本控制部件，在各种 UI 界面中都少不了按钮的参与，通过它可以完成很多任务。因此，按钮的设计是最基本的，也是最重要的。常见的按钮外观包括圆角矩形、矩形、圆形等不同形状。制作完成的按钮图标效果如图 5-202 所示。

图 5-202 按钮图标

素材	无
场景	场景\Cha05\制作按钮图标.psd
视频	视频教学\Cha05\制作按钮图标.mp4

案例实现

01 启动 Photoshop CC 软件，按 Ctrl+N 快捷键，在弹出的【打开】对话框中将【宽度】、【高度】均设置为 600，将【分辨率】设置为 72，将【背景内容】设置为【白色】，如图 5-203 所示。

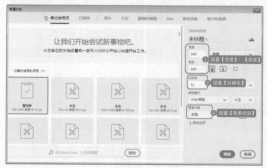

图 5-203 设置新建文档参数

02 设置完成后，单击【创建】按钮。选择工具箱中的【渐变工具】 ，在工具选项栏

中单击渐变条，在弹出的【渐变编辑器】对话框中将左侧色标的 RGB 值设置为 153、164、173，将右侧色标的 RGB 值设置为 18、62、84，如图 5-204 所示。

03 设置完成后，单击【确定】按钮。在工具选项栏中单击【径向渐变】按钮 ，在工作区中按住鼠标左键拖动，填充渐变颜色，效果如图 5-205 所示。

图 5-204 设置渐变参数　　图 5-205 填充渐变颜色

04 单击工具箱中的【椭圆工具】按钮 ，在工具选项栏中将【工具模式】设置为【形状】，将【填充】的 RGB 值设置为 226、226、226，按住 Shift 键绘制一个正圆形。在【属性】面板中将 W、H 均设置为 324，将 X、Y 分别设置为 132、134，如图 5-206 所示。

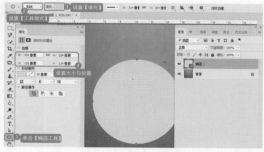

图 5-206 绘制正圆形

05 在【图层】面板中双击【椭圆 1】图层，在弹出的【图层样式】对话框中勾选【投影】复选框，将【混合模式】设置为【正片叠底】，将【不透明度】设置为 75，将【角度】设置为 90，取消勾选【使用全局光】复选框，将【距离】、【扩展】、【大小】分别设置为 17、0、46，如图 5-207 所示。

06 设置完成后，单击【确定】按钮。在【图层】面板中选择【椭圆 1】图层，并将其拖曳至【创建新图层】按钮 上，对其进行复制，如图 5-208 所示。

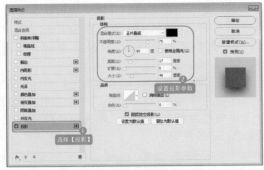

图5-207　设置投影参数

图5-208　复制图层

07 双击【椭圆 1 拷贝】图层，在弹出的【图层样式】对话框中勾选【投影】复选框，将【角度】设置为91，将【距离】、【扩展】、【大小】分别设置为10、0、5，如图5-209所示。

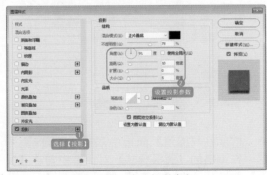

图5-209　修改投影参数

08 设置完成后，单击【确定】按钮。单击工具箱中的【椭圆工具】按钮 ⬭，在工具选项栏中将【填充】设置为0、0、0，在工作区中按住 Shift 键绘制一个正圆形。在【属性】面板中将 W、H 均设置为342，将 X、Y 分别设置为124、126，在【图层】面板中将其命名为【底纹】，如图5-210所示。

09 在【图层】面板中双击【底纹】图层，

在弹出的【图层样式】对话框中勾选【斜面和浮雕】复选框，将【深度】设置为100，将【大小】、【软化】均设置为5，将【角度】、【高度】分别设置为 -30、16，将【高光颜色】的 RGB 值设置为255、255、255，如图5-211所示。

图5-210　绘制正圆形并设置其参数

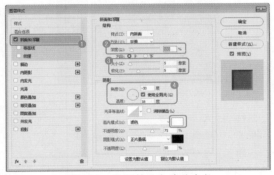

图5-211　设置斜面和浮雕参数

10 接着勾选【内阴影】复选框，将【不透明度】设置为50，将【角度】设置为 -30，将【距离】、【阻塞】、【大小】分别设置为3、0、3，如图5-212所示。

11 再勾选【渐变叠加】复选框，单击【渐变】右侧的渐变条，在弹出的【渐变编辑器】对话框中将左侧色标的 RGB 值设置为255、255、255，在位置14%处添加一个色标，将其 RGB 值设置为109、109、109，在位置30%处添加一个色标，将其 RGB 值设置为158、158、158，在位置48%处添加一个色标，将其 RGB 值设置为198、198、198，在位置70%处添加一个色标，将其 RGB 值设置为109、109、109，在位置88%处添加一个色标，将其 RGB 值设置为158、158、158，将右侧色标的 RGB 值设置为255、255、255，如图5-213所示。

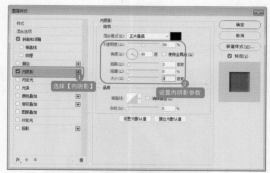

图5-212　设置内阴影

图5-213　设置渐变参数

12 设置完成后，单击【确定】按钮。返回到【图层样式】对话框中，将【样式】设置为【角度】，将【角度】设置为150，将【缩放】设置为150，如图5-214所示。

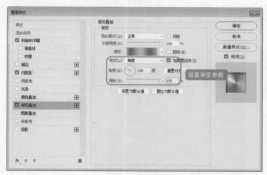

图5-214　设置渐变角度与缩放

13 设置完成后，单击【确定】按钮。选择工具箱中的【椭圆工具】，在工作区中按住Shift键绘制一个正圆形。在【属性】面板中将W、H均设置为269，将X、Y分别设置为161、165，在【图层】面板中将该图层命名为【红色按钮】，如图5-215所示。

14 在【图层】面板中双击【红色按钮】图层，在弹出的【图层样式】对话框中勾选【斜

面和浮雕】复选框，将【深度】设置为50，将【大小】、【软化】分别设置为10、0，将【高光颜色】的RGB值设置为255、180、0，如图5-216所示。

图5-215　绘制正图形并设置图层名称

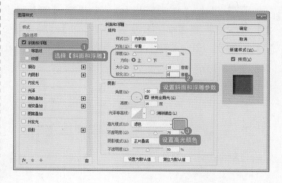

图5-216　设置斜面和浮雕参数

15 接着勾选【内阴影】复选框，将【不透明度】设置为75，将【角度】设置为120，将【距离】、【阻塞】、【大小】分别设置为0、10、35，如图5-217所示。

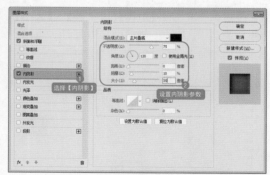

图5-217　设置内阴影参数

16 再勾选【渐变叠加】复选框，单击【渐变】右侧的渐变条，在弹出的【渐变编辑器】对话框中单击【黑-白渐变】，将左侧色标的RGB值设置为255、154、45，在位置48%处添加一个色标，将其RGB值设置为127、30、

30，将右侧色标的位置调整至 77% 处，将其 RGB 值设置为 93、12、12，如图 5-218 所示。

图5-218　设置渐变颜色

17 单击【确定】按钮，返回到【图层样式】对话框，将【样式】设置为【径向】，将【角度】设置为 120，如图 5-219 所示。

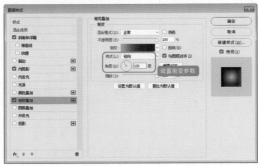

图5-219　设置渐变参数

18 再勾选【投影】复选框，将【阴影颜色】的 RGB 值设置为 255、255、255，将【角度】设置为 120，将【距离】、【扩展】、【大小】分别设置为 0、0、5，如图 5-220 所示。

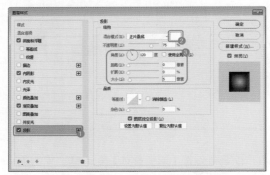

图5-220　设置投影参数

19 设置完成后，单击【确定】按钮。单击工具箱中的【椭圆工具】按钮 ◯，在工具选项栏中将【工具模式】设置为【路径】，在工

作区中绘制一个椭圆。在工具箱中单击【直接选择工具】按钮 ▸，对绘制的椭圆进行调整，效果如图 5-221 所示。

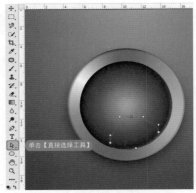

图5-221　调整路径后的效果

🏷 提　示

在对椭圆进行调整时，将会弹出一个提示框，提示将实时形状转换为常规路径，是否继续，单击【是】按钮即可。

20 在【图层】面板中单击【创建新图层】按钮 ◰，新建一个图层，并将其命名为【光】。确认路径处于选中状态，单击【椭圆工具】按钮 ◯，在工具选项栏中单击【选区】按钮，如图 5-222 所示。

图5-222　单击【选区】按钮

👤 疑难解答 在Photoshop中形状与光栅图像有什么区别？

在Photoshop中绘制的形状是矢量对象，修改形状的形态要比光栅图像更容易，即便是绘制好图形后，也可以通过【直接选择工具】对图形的形态进行修改，并且在对图形进行放大时，不会出现失真的情况；光栅图像也叫做位图、点阵图、像素图，简单地说，就是最小单位由像素构成的图，只有点的信息，缩放时会失真。在Photoshop中，形状图层不可以直接进行【羽化】、调整【色阶】以及【曲线】等操作，而光栅图像可以进行此操作。

21 在弹出的【羽化选区】对话框中将【羽化半径】设置为15，设置完成后，单击【确定】按钮。将【背景色】的RGB值设置为255、255、255，按Ctrl+Delete快捷键填充背景色，按Ctrl+D快捷键取消选区，在【图层】面板中将该图层的【混合模式】设置为【叠加】，将【不透明度】设置为62，如图5-223所示。

图5-223 设置混合模式与不透明度

22 在【图层】面板中选择【光】图层，按住Alt键单击【添加图层蒙版】按钮 □ ，为图层添加蒙版，单击工具箱中的【椭圆工具】按钮 ○ ，在工具选项栏中将【工具模式】设置为【像素】，在工作区中绘制一个圆形，效果如图5-224所示。

图5-224 创建图层蒙版并绘制圆形

🏷 提 示

在此添加图层蒙版创建圆形时，首先要确保【前景色】为白色。

23 单击工具箱中的【椭圆工具】按钮 ○ ，在工具选项栏中将【工具模式】设置为【形状】，将【填充】的RGB值设置为255、255、255，在工作区中按住Shift键绘制一个正圆形。在【属性】面板中将W、H均设置为207，将X、Y分别设置为192、196，在【图层】面板中将该图层重命名为【光1】，如图5-225所示。

图5-225 绘制正圆形并进行设置

24 在【图层】面板中双击【光1】图层，在弹出的【图层样式】对话框中勾选【投影】复选框，将【阴影颜色】的RGB值设置为0、0、0，将【不透明度】设置为50，将【角度】设置为-90，将【距离】、【扩展】、【大小】分别设置为5、0、5，如图5-226所示。

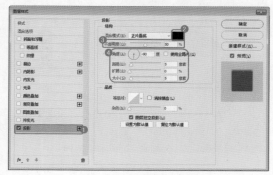

图5-226 设置投影参数

25 设置完成后，单击【确定】按钮。继续选中【光1】图层，单击【添加图层蒙版】按钮 □ ，为图层添加蒙版。选择工具箱中的【渐变工具】 ■ ，在工具选项栏中将渐变设置为【黑—白渐变】，单击【线型渐变】按钮，在工作区中拖动鼠标左键填充渐变，使【光1】呈现一半显示状态。在【图层】面板中将【混合模式】设置为【叠加】，将【不透明度】设置为30，如图5-227所示。

26 使用同样的方法创建【光2】、【光3】和【光4】图层，并对其进行相应的设置，效果如图5-228所示。

27 选择工具箱中的【椭圆工具】 ○ ，在工具选项栏中将【工作模式】设置为【路径】，在工作区中绘制一个椭圆形。再选择工具箱中的【横排文本工具】 T ，在绘制的路径上单击鼠标，输入 Revolving to the left，并选中输入的文本，在【字符】面板中将【字体】设置为【隶书】，将【字体大小】设置为 20，单击【仿粗体】、【全部大写字母】以及【上标】按钮，如图 5-229 所示。

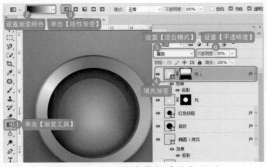

图5-227　添加图层蒙版并进行设置

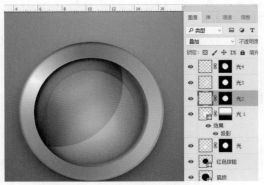

图5-228　创建其他图层后的效果

28 设置完成后，使用同样的方法创建其他文本，创建后的效果如图 5-230 所示。

图5-229　绘制椭圆形并设置其他参数

图5-230　创建其他文本后的效果

5.5 习题与训练

1. 在使用【矩形工具】时，按住 Shift+Alt 快捷键可以执行什么操作？

2. 如何对路径进行描边？

第 **6** 章　设计宣传海报——蒙版与通道的应用

在现代生活中，海报是一种最为常见的宣传方式，大多应用于影视剧和新品、商业活动等宣传中，它将图片、文字、色彩、空间等要素进行完整的结合，以恰当的形式向人们展示出宣传信息。而在制作海报过程中，难免会对图像进行抠图、合成。在Photoshop中 蒙版与通道是进行图像合成的重要手法，它可以控制部分图像的显示与隐藏，还可以对图像进行抠图处理。本章将介绍如何利用蒙版与通道制作宣传海报。

本章导读

- ➢ 快速蒙版
- ➢ 图层蒙版
- ➢ 矢量蒙版
- ➢ 剪贴蒙版
- ➢ 合并通道
- ➢ 载入通道中的选区

本章案例

- ➢ 房地产广告海报
- ➢ 电脑宣传单
- ➢ 公益海报
- ➢ 情人节宣传海报

海报设计是视觉传达的表现形式之一，通过版面的构成在第一时间内将人们的目光吸引，并获得瞬间的刺激，这就要求设计者需要将图片、文字、色彩、空间等要素进行完整的结合，以恰当的形式向人们展示出宣传信息。

海报同广告一样，都具有向群众介绍某一物体、事件的特性，所以又是一种广告。海报是极为常见的一种招贴形式，其语言要求简明扼要，形式要做到新颖、美观。

6.1 制作房地产广告海报——创建蒙版

作品描述

房地产广告必须注重原创性。醒目而富有力量的大标题，简洁而务实的文案，具备识别性和连贯性的色彩运用是每个广告的必要因素。同时，房产广告还应该注重跳跃性，也就是说，如果你的表现方式已经被效仿，那么应该及时改变表现形式，迅速出新，力争时刻走在上游。房地产广告海报制作完成后的效果如图6-1所示。

图6-1　房地产广告海报

素材	素材\Cha06\房地产海报背景.jpg、房地产海报背景2.jpg、房地产海报-云素材.png、房地产海报素材1.png~房地产海报素材5.png
场景	场景\Cha06\制作房地产广告海报——创建蒙版.psd
视频	视频教学\Cha06\制作房地产广告海报——创建蒙版.mp4

案例实现

01 启动 Photoshop CC 软件，按 Ctrl+O 快捷键，在弹出的【打开】对话框中选择"房地产海报背景.jpg"和"房地产海报素材1.png"素材文件，单击【打开】按钮，如图6-2所示。

02 使用【移动工具】 将"房地产海

报素材1.png"拖曳至"房地产海报背景.jpg"文档中，并将其调整合适的位置和大小，如图6-3所示。

图6-2　选择素材文件　　图6-3　调整完成后的效果

03 再次按 Ctrl+O 快捷键，打开"房地产海报背景2.jpg"素材文件，如图6-4所示。

04 使用【移动工具】 将打开的素材文件拖曳至"房地产海报背景.jpg"文档中，并将其调整合适的位置和大小，如图6-5所示。

图6-4　再次选择素材文件　　图6-5　调整完成后的效果

05 在【图层】面板中选择【图层2】图层，并单击鼠标右键，在弹出的快捷菜单中选择【创建剪贴蒙版】命令，如图6-6所示。

06 创建完成后的效果如图6-7所示。

图6-6　创建剪贴蒙版　　图6-7　创建完成后的效果

按Ctrl+Alt+G快捷键可以快速创建或释放剪贴蒙版。

07 按 Ctrl+O 快捷键，打开"房地产海报 - 云素材 .png"素材文件，如图 6-8 所示。

08 使用【移动工具】 ⊕ 将打开的素材文件拖曳至"房地产海报背景 .jpg"文档中，并将其调整合适的位置和大小，如图 6-9 所示。

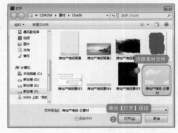

图6-8　选择素材文件　　图6-9　调整完成
后的效果

09 选择工具箱中的【矩形工具】 □ ，在工具选项栏中将【工具模式】设置为【形状】，将【填充】设置为无，将【描边】设置为#db750c，将【描边宽度】设置为3，设置完成后绘制矩形，如图 6-10 所示。

图6-10　绘制矩形

10 绘制完成后，使用【移动工具】 ⊕ 选中该矩形，在【属性】面板中设置矩形的大小和位置，如图 6-11 所示。

11 使用【横排文字工具】 T 输入文本，输入完成后使用【移动工具】选中该文本，在【属性】面板中将 X、Y 分别设置为 0.25、0.79，将【字体】设置为【方正大标宋简体】，将【字体大小】设置为 6.15，将【字距】设置

为 -50，将【颜色】设置为 # 00a0e9，如图 6-12 所示。

图6-11　设置矩形的大小和位置

图6-12　输入和设置文本

12 使用相同的方法，创建其他文本，并设置【属性】参数，效果如图 6-13 所示。

图6-13　输入其他文本后的效果

13 使用【横排文字工具】 T 输入文本，并选中该文本，在【字符】面板中将【字体】设置为【叶根友毛笔行书 2.0 版】，将【字体大小】设置为 52，将【颜色】设置为 # 00a0e9，如图 6-14 所示。

14 设置完成后，使用【横排文字工具】 T 选中文本【风】，在【字符】面板中将【字体大小】设置为 70，如图 6-15 所示。

图6-14　输入和设置文本

图6-15　设置字体大小

15 在【图层】面板中双击【凤凰雅苑】图层，在弹出的【图层样式】对话框中勾选【描边】复选框，将【大小】设置为10，将【位置】设置为【外部】，将【混合模式】设置为【正常】，将【不透明度】设置为100，将【填充类型】设置为【颜色】，将【颜色】设置为 # ffffff，如图6-16所示。

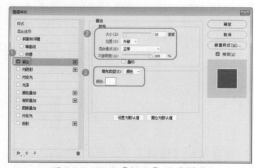

图6-16　设置【描边】图层样式

16 设置完成后，勾选【投影】复选框，将【混合模式】设置为【正片叠底】，将【阴影颜色】设置为#000000，将【不透明度】设置为35，将【角度】设置为120，取消勾选【使用全局光】复选框，将【距离】、【扩展】、【大小】分别设置为20、15、47，单击【确定】按

钮，如图6-17所示。

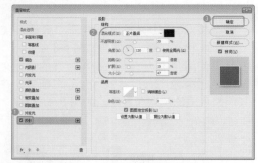

图6-17　设置【投影】图层样式

17 设置完成后的效果如图6-18所示。

图6-18　设置完成后的效果

18 按 Ctrl+O 快捷键，打开【房地产海报素材 2.png】素材文件，如图6-19所示。

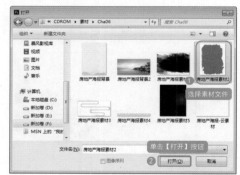

图6-19　选择素材文件

19 在打开的素材文件中，使用【魔术橡皮擦工具】 单击工作区中任意空白位置，将背景擦除，如图6-20所示。

图6-20　擦除背景

20 使用【移动工具】🕂将其拖曳至【房地产海报背景.jpg】文档中，并调整合适的位置和大小，如图 6-21 所示。

图6-21　调整完成后的效果

21 使用【直排文字工具】↓T↓输入文本，将【字体】设置为【方正黄草简体】，将【字体大小】设置为 8，将【字距】设置为 -100，将【颜色】设置为 #ffffff，单击【仿粗体】按钮，如图 6-22 所示。

图6-22　输入和设置文本

> **💡 提　示**
>
> 　　【魔术橡皮擦工具】有点类似【魔棒工具】，不同的是【魔棒工具】是用来选取图片中颜色近似的色块，而【魔术橡皮擦工具】则是擦除色块。

22 使用【横排文字工具】T₁输入文本，将【字体】设置为【Adobe 黑体 Std】，将【字体大小】设置为 15，将【字距】设置为 -100，将【颜色】设置为 #00a0e9，如图 6-23 所示。

图6-23　输入和设置文本

23 使用相同的方法，输入其他文本，如图 6-24 所示。

图6-24　设置完成后的效果

24 使用【矩形工具】□绘制矩形，在【属性】面板中将 W、H 分别设置为 144、48，将【填充】设置为 #00a0e9，将【描边】设置为无，绘制完成后调整其位置，如图 6-25 所示。

图6-25　绘制矩形

25 使用【横排文字工具】T₁输入文本，将【字体】设置为【Adobe 黑体 Std】，将【字体大小】设置为 7，将【字距】设置为 100，将【颜色】设置为 #ffffff，如图 6-26 所示。

图6-26　输入和设置文本

26 使用【圆角矩形工具】绘制圆角矩形，在【属性】面板中将【填充】设置为#db750c，将【描边】设置为无，将【角半径】均设置为16.5，如图6-27所示。

图6-27　绘制圆角矩形

27 使用【移动工具】选中该矩形，按住Alt键并按住鼠标左键向右拖动，将其复制，如图6-28所示。

图6-28　复制圆角矩形

28 使用【横排文字工具】输入文本，在【字符】面板中，将【字体】设置为【Adobe黑体Std】，将【字体大小】设置为5，将【字距】设置为100，将【颜色】设置为#000000，如图6-29所示。

图6-29　输入和设置文本

29 使用相同的方法，再次输入文本，如图6-30所示。

图6-30　输入文本

30 选择工具箱中的【椭圆工具】，按住Shift键的同时拖动鼠标绘制正圆形。在【属性】面板中将W、H均设置为15，将【填充】设置为无，将【描边】设置为#4d4d4d，将【描边宽度】设置为1，如图6-31所示。

图6-31　绘制正圆形

31 选择工具箱中的【钢笔工具】，在工具选项栏中将【工具模式】设置为【形状】，将【填充】设置为#4d4d4d，将【描边】设置为无，设置完成后绘制图形，如图6-32所示。

图6-32　绘制图形

32 按Ctrl+O快捷键，在弹出的【打开】对话框中选择"房地产海报素材3.png"素材文件，单击【打开】按钮，如图6-33所示。

图6-33　选择素材文件

33 在打开的素材文件中，使用【魔术橡皮擦工具】单击工作区中任意空白位置，将背景擦除，如图 6-34 所示。

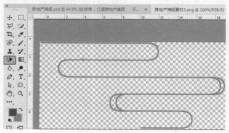

图6-34 擦除背景

34 使用【移动工具】将其拖曳至"房地产海报背景.jpg"文档中，并调整合适的位置和大小，如图 6-35 所示。

图6-35 调整素材大小及位置

35 使用【移动工具】选中该图形，按 Ctrl+J 快捷键将其复制。按 Ctrl+T 快捷键，调出变换控制框，单击鼠标右键，在弹出的快捷菜单中选择【水平翻转】命令，如图 6-36 所示。

图6-36 变换图形

36 按住 Shift 键的同时将该图形向左拖动，调整其位置。使用前面介绍的方法，将"房地产海报素材 4.png"素材文件调整至当前文档中的合适位置，如图 6-37 所示。

图6-37 调整完成后的效果

37 按 Ctrl+O 快捷键，打开"房地产海报素材 5.png"素材文件，如图 6-38 所示。

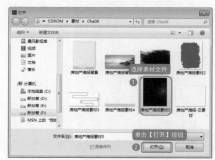

图6-38 选择素材文件

38 使用【移动工具】将打开的素材文件拖曳至"房地产海报背景.jpg"文档中，并将其调整合适的位置和大小，如图 6-39 所示。

图6-39 调整完成后的效果

39 在【图层】面板中选择【图层7】图层，将【混合模式】设置为【线性减淡（添加）】，如图6-40所示。

图6-40 设置混合模式

知识链接

混合模式是图像处理技术中的一个技术名词，不仅用于广泛使用的Photoshop中，也应用于AfterEffect、Ilustrator、Dreamweaver、Fireworks等软件。主要功效是可以用不同的方法将对象颜色与底层对象的颜色混合。当用户将一种混合模式应用于某一对象时，在此对象的图层或组下方的任何对象上都可看到混合模式的效果。

6.1.1 快速蒙版

利用快速蒙版能够快速创建一个不规则的选区。当创建了快速蒙版后，图像就等于是创建了一层暂时的遮罩层，此时可以在图像上利用画笔、橡皮擦等工具进行编辑。被选取的区域和未被选取的区域以不同的颜色进行区分。当离开快速蒙版模式时，选取的区域转换成为选区。

1. 创建快速蒙版

下面就来介绍如何创建快速蒙版。

01 打开"蒙版.jpg"素材文件，在工具箱中先将【前景色】设置为黑色，然后单击【以快速蒙版模式编辑】图标 ，进入到快速蒙版状态下。选择工具箱中的【画笔工具】 ，在工具选项栏中选择一个硬笔触，并将【不透明度】、【流量】均设置为100，然后沿着对象的边缘进行涂抹选取，如图6-41所示。

02 选择完成后，使用工具箱中的【油漆桶工具】 ，在选取的区域内进行单击填充，使蒙版覆盖整个需要的对象，如图6-42所示。

图6-41 涂抹图像

图6-42 填充选取的图像

03 完成上一步的操作后，单击工具箱中的【以标准模式编辑】图标 ，退出快速蒙版模式，未涂抹部分变为选区，如图6-43所示。

图6-43 退出快速蒙版模式

04 然后按Ctrl+Shift+I快捷键进行反选，即可选中所需的图像。此时，在工具箱中选择【移动工具】 ，将鼠标放置到选区内单击鼠标左键并拖动，可以对选区内的图像进行移动操作，效果如图6-44所示。

图6-44 反选并移动对象

2. 编辑快速蒙版

下面就来介绍如何对快速蒙版进行编辑。

01 继续上面的操作，在工具箱中单击【以快速蒙版模式编辑】图标 回，再次进入快速蒙版模式，如图 6-45 所示。

图6-45　进入快速蒙版模式

02 按 X 键，将【前景色】与【背景色】交换，然后使用【画笔工具】对选区进行修改，如图 6-46 所示。

图6-46　编辑快速蒙版

🏷 **提　示**

　　将【前景色】设置为白色，使用【画笔工具】可以擦除蒙版（添加选区）；将【前景色】设置为黑色，使用【画笔工具】可以添加蒙版（删除选区）。

03 单击工具箱中的【以标准模式编辑】图标 回，退出蒙版模式，双击【以快速蒙版模式编辑】图标 回，弹出【快速蒙版选项】对话框，从中可以对快速蒙版的各种属性进行设置，如图 6-47 所示。

图6-47　【快速蒙版选项】对话框

≫ **知识链接**

　　【颜色】和【不透明度】设置都只影响蒙版的外观，

对如何保护蒙版下面的区域没有影响。更改这些设置能使蒙版与图像中的颜色对比更加鲜明，从而具有更好的可视性。

- 被蒙版区域：可使蒙版区域显示为 50% 的红色，使选中的区域显示为透明。使用黑色绘画可以扩大被蒙版区域，使用白色绘画可以扩大选中区域。选中该单选按钮时，工具箱中的 回显示为 回。

- 所选区域：可使被蒙版区域显示为透明，使选中区域显示为 50% 的红色。使用白色绘画可以扩大被蒙版区域，使用黑色绘画可以扩大选中区域。选中该单选按钮时，工具箱中的 回显示为 回。

- 颜色：要选取新的蒙版颜色，可单击颜色框选取新颜色。

- 不透明度：要更改蒙版的不透明度，可在【不透明度】文本框中输入 0~100 的数值。

6.1.2　图层蒙版

　　图层蒙版是与当前文档具有相同分辨率的位图图像，不仅可以用来合成图像，在创建调整图层、填充图层或者应用智能滤镜时，Photoshop 也会自动为其添加图层蒙版。因此，图层蒙版可以在颜色调整、应用滤镜和指定选择区域中发挥重要的作用。

　　创建图层蒙版的方法有 4 种，下面将分别对其进行介绍。

- 在菜单栏中选择【图层】|【图层蒙版】|【显示全部】命令，如图 6-48 所示，创建一个白色图层蒙版。

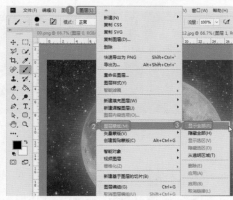

图6-48　创建白色图层蒙版

- 在菜单栏中选择【图层】|【图层蒙版】|【隐藏全部】命令，如图 6-49 所示，创建一个黑色图层蒙版。

图6-49　创建黑色图层蒙版

- 按住 Alt 键单击【图层】面板底部的【添加图层蒙版】按钮，创建一个黑色图层蒙版。
- 按住 Shift 键单击【添加图层蒙版】按钮，创建一个白色图层蒙版。

创建图层蒙版后，可以像编辑图像那样使用各种绘画工具和滤镜编辑蒙版。下面就来介绍通过编辑图层蒙版合成一幅作品。

01 打开"蒙版素材 2.psd"素材文件，如图 6-50 所示。

02 在菜单栏中选择【图层】|【图层蒙版】|【隐藏全部】命令，为【图层 1】图层添加图层蒙版。选择工具箱中的【画笔工具】，在工具选项栏中选择一个合适的柔边笔触，设置【不透明度】为 35，然后对图层进行涂抹，最终效果如图 6-51 所示。

图6-50　打开的素材文件　图6-51　添加蒙版并进行涂抹

6.1.3　矢量蒙版

　　矢量蒙版是通过路径和矢量形状控制图像显示区域的蒙版，需要使用绘图工具才能编辑蒙版。矢量蒙版中的路径是与分辨率无关的矢量对象，因此，在缩放蒙版时不会产生锯齿。向矢量蒙版添加图层样式可以创建标志、按

钮、面板或者其他的 Web 设计元素。

1.创建矢量蒙版

　　创建矢量蒙版的方法有 4 种，下面将分别对它们进行介绍。

- 选择一个图层，然后在菜单栏中选择【图层】|【矢量蒙版】|【显示全部】命令，如图 6-52 所示，创建一个白色矢量图层。

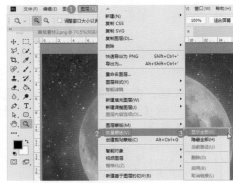

图6-52　创建白色矢量蒙版

- 按住 Ctrl 键单击【添加图层蒙版】按钮，即可创建一个隐藏全部内容的白色矢量蒙版。
- 在菜单栏中选择【图层】|【矢量蒙版】|【隐藏全部】命令，如图 6-53 所示，创建一个灰色的矢量蒙版。
- 按住 Ctrl+Alt 快捷键单击【添加图层蒙版】按钮，创建一个隐藏全部的灰色矢量蒙版。

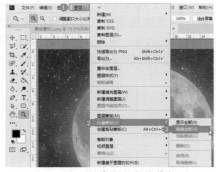

图6-53　创建灰色矢量蒙版

> **提　示**
>
> 多通道、位图或索引颜色模式的图像不支持图层，在这样的图像上输入文字时，文字将以栅格化的形式出现在背景上，因而不会创建文字图层。

2.编辑矢量蒙版

图层蒙版和剪贴蒙版都是基于像素的蒙版，而矢量蒙版则是基于矢量对象的蒙版，它是通过路径和矢量形状来控制图像显示区域的，为图层添加矢量蒙版后，【路径】面板中会自动生成一个矢量蒙版路径，如图 6-54 所示。编辑矢量蒙版时需要使用绘图工具。

矢量蒙版与分辨率无关。因此，在进行缩放、旋转、扭曲等变换和变形操作时不会产生锯齿，但这种类型的蒙版只能定义清晰的轮廓，无法创建类似图层蒙版那种淡入淡出的遮罩效果。在 Photoshop 中，一个图层可以同时添加一个图层蒙版和一个矢量蒙版，矢量蒙版显示为灰色图标，并且总是位于图层蒙版之后，如图 6-55 所示。

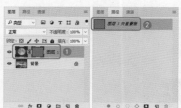

图6-54 矢量蒙版路径

图6-55 矢量蒙版的显示

6.1.4 剪贴蒙版

剪贴蒙版是一种非常灵活的蒙版，它可以使用下面图层中图像的形状限制上层图像的显示范围。因此，可以通过一个图层来控制多个图层的显示区域，而矢量蒙版和图层蒙版都只能控制一个图层的显示区域。

1.创建剪贴蒙版

剪贴蒙版的创建方法非常简单，只需选择一个图层，然后在菜单栏中选择【图层】|【创建剪贴蒙版】命令或按 Alt+Ctrl+G 快捷键，即可将该图层与它下面的图层创建为一个剪贴蒙版。下面就来使用剪贴蒙版合成一幅作品。

01 打开"剪贴蒙版 1.jpg""剪贴蒙版 2.png"和"剪贴蒙版 3.jpg"素材文件，如图 6-56 ~ 图 6-58 所示。

02 使用工具箱中的【移动工具】🞣将"剪贴蒙版 2.png"和"剪贴蒙版 3.jpg"素材文件拖曳至"剪贴蒙版 1.jpg"文档中，然后调整其

位置（注意图层的排列顺序），如图 6-59 所示。

图6-56 "剪贴蒙版1.jpg"素材文件

图6-57 "剪贴蒙版2.png"素材文件

图6-58 "剪贴蒙版3.jpg"素材文件

图6-59 调整图层顺序

03 使用鼠标右键单击【图层 2】图层，在弹出的快捷菜单中选择【创建剪贴蒙版】命令，即可创建剪贴蒙版，如图 6-60 所示。

04 将剪贴蒙版创建完成后的效果如图 6-61 所示。

04 当需要释放剪贴蒙版时，可以选择内容图层，然后在菜单栏中选择【图层】|【释放剪贴蒙版】命令或者按 Ctrl+Alt+G 快捷键，如图 6-65 所示，将剪贴蒙版释放。

图6-60　创建剪贴蒙版

图6-63　移动图形后显示的图像

图6-61　创建完成后的效果

图6-64　添加图层显示区域

2. 编辑剪贴蒙版

01 打开"剪贴蒙版 4.psd"素材文件，为其创建剪贴蒙版后，可以对其进行编辑。在剪贴蒙版中基底图层的形状决定了内容图层的显示范围，如图 6-62 所示。

图6-62　显示图像

02 移动基底图层中的图形可以改变内容图层的显示区域，如图 6-63 所示。

03 如果在基底层添加其他形状，可以增加内容图层的显示区域，如图 6-64 所示。

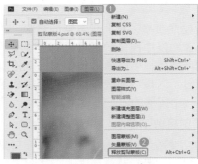

图6-65　释放剪贴蒙版

6.2 制作电脑宣传单——编辑蒙版

▶▶ 作品描述

在使用 Photoshop CC 软件进行图形处理时，常常需要保护一部分图像，以使它们不受各种处理操作的影响，蒙版就是这样的一种工具，它是一种灰度图像，其作用就像一张布，可以遮盖住处理区域中的一部分，当对处理区域内的整个图像进行模糊、上色等操作时，被蒙版遮盖起来的部分就不会受到改变。在学习和了解了各种蒙版的使用方法和作用后，下面将通过介绍蒙版的一些基本操作来制作电脑宣传单，完成后的效果如图 6-66 所示。

图6-66　电脑宣传单

素材	素材\Cha06\电脑1.png、电脑背景.jpg、烟雾.png、电脑素材.png
场景	场景\Cha06\制作电脑宣传单——编辑蒙版.psd
视频	视频教学\Cha06\制作电脑宣传单——编辑蒙版.mp4

案例实现

01 启动 Photoshop CC 软件，按 Ctrl+O 快捷键，在弹出的【打开】对话框中选择"电脑背景.jpg"素材文件，单击【打开】按钮，如图 6-67 所示。

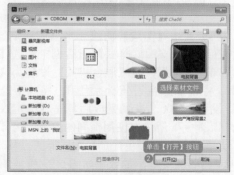

图6-67　选择素材文件

02 选择工具箱中的【钢笔工具】，将【工具模式】设置为【形状】，将【填充】设置为#ffffff，将【描边颜色】设置为无，设置完成后绘制图形，如图 6-68 所示。

图6-68　绘制图形

提　示

按 Shift+P 快捷键，可快速使用【钢笔工具】绘制图形。

03 使用上面介绍的方法再次绘制多个图形，绘制完成后的效果如图 6-69 所示。

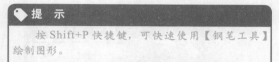

图6-69　绘制完成后的效果

04 使用【横排文字工具】，输入文本，在【字符】面板中将【字体】设置为【方正综艺简体】，将【字体大小】设置为 60 ，将【颜色】设置为 #e71f19，如图 6-70 所示。

图6-70　输入文本

05 选中【图层】面板中的【智能电脑】图层，按 Ctrl+J 快捷键，将其复制。使用【横排文字工具】选中该文本，将【颜色】设置为#e4e4e3，如图 6-71 所示。

06 使用【横排文字工具】，输入文本，在【字符】面板中将【字体】设置为【Adobe黑体 Std】，将【字体大小】设置为 15，将【颜色】设置为 #ffffff，如图 6-72 所示。

07 使用相同的方法，再次输入文本，输入完成后的效果如图 6-73 所示。

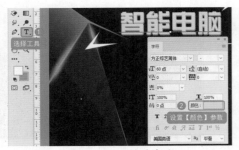

图6-71 设置文本颜色

图6-72 输入文本

图6-73 再次输入文本

08 按 Ctrl+O 快捷键，在弹出的【打开】对话框中选择"电脑素材 .png"素材文件，单击【打开】按钮，如图 6-74 所示。

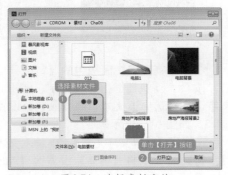

图6-74 选择素材文件

09 使用【矩形选框工具】和【移动工具】将其分三次拖曳至当前文档中，并将其调整至合适的位置，如图 6-75 所示。

图6-75 调整完成后的效果

10 双击【图层】面板中的【图层 1】图层，在弹出的【图层样式】对话框中勾选【颜色叠加】复选框，将【混合模式】设置为【正常】，将叠加颜色设置为 #245ba9，将【不透明度】设置为 100，设置完成后单击【确定】按钮，如图 6-76 所示。

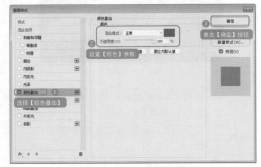

图6-76 设置颜色叠加参数

11 设置完成后的效果如图 6-77 所示。

图6-77 设置完成后的效果

12 双击【图层】面板中的【图层 2】图层，在弹出的【图层样式】对话框中勾选【颜色叠加】复选框，将【混合模式】设置为【正常】，将叠加颜色设置为 #ffffff，将【不透明度】设置为 100，设置完成后单击【确定】按钮，如图 6-78 所示。使用相同的方法，为【图层 3】图层添加【颜色叠加】图层样式。

13 设置完成后的效果如图 6-79 所示。

14 按 Ctrl+O 快捷键，在弹出的【打开】对话框中选择"电脑 1.png"素材文件，单击【打开】按钮，如图 6-80 所示。

15 使用【移动工具】将打开的素材文件拖曳至当前文档中，并调整至合适的位置。在

【图层】面板中将其重新命名为"电脑"，如图 6-81 所示。

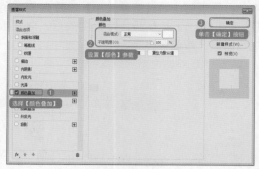

图 6-78　设置颜色叠加参数

图 6-79　设置完成后的效果

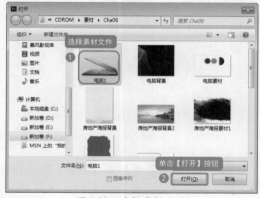

图 6-80　选择素材文件

图 6-81　重命名图层

16　将该图层进行复制，然后调整至【电脑】图层的下方，如图 6-82 所示。

图 6-82　调整图层

17　选中【电脑 拷贝】图层，按 Ctrl+T 快捷键，调出变换控制框，单击鼠标右键，在弹出的快捷菜单中选择【垂直翻转】命令，如图 6-83 所示。设置完成后，使用【移动工具】将其调整至合适的位置。

图 6-83　变换图形

18　继续选中该图层，将【不透明度】设置为 80，如图 6-84 所示。

图 6-84　设置不透明度

19　单击【图层】面板底部的【添加图层蒙版】按钮，创建图层蒙版，选择工具箱中的【画笔工具】，在工具选项栏中将【大小】、【硬度】分别设置为 75、100，将【不透明度】设置为 30，设置完成后在工作区中涂抹蒙版，如图 6-85 所示。

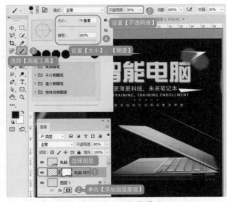

图6-85　添加图层蒙版

为80，单击底部的【添加图层蒙版】按钮，创建图层蒙版。选择工具箱中的【画笔工具】，在工具选项栏中将【画笔大小】设置为75，将【不透明度】设置为30，设置完成后，对蒙版进行涂抹，如图6-88所示。

图6-87　添加图层样式

💡 提　示

　　创建选区后，也可以执行【图层】|【图层蒙版】|【显示选区】命令，基于选区创建图层蒙版；如果执行【图层】|【图层蒙版】|【隐藏选区】命令，则选区内的图像将被蒙版遮蔽。

20 将【电脑】图层进行复制后，将【电脑 拷贝2】图层调整至【电脑】图层的下方，单击【电脑】图层左侧的【指示图层可见性】图标，隐藏该图层，如图6-86所示。

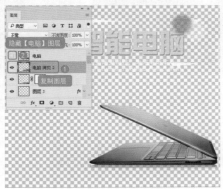

图6-86　复制和隐藏图层

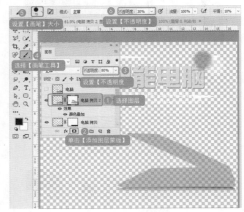

图6-88　添加图层蒙版

23 将【背景】图层和【电脑】图层恢复可见性，使用鼠标右键单击【电脑 拷贝2】图层，在弹出的快捷菜单中选择【停用图层蒙版】命令，如图6-89所示。

💡 提　示

　　为了方便观察，将【背景】图层隐藏。

21 双击【电脑 拷贝2】图层，在弹出的【图层样式】对话框中勾选【颜色叠加】复选框，将【混合模式】设置为【正常】，将叠加颜色设置为#030000，将【不透明度】设置为100，设置完成后单击【确定】按钮，如图6-87所示。

22 在【图层】面板中，确认【电脑 拷贝2】图层处于选中状态，将【不透明度】设置

图6-89　停用图层蒙版

24 使用【横排文字工具】输入文本，并将文本选中，在【字符】面板中将【字体】设置为【微软雅黑】，将【字体大小】设置为 20，将【颜色】设置为 # ffffff，如图 6-90 所示。

图6-90　输入文本

25 使用【横排文字工具】输入文本，并将文本选中，在【字符】面板中将【字体】设置为【汉仪方隶简】，将【字体大小】设置为 18，将【颜色】设置为 # 7fbf26，如图 6-91 所示。

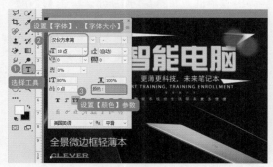

图6-91　输入文本

26 使用相同的方法，输入其他文本，如图 6-92 所示。

图6-92　输入其他文本

27 使用【椭圆工具】绘制椭圆，在【属性】面板中将 W、H 均设置为 10，将填充颜色设置为 #ffffff，将【描边】设置为无，如图 6-93 所示。

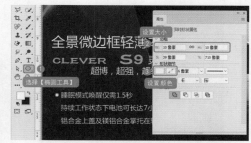

图6-93　绘制椭圆

28 使用相同的方法，绘制其他椭圆，绘制完成后的效果如图 6-94 所示。

图6-94　绘制其他椭圆

29 按 Ctrl+O 快捷键，在弹出的【打开】对话框中选择"烟雾 .png"素材文件，单击【打开】按钮，如图 6-95 所示。

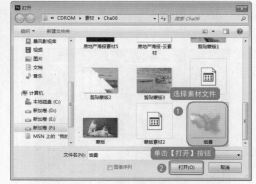

图6-95　选择素材文件

30 使用【移动工具】将该素材文件拖曳至当前文档中，并调整至合适的位置，如图 6-96 所示。

31 在【图层】面板中选中【图层 4】图层，单击【添加图层蒙版】按钮，创建图层蒙版。单击工具箱中的【渐变工具】按钮，在工具选项栏中将【渐变】设置为黑白渐变，将【渐变类型】设置为【线性渐变】，设置完成后在工作区中拖动鼠标，绘制渐变，如图 6-97 所示。

32 至此，电脑宣传单就制作完成了，效

果如图 6-98 所示。

图6-96　调整完成后的效果

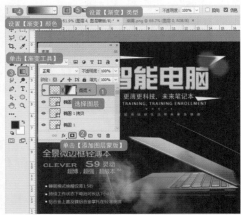

图6-97　添加图层蒙版

图6-98　制作完成后的效果

6.2.1　应用或停用蒙版

　　按住 Shift 键的同时单击蒙版缩览图，即可停用蒙版，同时蒙版缩览图中会显示红色叉号，表示此蒙版已经停用，图像随即还原成原始效果，如图 6-99 所示。如果需要启用蒙版，再次按住 Shift 键的同时单击蒙版缩览图即可启用蒙版。

图6-99　停用蒙版

6.2.2　删除蒙版

　　选择蒙版后，在蒙版缩览图上单击鼠标右键，在弹出的快捷菜单中选择【删除图层蒙版】命令，如图 6-100 所示，即可将蒙版删除。

　　还可以通过选择蒙版缩览图，然后单击【图层】面板底部的【删除图层】按钮，此时会弹出提示框，如图 6-101 所示。单击【应用】按钮，可以将蒙版删除，效果仍应用于图层中；单击【删除】按钮，可以将蒙版删除，效果不会应用到图层中；单击【取消】按钮，取消本次操作。

图6-100　删除图层蒙版　　　图6-101　提示框

6.3　制作公益海报——通道的应用与设置

》作品描述

　　公益海报是张贴于公共场所的户外平面印刷广告中的一种，它的主题具有社会性，其主题内容存在深厚的社会基础，它取材于老百姓日常生活中的酸甜苦辣和喜怒哀乐。并运用创意独特、内涵深刻、艺术制作等广告手段，以不可更改的方式、鲜明的立场和健康的方法来正确诱导社会公众。公益海报制作完成后的效果如图 6-102 所示。

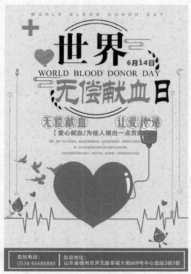

图6-102　公益海报

素材	素材\Cha06\公益海报背景.jpg、公益海报2.png~公益海报4.png、公益海报5.jpg
场景	场景\Cha06\制作公益海报——通道的应用与设置.psd
视频	视频教学\Cha06\制作公益海报——通道的应用与设置.mp4

案例实现

01 按 Ctrl+O 快捷键，在弹出的【打开】对话框中选择"公益海报背景 .jpg"素材文件，单击【打开】按钮，如图 6-103 所示。

图6-103　选择素材文件

02 使用【矩形工具】绘制矩形，将【填充颜色】设置为#d41e1f，将【描边颜色】设置为无，设置完成后调整其大小和位置，如

图 6-104 所示。

图6-104　绘制图形

03 使用【矩形工具】绘制矩形，将【填充颜色】设置为 #fd1414，将【描边颜色】设置为无，设置完成后调整其大小和位置，如图 6-105 所示。

图6-105　绘制图形

04 将上一步绘制的矩形进行复制，并选中复制后的矩形，按 Ctrl+T 快捷键，调出变换控制框。在工具选项栏中将【旋转角度】设置为 90，如图 6-106 所示。

图6-106　变换图形

05 使用【横排文字工具】输入文本，在【字符】面板中将【字体】设置为【方正黑体

简体），将【字体大小】设置为 15，将【字距】设置为 1000，将【颜色】设置为 #f25e42，如图 6-107 所示。

图6-107　输入文本

06　按 Ctrl+O 快捷键，在弹出的【打开】对话框中选择"公益海报 2.png"和"公益海报 3.png"素材文件，单击【打开】按钮，如图 6-108 所示。

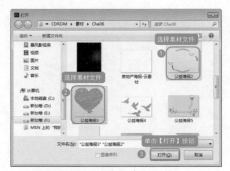

图6-108　选择素材文件

07　使用【移动工具】将打开的素材文件拖曳至当前文档中，并调整至合适的位置，如图 6-109 所示。

图6-109　调整完成后的效果

08　使用【横排文字工具】输入文本，在【字符】面板中将【字体】设置为【方正大标宋简体】，将【字体大小】设置为 150，将【颜色】设置为 #000301，如图 6-110 所示。

图6-110　输入文本

09　使用【横排文字工具】输入文本，在【字符】面板中将【字体】设置为【微软雅黑】，将【字体大小】设置为 25，将【颜色】设置为 #55050d，单击【仿粗体】按钮，如图 6-111 所示。

图6-111　输入文本

10　使用【横排文字工具】输入文本，在【字符】面板中将【字体】设置为 Aparajita，将【字体大小】设置为 40，将【字距】设置为 20，将【颜色】设置为 #55050d，单击【全部大写字母】按钮，如图 6-112 所示。

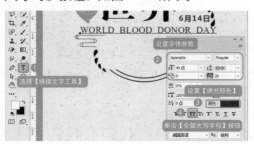

图6-112　输入文本

11 使用【横排文字工具】输入文本，在【字符】面板中将【字体】设置为【华文隶书】，将【字体大小】设置为150，将【字距】设置为-110，将【颜色】设置为#fb0c46，如图6-113所示。

绘制完成后将其调整至合适的位置，效果如图6-117所示。

图6-115 变换文本

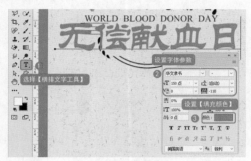

图6-113 输入文本

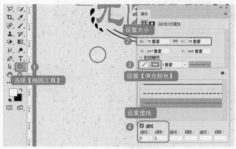

图6-116 绘制椭圆

>> **知识链接**

随着国际经济的日益融合，传播空间的巨大变化，艺术文化的交流与互动，人们越来越需求精神世界的多元感性满足，海报艺术作为信息传播的交流媒介，以图形语言和注入文化理念的主题设计碰撞着人们的生活和精神领域，成为最具精神浸透力的传媒之一。

12 使用【横排文字工具】选中文本【日】，将【颜色】设置为#000301，如图6-114所示。

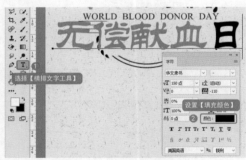

图6-114 修改文本颜色

13 选中【无偿献血日】图层，按Ctrl+T快捷键，调出变换控制框，在工具选项栏中将W设置为70，如图6-115所示。

14 使用【椭圆工具】绘制椭圆，在【属性】面板中将W、H均设置为75，将【填充颜色】设置为无，将【描边颜色】设置为#fd1414，单击【描边宽度】右侧的按钮，勾选【虚线】复选框，将【虚线】、【间隙】分别设置为0、2，如图6-116所示。

15 使用相同的方法，绘制多个椭圆，

图6-117 绘制完成后的效果

16 使用【横排文字工具】输入文本，在【字符】面板中将【字体】设置为【方正美黑简体】，将【字体大小】设置为45，将【颜色】设置为#fd1414，如图6-118所示。

17 使用【横排文字工具】输入文本，在【字符】面板中将【字体】设置为【方正大黑简体】，将【字体大小】设置为25，将【颜色】设置为#fd1414，如图6-119所示。

图6-118　输入文本

图6-119　输入文本

18 使用相同的方法，输入其他文本，如图6-120所示。

图6-120　输入其他文本

19 使用【椭圆工具】绘制椭圆，将【填充颜色】设置为#f27b65，将【描边颜色】设置为无，如图6-121所示。

20 使用【多边形工具】绘制多边形，将【填充颜色】设置为#f27b65，将【描边颜色】设置为无，将【边】设置为3，如图6-122所示。

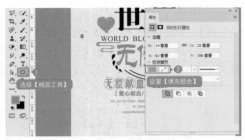

图6-121　绘制椭圆

图6-122　绘制多边形

21 使用【直线工具】绘制直线，将【填充颜色】设置为无，将【描边颜色】设置为#f27b65，将【描边宽度】设置为5，单击【描边宽度】右侧的按钮，在弹出的下拉面板中单击【更多选项】按钮，在弹出的【描边】对话框中勾选【虚线】复选框，将【虚线】、【间隙】分别设置为0、2，单击【确定】按钮。将W设置为2，如图6-123所示。

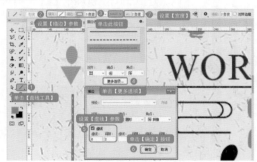

图6-123　绘制直线

22 使用【多边形工具】绘制多边形，将【填充颜色】设置为无，将【描边颜色】设置为#f27b65，将【描边宽度】设置为2，如图6-124所示。

23 使用相同的方法，绘制其他图形，绘制完成后的效果如图6-125所示。

24 按Ctrl+O快捷键，在弹出的【打开】对话框中选择"公益海报4.png"素材文件，单击【打开】按钮，如图6-126所示。

图6-124　绘制多边形

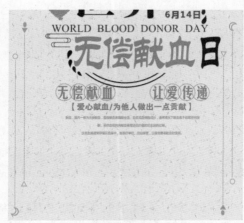

图6-125　绘制完成后的效果

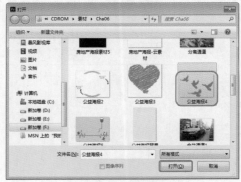

图6-126　选择素材文件

25　使用【移动工具】将打开的素材文件拖曳至当前文档中，并将其调整至合适的位置，效果如图6-127所示。

26　按Ctrl+O快捷键，在弹出的【打开】对话框中选择"公益海报5.jpg"素材文件，单击【打开】按钮，如图6-128所示。

27　将【颜色】面板中的【前景色】、【背景色】分别设置为黑色、白色，如图6-129所示。

图6-127　调整完成后的效果

图6-128　选择素材文件　　图6-129　设置颜色

28　按住Ctrl键单击【绿】通道缩览图，按Ctrl+Shift+I快捷键进行反选，单击【创建新通道】按钮，选择Alpha 1通道，按Ctrl+Delete快捷键为其填充背景色(白色)；按住Ctrl键单击【蓝】通道缩览图，按Ctrl+Delete快捷键为其填充背景色(白色)；按住Ctrl键单击Alpha 1通道缩览图，按Ctrl+Shift+I快捷键进行反选，按Alt+Delete快捷键为其填充前景色(黑色)，效果如图6-130所示。

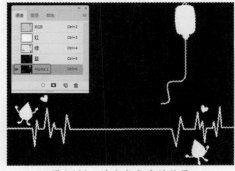

图6-130　填充完成后的效果

>> **知识链接**

按Ctrl+数字键可以快速选择通道。例如，如果图像为RGB模式，按Ctrl+3快捷键可以选择【红】

通道；按 Ctrl+4 快捷键可以选择【绿】通道；按
Ctrl+5 快捷键可以选择【蓝】通道；按 Ctrl+6 快捷键
可以选择 Alpha 1 通道。如果返回到 RGB 复合通道，
可以按 Ctrl+2 快捷键。

29 按 Ctrl+Shift+I 快捷键进行反选，确认
Alpha 1 通道中的图形是处于选中状态，在【图
层】面板中选择【图层 0】图层，单击【创建
图层蒙版】按钮，如图 6-131 所示。

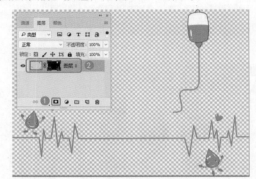

图6-131　创建图层蒙版

30 使用【移动工具】将调整后的素材文
件拖曳至当前文档中，并调整至合适的位置，
如图 6-132 所示。

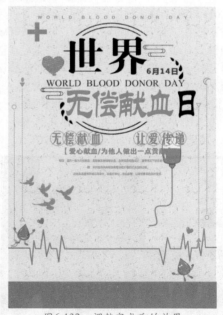

图6-132　调整完成后的效果

31 使用【钢笔工具】绘制图形，在工具
选项栏中将【工具模式】设置为【形状】，将
【填充颜色】设置为 #e60027，将【描边颜色】
设置为无，如图 6-133 所示。

32 使用相同的方法，绘制其他图形，绘
制完成后的效果如图 6-134 所示。

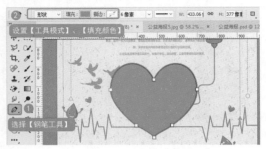

图6-133　绘制图形

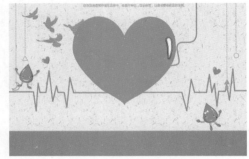

图6-134　绘制其他图形

33 选择工具箱中的【椭圆工具】，将
工具选项栏中的【填充颜色】设置为 #ffffff，
将【描边颜色】设置为无，将 W、H 均设置为
20，绘制圆形，如图 6-135 所示。

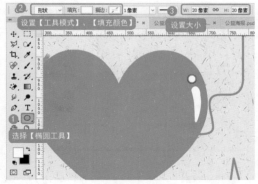

图6-135　绘制圆形

34 使用【矩形工具】绘制矩形，将工具
选项栏中的【填充颜色】设置为无，将【描边
颜色】设置为 #ffffff，如图 6-136 所示。

35 使用【横排文字工具】输入文本，将
【字体】设置为【Adobe 黑体 Std】，将【字体大
小】设置为 20，将【颜色】设置为 #ffffff，如
图 6-137 所示。

36 使用相同的方法，输入其他文本，如图 6-138 所示。

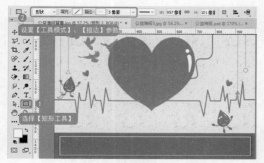

图6-136 绘制矩形

图6-137 输入文本

图6-138 输入其他文本

37 使用相同的方法，再次绘制矩形，绘制完成后的效果如图 6-139 所示。

图6-139 绘制矩形

38 至此，公益海报就制作完成了，效果如图 6-140 所示。

疑难解答 如何从通道中生成蒙版？

在【通道】面板中，创建一个 Alpha 通道，然后用绘图工具或其他编辑工具在该通道上编辑，以产生一个蒙版。

图6-140 最终完成的效果

6.3.1 通道的类型及应用

1.Alpha 通道的作用

Alpha 通道用来保存选区，可以将选区存储为灰度图像。在 Alpha 通道中，白色代表了被选择的区域，黑色代表了未被选择的区域，灰色则代表了被部分选择的区域，即羽化的区域。图 6-141 所示的图像中一个添加了渐变的 Alpha 通道，并通过 Alpha 通道载入选区。图 6-142 所示的图像为载入该通道中的选区后，切换至 RGB 复合通道并删除选区中像素后的图像。

图6-141 显示图像的Alpha通道

图6-142 选区通道中的图像

🏷 **提示**

> 由于复合通道（即 RGB 通道）是由各原色通道组成的，因此在选中隐藏面板中的某个原色通道时，复合通道将会自动隐藏。如果选择显示复合通道的话，那么组成它的原色通道将自动显示。

除了可以保存选区外，也可以在 Alpha 通道中编辑选区。用白色涂抹通道可以扩大选区的范围，用黑色涂抹可以收缩选区的范围，用灰色涂抹则可以增加羽化的范围。图 6-143 所示为修改后的 Alpha 通道；图 6-144 所示为载入该通道中的选区选取出来的图像。

图6-143 修改后的Alpha通道

图6-144 选区通道中的图像

下面将介绍如何使用 Alpha 通道。

01 按 Ctrl+O 快捷键，在弹出的【打开】

对话框中打开"素材 \Cha06\L03.jpg"素材文件，如图 6-145 所示。

图6-145 打开的素材文件

02 在【通道】面板中选择【绿】通道，单击【将通道作为选区载入】按钮，如图 6-146 所示。

图6-146 将【绿】通道载入选区

03 按 Ctrl+Shift+I 快捷键，在【通道】面板中单击【将选区存储为通道】按钮，如图 6-147 所示。

图6-147 将选区存储为通道

04 按住 Ctrl 键单击【蓝】通道缩览图，将其载入选区；按 Ctrl+Shift+I 快捷键，选择 Alpha 1 通道；按 Ctrl+Delete 快捷键填充背景色,如图 6-148 所示。

图6-148 选择通道并填充背景色

05 按住 Ctrl 键单击 Alpha 1 通道缩览图,在【通道】面板中选择 RGB 复合通道,在【图层】面板中单击【添加图层蒙版】按钮,添加一个图层蒙版,如图 6-149 所示。

图6-149 添加图层蒙版

06 打开"素材\Cha06\L04.jpg"素材文件,按住鼠标左键将其拖曳至前面所操作的文档中,并在【图层】面板中调整图层的排放顺序,如图 6-150 所示。

图6-150 添加素材文件并调整排放顺序

2. 专色通道的作用

专色通道是用来存储专色的通道。专色是特殊的预混油墨。例如,金属质感的油

墨、荧光油墨等,它们用于替代或补充印刷色(CMYK)油墨,因为印刷色油墨打印不出金属和荧光等炫目的颜色。

6.3.2 合并专色通道

合并专色通道指的是将专色通道中的颜色信息混合到其他的各个原色通道中。它会对图像在整体上添加一种颜色,使得图像带有该颜色的色调。下面就来介绍合并专色通道的操作方法。

01 按 Ctrl+O 快捷键,在弹出的【打开】对话框中选择"素材\Cha06\合并专色通道.jpg"文件,如图 6-151 所示。

02 在工具箱中选择【快速选择工具】,选择图像并创建选区,如图 6-152 所示。

图6-151 打开的素材文件　　图6-152 创建选区

03 打开【通道】面板,按住 Ctrl 键的同时单击【创建新通道】按钮,创建一个专色通道。在弹出的【拾色器(专色)】对话框中单击【油墨特性】选项组中【颜色】右侧的色块,接着在弹出的对话框中将 RGB 值设置为 248、206、124,单击【确定】按钮,如图 6-153 所示。

图6-153 设置专色

04 再次返回【新建专色通道】对话框中,将【密度】设置为 30,单击【确定】按钮,如图 6-154 所示。

05 然后在【通道】面板中单击右上角的 ≡ 按钮,在弹出的下拉菜单中选择【合并专色通道】命令,如图 6-155 所示。

图6-154 设置密度参数

图6-155 选择【合并专色通道】命令

06 合并专色通道后的效果如图6-156所示。

图6-156 合并专色通道后的效果

6.3.3 分离通道

分离通道后会得到3个通道，它们都是灰色的。其标题栏中的文件名为源文件名加上该通道名称的缩写，而源文件则被关闭。当需要在不能保留通道的文件格式中保留单个通道信息时，分离通道就非常有用。

> **提 示**
>
> 【分离通道】命令只能用来分离拼合后的图像，分层的图像不能进行分离通道的操作。

下面就来介绍分离通道的操作方法。

01 按Ctrl+O快捷键，在弹出的【打开】对话框中选择"素材\Cha06\分离通道.jpg"素材文件，如图6-157所示。

图6-157 打开的素材文件

02 在【通道】面板中单击右上角的 ≡ 按钮，在弹出的下拉菜单中选择【分离通道】命令，如图6-158所示。

图6-158 选择【分离通道】命令

03 分离通道后的效果如图6-159所示。

图6-159 分离通道后的效果

6.3.4 合并通道

在Photoshop CC中，可以将多个灰度图像合并为一个图像的通道，进而创建彩色的图像。用来合并的图像必须是灰度模式、具有相同的像素尺寸，而且还要处于打开的状态。

01 按Ctrl+O快捷键，在弹出【打开】对话框中选择"素材\Cha06\合并通道1.jpg""合并通道2.jpg"和"合并通道3.jpg"3个灰度模式的文件，如图6-160所示。

图6-160 打开的3个灰度模式文件

02 在【通道】面板中单击右上角的 ≡ 按钮，在弹出的下拉菜单中选择【合并通道】命令，如图6-161所示。

图6-161 选择【合并通道】命令

03 打开【合并通道】对话框，在【模式】

下拉列表中选择【RGB 颜色】选项，如图 6-162 所示。

图6-162 【合并通道】对话框

04 单击【确定】按钮，弹出【合并 RGB 通道】对话框，指定红、绿和蓝色通道使用的图像文件，单击【确定】按钮，如图 6-163 所示。

图6-163 【合并RGB通道】对话框

05 合并通道后的效果如图 6-164 所示。

图6-164 合并通道后的效果

💬 **提 示**

如果打开 4 个灰度图像，则可以在【模式】下拉列表中选择【CMYK 颜色】选项，将它们合并为一个 CMYK 图像。

6.3.5 重命名与删除通道

如果要重命名 Alpha 通道或专色通道，可以双击该通道的名称，在显示的文本框中输入新名称，如图 6-165 所示。复合通道和颜色通道不能重命名。

如果要删除通道，可将其拖动到【删除当前通道】按钮上，如图 6-166 所示。如果删除的是一个颜色通道，则 Photoshop 会将图像转换为多通道模式，如图 6-167 所示。

💬 **提 示**

多通道模式不支持图层，因此，图像中所有的可见图层都会拼合为一个图层。删除 Alpha 通道、专色通道或快速蒙版时，不会拼合图像。

图6-165 重命名通道　　图6-166 删除颜色通道

图6-167 删除通道后的效果

6.3.6 载入通道中的选区

Alpha 通道、颜色通道和专色通道都包含选区，在【通道】面板中选择要载入选区的通道，然后单击【将通道作为选区载入】按钮，即可载入通道中的选区，如图 6-168 所示。

图6-168 载入通道选区

按住 Ctrl 键单击通道的缩览图可以直接载入通道中的选区。这种方法的好处在于不必通过切换通道就可以载入选区。因此，也就不必为了载入选区而在通道之间切换，如图 6-169 所示。

图6-169 配合Ctrl键载入通道选区

6.4 上机练习——制作情人节宣传海报

通过本章的学习，相信用户对蒙版与通道有了一定的了解与认识。下面将通过制作情人节宣传海报为例，对本章所学的内容进行巩固。

作品描述

情人节对于情侣们来说是非常重要的日子，很多商家也都会在情人节的这一天开展一些活动，专门为情侣打折。为了吸引情侣们，商家们就要准备一些情人节海报进行宣传。情人节宣传海报制作完成后的效果如图6-170所示。

图6-170　情人节宣传海报

素材	素材\Cha06\情人节-01.jpg、情人节-02.png、情人节-03.jpg、情人节-04.png~情人节-09.png
场景	场景\Cha06\制作情人节宣传海报.psd
视频	视频教学\Cha06\制作情人节宣传海报.mp4

案例实现

01 按Ctrl+O快捷键，在弹出的【打开】对话框中选择"素材\Cha06\情人节-01.jpg"素材文件，如图6-171所示。

02 单击【打开】按钮，即可将选中的素材文件打开。使用相同的方法，打开"情人节-02.png"素材文件，如图6-172所示。

03 使用工具箱中的【移动工具】将其拖曳至"情人节-01"文档中，按Ctrl+T快捷键，调出变换控制框。在工具选项栏中将【旋转

角度】设置为40，按两次Enter键确认变换。在【属性】面板中将X、Y分别设置为-4.1、18.52，如图6-173所示。

图6-171　选择素材文件

图6-172　打开的素材文件

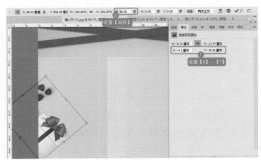

图6-173　设置素材文件参数

04 设置完成后，按Ctrl+O快捷键，在弹出的【打开】对话框中选择"素材\Cha06\情人节-03.jpg"素材文件，单击【打开】按钮，即可将选中的素材文件打开，如图6-174所示。

提示

在对图像进行自由变换时，如果要对位置进行调整，需要先完成变换才可以在【属性】面板中设置X、Y的位置参数。

图6-174 打开的素材文件

05 使用工具箱中的【移动工具】将打开的素材文件拖曳至"情人节-01.jpg"文档中，在【属性】面板中将W、H分别设置为27.04、18.02，将X、Y分别设置为-4.84、18.2，按Ctrl+T快捷键，调出变换控制框。单击鼠标左键，在弹出的快捷菜单中选择【垂直翻转】命令，如图6-175所示。

图6-175 选择【垂直翻转】命令

06 翻转完成后，按Enter键完成自由变换。在【图层】面板中选中该图像所在图层，将【混合模式】设置为【正片叠底】，如图6-176所示。

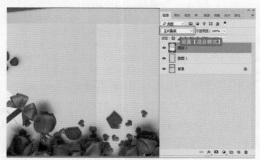

图6-176 设置图层混合模式

07 打开"素材\Cha06\情人节-04.png"素材文件，并将其拖曳至"情人节-01.jpg"文档中，在【属性】面板中将W、H分别设置为15.64、13.86，将X、Y分别设置为3.18、1.11，如图6-177所示。

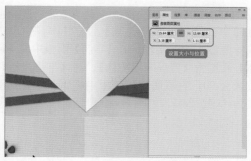

图6-177 添加素材文件并设置其位置与大小

08 在【图层】面板中选择【图层3】图层，单击【添加图层蒙版】按钮，并将【图层3】图层隐藏显示。单击工具箱中的【多边形套索工具】按钮，在工作区中对红色线条进行套索，如图6-178所示。

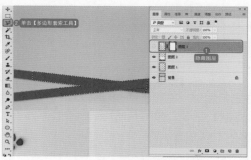

图6-178 创建选区

09 在【图层】面板中取消【图层3】图层的隐藏，在蒙版上单击鼠标左键，按Alt+Delete快捷键填充前景色，填充完成后，即可为【图层3】图层添加蒙版，效果如图6-179所示。

图6-179 填充蒙版后的效果

🏷 提 示

在选中图层右侧的蒙版时，工具箱中的前景色变为黑色，为创建的选区填充黑色，表示选区中的图像处于完全透明状态。

10 按 Ctrl+D 快捷键，取消选区。选择工具箱中的【横排文字工具】，在工作区中单击鼠标左键，输入文本。在【字符】面板中将【字体】设置为【方正宋黑简体】，将【字体大小】设置为90。在【属性】面板中将X、Y分别设置为4.04、2.43，如图6-180所示。

图6-180　输入文本并进行设置

💡 **提　示**

在此无须对字体颜色进行设置，在后面的操作中会对文本添加图层样式，任意指定一种颜色即可。

11 在【图层】面板中选择文本图层，单击鼠标右键，在弹出的快捷菜单中选择【转换为形状】命令，如图6-181所示。

图6-181　选择【转换为形状】命令

12 单击工具箱中的【直接选择工具】，在工作区中选择文本对象，如图6-182所示。

图6-182　选择文本对象

13 选择工具箱中的【添加锚点工具】，在工作区中对文本添加顶点，效果如图6-183所示。

图6-183　添加顶点后的效果

💡 **提　示**

为了让用户更好地观察添加的锚点，此处为文本改变一种填充颜色。

14 单击工具箱中的【直接选择工具】，在工作区中选中文本的锚点，当锚点变为实心状态时，按 Delete 键将其删除，效果如图6-184所示。

图6-184　删除锚点后的效果

疑难解答 在操作过程中，出现了失误怎么解决？

在操作过程中，如果操作出现了失误，或者对调整的结果不满意，可以进行撤销操作，或者将图像恢复至最近保存过的状态，用户可以在菜单栏中选择【编辑】|【还原】命令，或者按Ctrl+Z快捷键，撤销所做的最后一次的修改，将其还原至上一步操作的状态；如果需要取消还原，可以按Shift+Ctrl+Z快捷键。

如果需要连续还原，可以在菜单栏中多次选择【编辑】|【后退一步】命令，或者多次按Ctrl+Alt+Z快捷键来逐步撤销操作。

除此之外，在Photoshop中的每一步操作都会被记录在【历史记录】面板中，通过该面板可以快速恢复到操作过程中的某一状态，也可以在此回到当前的操作状态。用户可以在菜单栏中选择【窗口】|【历史记录】命令，打开【历史记录】面板。

15 选择工具箱中的【钢笔工具】，在工具选项栏中将【路径操作】设置为【合并形状】，在工作区中对断开的路径进行连接，效果如图6-185所示。

16 在工作区中使用【直接选择工具】和【钢笔工具】对文本进行调整，效果如图6-186所示。

17 根据相同的方法，在工作区中创建【情人节】艺术字效果，如图6-187所示。

图6-185 对断开的路径进行连接

图6-186 调整后的效果

图6-187 创建其他艺术字效果

18 在【图层】面板中选择【情人节】图层，双击鼠标左键，在弹出的【图层样式】对话框中选择【斜面和浮雕】复选框，将【样式】设置为【内斜面】，将【方法】设置为【平滑】，将【深度】设置为157，选中【上】单选按钮，将【大小】、【软化】、【角度】、【高度】分别设置为4、2、104、30，勾选【使用全局光】复选框，将【光泽等高线】设置为【环形 - 双】，将【高光模式】设置为【滤色】，将【高光颜色】的RGB值设置为255、255、255，将【高光模式】下的【不透明度】设置为50，将【阴影模式】设置为【正片叠底】，将【阴影颜色】的RGB值设置为110、13、13，将【阴影模式】下的【不透明度】设置为27，如图6-188所示。

19 接着勾选【等高线】复选框，将【等高线】设置为【线性】，将【范围】设置为

100，如图 6-189 所示。

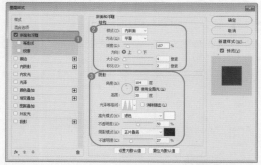

图6-188 设置斜面和浮雕参数

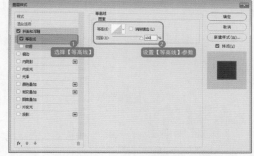

图6-189 设置等高线参数

20 在【图层样式】对话框中勾选【颜色叠加】复选框，将【混合模式】设置为【正常】，将【叠加颜色】的RGB值设置为212、20、46，将【不透明度】设置为100，如图6-190所示。

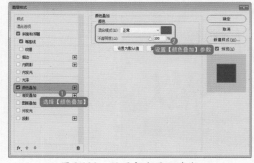

图6-190 设置颜色叠加参数

21 接着勾选【投影】复选框，将【阴影颜色】的RGB值设置为225、0、0，将【不透明度】设置为35，将【角度】设置为145，取消勾选【使用全局光】复选框，将【距离】、【扩展】、【大小】分别设置为4、0、2，如图6-191所示。

22 设置完成后，单击【确定】按钮。在

【图层】面板中选择【情人节】图层，单击鼠标左键，在弹出的快捷菜单中选择【拷贝图层样式】命令，如图 6-192 所示。

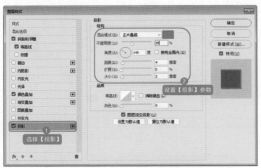

图6-191　设置投影参数

图6-192　选择【拷贝图层样式】命令

23 在【图层】面板中选择【浪漫】图层，单击鼠标左键，在弹出的快捷菜单中选择【粘贴图层样式】命令，如图 6-193 所示。

图6-193　选择【粘贴图层样式】命令

24 执行该操作后，即可粘贴图层样式。打开"素材 Cha06\ 情人节 -05.png"素材文件，并将其拖曳至"情人节 -01.jpg"文档中，并在工作区中调整其大小、位置及角度。在【图层】面板中选中该图层，单击【添加图层蒙版】按钮，添加一个蒙版。单击工具箱中的【画笔工具】，在工具选项栏中选择一种画笔笔尖形

状，在工作区中对不需要的图像进行涂抹，完成后的效果如图 6-194 所示。

图6-194　添加素材并添加图层蒙版

25 选择工具箱中的【横排文字工具】，在工作区中单击鼠标左键，输入文本。在【字符】面板中将【字体】设置为 Times New Roman，将【字体大小】设置为 30.53，将【字符间距】设置为 100，将【颜色】的 RGB 值设置为 255、47、98，单击【仿斜体】和【全部大写字母】按钮，在【属性】面板中将 X、Y 分别设置为 6.24、5.45，效果如图 6-195 所示。

图6-195　输入文本并进行设置

26 在【图层】面板中双击该文本图层，在弹出的【图层样式】对话框中勾选【渐变叠加】复选框，将【混合模式】设置为【正常】，将【不透明度】设置为 100，单击【渐变】右侧的渐变条，在弹出的【渐变编辑器】对话框中将左侧色标的 RGB 值设置为 255、67、67，将右侧色标的 RGB 值设置为 255、47、98，如图 6-196 所示。

27 设置完成后，单击【确定】按钮。将【角度】设置为 90，将【缩放】设置为 100，如图 6-197 所示。

28 接着勾选【投影】复选框，将【阴影

颜色】的 RGB 值设置为 255、47、98，将【不透明度】设置为 27，将【角度】设置为 104，勾选【使用全局光】复选框，将【距离】、【扩展】、【大小】分别设置为 7、0、2，如图 6-198 所示。

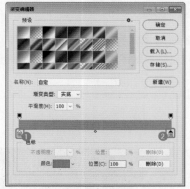

图6-196　设置渐变颜色

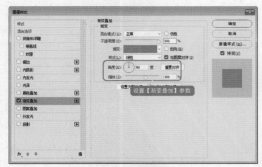

图6-197　设置渐变叠加参数

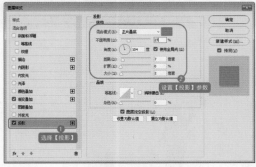

图6-198　设置投影参数

29 根据前面所介绍的方法绘制其他图形并输入相应的文本，效果如图 6-199 所示。

图6-199　绘制图形和输入文本后的效果

30 根据前面所介绍的方法将其他素材文件添加至文档中，并对添加的素材文件进行相应的调整，效果如图 6-200 所示。

图6-200　添加其他素材文件后的效果

6.5　习题与训练

1. 如何删除图层蒙版？
2. Photoshop 中的蒙版有什么优点？
3. Photoshop 中蒙版的主要作用是什么？

第 7 章　人物照片修饰——图像色彩及处理

本章主要介绍图像色彩与色调的调整方法及技巧。通过对本章的学习，可以根据不同的需要应用多种调整命令，对图像色彩和色调进行细微调整，还可以对图像进行特殊颜色的处理。

本章导读

- ➢ 亮度／对比度
- ➢ 色彩平衡
- ➢ 为人物美容图像
- ➢ 调整唯美暖色效果
- ➢ 通道混合器
- ➢ 色相／饱和度

本章案例

- ➢ 照片的焦点柔光
- ➢ 为人物美容图像
- ➢ 调整唯美暖色效果

在日常生活中，拍摄的数码照片经常会出现一些瑕疵，本章将综合介绍一些处理数码照片的方法，以及制作出现实生活中作为宣传形式出现的照片特效。通过对本章的学习，用户可以对自己拍摄的一些数码照片进行简单的处理。

7.1　制作照片的焦点柔光——查看图像的颜色分布

▶ 作品描述

本例将对照片的背景进行朦胧的焦点柔光处理，其中主要将照片的人物进行抠除，然后对背景进行模糊处理；通过相应的设置将抠出的人物与背景进行融合，从而达到所需的效果。制作完成后的效果如图 7-1 所示。

图7-1　制作照片的焦点柔光

素材	素材\Cha07\制作照片的焦点柔光.jpg
场景	场景\Cha07\制作照片的焦点柔光——查看图像的颜色分布.psd
视频	视频教学\Cha07\制作照片的焦点柔光——查看图像的颜色分布.mp4

▶ 案例实现

01 按 Ctrl+O 快捷键，打开"制作照片的焦点柔光.jpg"素材文件，如图 7-2 所示。

02 在【图层】面板中选择【背景】图层，按住鼠标左键将其拖曳至【创建新图层】按钮上，对其进行复制，如图 7-3 所示。

图7-2　打开的素材文件

图7-3　复制图层

03 单击工具箱中的【多边形套索工具】按钮，在文档中对人物进行选取，如图 7-4 所示。

04 在选区上单击鼠标右键，在弹出的快捷菜单中选择【通过拷贝图层】命令，如图 7-5 所示。

图7-4　选取人物　　图7-5　选择【通过拷贝图层】命令

05 在【图层】面板中选择【背景 拷贝】图层，在菜单栏中选择【滤镜】|【模糊】|【方框模糊】命令，如图 7-6 所示。

图7-6　选择【方框模糊】命令

06 在弹出的【方框模糊】对话框中将【半径】设置为 11，如图 7-7 所示。

图7-7　设置半径参数

图7-10 羽化后的效果

🏷 提 示

　　【方框模糊】滤镜可基于相邻像素的平均颜色值来模糊图像。

07 设置完成后，单击【确定】按钮，即可完成模糊，效果如图7-8所示。

图7-8 模糊后的效果

08 按住 Ctrl 键，在【图层】面板中选择并单击【图层 1】图层前面的缩览图，将其载入选区。按 Shift+F6 快捷键，在弹出的【羽化选区】对话框中将【羽化半径】设置为10，如图7-9所示。

图7-9 设置羽化半径

09 设置完成后，单击【确定】按钮。按 Shift+Ctrl+I 快捷键进行反选，按两次 Delete 键，按 Ctrl+D 快捷键取消选区，效果如图7-10所示。

10 按 Ctrl+Alt+Shift+E 快捷键，对图层进行盖印。在盖印后的图层上单击鼠标右键，在弹出的快捷菜单中选择【混合选项】命令，如图7-11所示。

11 在弹出的【图层样式】对话框中勾选【内发光】复选框，将【不透明度】设置为75，将颜色设置为#ffffbe，将内发光的【大小】设置为122，如图7-12所示。

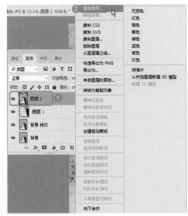

图7-11 选择【混合选项】命令

12 设置完成后，单击【确定】按钮。添加内发光后的效果如图7-13所示。

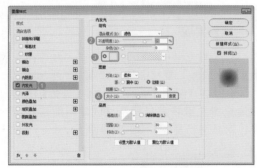

图7-12 设置内发光参数

图7-13 设置完成后的效果

7.1.1 使用【直方图】面板查看颜色分布

在菜单栏中选择【窗口】|【直方图】命令，即可打开【直方图】面板，如图 7-14 所示。

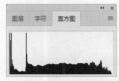

图7-14 【直方图】面板

在调整图像的过程中，【直方图】面板中会出现两个叠加的直方图，如图 7-15、图 7-16 所示。黑色的直方图为当前调整状态下的直方图（最新的直方图），灰色的直方图为调整前的直方图（原始的直方图），通过新旧直方图的对比，可以更加清楚地观察到直方图的变化情况。

图7-15 调整之前的图像及直方图

图7-16 调整之后的图像及直方图

在【直方图】面板中，可以通过单击该面板右上角的 ≡ 按钮，在弹出的如图 7-17 所示的下拉菜单中对直方图的显示方式进行更改。

各选项的含义介绍如下。

- 【紧凑视图】：该选项是默认的显示方式。它显示的是不带统计数据或控件的直方图。

- 【扩展视图】：选择该选项显示的是带有统计数据和控件的直方图，如

图 7-18 所示。

图7-17 【直方图】下拉菜单　　图7-18 【扩展视图】显示方式

- 【全部通道视图】：该选项显示的是带有统计数据和控件的直方图，同时还显示每一个通道的单个直方图（不包括 Alpha 通道、专色通道和蒙版），如图 7-19 所示。如果选择该面板下拉菜单中的【用原色显示通道】命令，则可以用原色显示通道直方图，如图 7-20 所示。

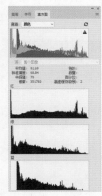 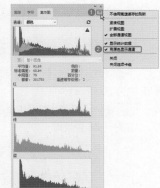

图7-19 全部通道视图　　图7-20 【用原色显示通道】显示方式

有关像素亮度值的统计信息出现在【直方图】面板的中间位置。如果要取消显示有关像素亮度值的统计信息，可以从该面板下拉菜单中取消选择【显示统计数据】命令，如图 7-21 所示。

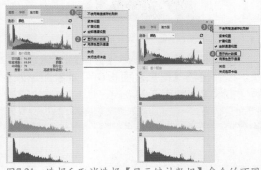

图7-21 选择和取消选择【显示统计数据】命令的不同

统计信息包括的选项如下。

- 【平均值】：表示平均亮度值。
- 【标准偏差】：表示亮度值的变化范围。
- 【中间值】：显示亮度值范围内的中间值。
- 【像素】：表示用于计算直方图的像素总数。
- 【色阶】：显示指针下面的区域的亮度级别。
- 【数量】：表示相当于指针下面亮度级别的像素总数。
- 【百分位】：显示指针所指的级别或该级别以下的像素累计数。该值表示图像中所有像素的百分数，从最左侧的0到最右侧的100%。
- 【高速缓存级别】：显示指针所在区域的亮度级别。

7.1.2 使用【信息】面板查看颜色分布

下面介绍使用【信息】面板查看图像颜色分布的方法。

01 打开"素材\Cha07\002.jpg"素材文件，如图7-22所示。

图7-22 打开的素材文件

02 在菜单栏中选择【窗口】|【信息】命令，在弹出的【信息】面板中可查看图形颜色的分布状况，如图7-23所示。

🏷 提 示

在图像中将指针定位在不同的位置，则【信息】面板中显示的基本信息会不同。

图7-23 【信息】面板

7.2 为人物美容图像——图像色彩调整

» 作品描述

在Photoshop CC中，对图像色彩和色调的控制是图像编辑的关键，这直接关系到图像最终的效果。只有有效地控制图像的色彩和色调，才能制作出高品质的图像。本案例将介绍如何对照片中的人物进行美容。首先使用【表面模糊】、【添加杂色】和【高斯模糊】滤镜对面部进行美容；然后设置【色相/饱和度】和【亮度/对比度】来修饰嘴唇；最后设置【去色】、【色相/饱和度】和【亮度/对比度】来美化头发。制作完成后的效果如图7-24所示。

图7-24 为人物美容

素材	素材\Cha07\为人物美容.jpg
场景	场景\Cha07\为人物美容图像——图像色彩调整.psd
视频	视频教学\Cha07\为人物美容图像——图像色彩调整.mp4

» 案例实现

01 按Ctrl+O快捷键，打开"为人物美容.jpg"素材文件，如图7-25所示。

图7-25　打开的素材文件

02　按 F7 键打开【图层】面板，选择【背景】图层，并将其拖曳至【创建新图层】按钮 ◻ 上，如图 7-26 所示。

03　将复制后的图层命名为【表面模糊】。在菜单栏中选择【滤镜】|【模糊】|【表面模糊】命令，如图 7-27 所示。

图7-26　复制图层

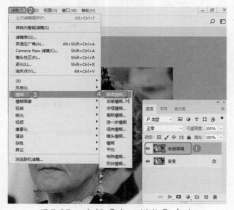

图7-27　选择【表面模糊】命令

04　在弹出的【表面模糊】对话框中将【半径】和【阈值】均设置为 31，如图 7-28 所示。

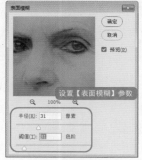

图7-28　设置表面模糊参数

05　设置完成后，单击【确定】按钮。继续选中【表面模糊】图层，按住 Alt 键并单击【图层】面板底部的【添加图层蒙版】按钮 ◻，添加图层蒙版，如图 7-29 所示。

图7-29　添加蒙版

06　选择工具箱中的【画笔工具】 ✎，将【前景色】设置为白色，在图像中对人物的皮肤进行涂抹，效果如图 7-30 所示。

图7-30　对皮肤进行涂抹

07　按住 Alt 键单击【图层】面板底部的【创建新图层】按钮，在弹出的【新建图层】对话框中将【名称】设置为【灰色叠加】，勾选【使用前一图层创建剪贴蒙版】复选框，将【颜色】设置为【灰色】，将【模式】设置为【叠加】，勾选【填充叠加中性色（50% 灰）】复选框，如图 7-31 所示。

图7-31　【新建图层】对话框

08　设置完成后，单击【确定】按钮。在菜单栏中选择【滤镜】|【杂色】|【添加杂色】命令，如图 7-32 所示。

09　在弹出的【添加杂色】对话框中将【数量】设置为 10，选中【平均分布】单选按钮，勾选【单色】复选框，如图 7-33 所示。

图7-32 选择【添加杂色】 　图7-33 设置杂色参数
命令

10 设置完成后，单击【确定】按钮。在【图层】面板中将【灰色叠加】图层的【不透明度】设置为40，如图 7-34 所示。

图7-34 设置不透明度

11 在菜单栏中选择【滤镜】|【模糊】|【高斯模糊】命令，如图 7-35 所示。

12 在弹出的【高斯模糊】对话框中将【半径】设置为 1.5，如图 7-36 所示。

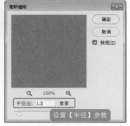

图7-35 选择【高斯模糊】 　图7-36 设置半径参数
命令

13 在【图层】面板中选择【背景】图

层，在工具箱中单击【多边形套索工具】按钮，在图像中对人物的唇部进行选取，如图 7-37 所示。

图7-37 对唇部进行选取

14 按 Shift+F6 快捷键，在弹出的【羽化选区】对话框中将【羽化半径】设置为10，单击【确定】按钮。按 Ctrl+J 快捷键，在【图层】面板中选择新建的图层，按住鼠标左键将其调整至最上方，如图 7-38 所示。

图7-38 新建图层并调整图层的顺序

15 在菜单栏中选择【图像】|【调整】|【色相/饱和度】命令，如图 7-39 所示。

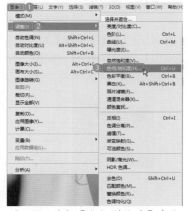

图7-39 选择【色相/饱和度】命令

16 在弹出的【色相/饱和度】对话框中

将【色相】、【饱和度】、【明度】分别设置为
-7、27、-1，如图 7-40 所示。

图7-40　设置参数

17 设置完成后，单击【确定】按钮。调
整色相／饱和度后的效果如图 7-41 所示。

图7-41　调整后的效果

> 提示
>
> 　　【亮度／对比度】命令会对每个像素进行相同程
> 度的调整（即线性调整），有可能导致丢失图像细节，
> 对于高端输出，最好使用【色阶】或【曲线】命令，
> 这两个命令可以对图像中的像素应用按比例（非线
> 性）调整。

18 在菜单栏中选择【图像】|【调整】|【亮
度／对比度】命令，在弹出的【亮度／对比度】
对话框中将【亮度】和【对比度】分别设置为
-120、17，如图 7-42 所示。

图7-42　设置参数

19 设置完成后，单击【确定】按钮，调
整完亮度／对比度后的效果如图 7-43 所示。

20 在【图层】面板中选择【背景】图层，
在工具箱中选择【快速选择工具】，对图像中
人物的头发进行选取，如图 7-44 所示。

图7-43　调整后的效果

图7-44　选取人物的头发

21 按 Ctrl+J 快捷键，将以选区中的对象
新建一个图层，并在【图层】面板中将该图层
调整至最上方，如图 7-45 所示。

22 选择【图层2】图层，在菜单栏中选
择【图像】|【调整】|【去色】命令，如图 7-46
所示。

图7-45　新建图层　　　图7-46　选择【去色】命令
并调整其顺序

23 在菜单栏中选择【图像】|【调整】|【色
相／饱和度】命令，在弹出的【色相／饱和度】
对话框中勾选【着色】复选框，将【色相】、
【饱和度】、【亮度】分别设置为 0、25、0，如
图 7-47 所示。

图7-47　设置参数

24 设置完成后，单击【确定】按钮。调整后的效果如图7-48所示。

图7-48　调整后的效果

25 单击工具箱中的【橡皮擦工具】按钮，在工具选项栏中将【不透明度】设置为50，在图像中对人物头发的边缘进行涂抹，使其看起来更加自然，效果如图7-49所示。

图7-49　对头发边缘涂抹后的效果

26 在【图层】面板中将【图层2】图层的混合模式设置为【正片叠底】，将【不透明度】设置为60，如图7-50所示。

27 在【图层】面板中选择【图层2】图层，按住鼠标左键将其拖曳至【创建新图层】按钮上，对其进行复制，如图7-51所示。

28 在菜单栏中选择【图像】|【调整】|【亮度/对比度】命令，在弹出的【亮度/对比度】对话框中将【亮度】和【对比度】分别设置为

12、100，如图7-52所示。

图7-50　设置图层混合模式和不透明度

图7-51　复制图层

29 设置完成后，单击【确定】按钮。继续选中复制后的图层，按Ctrl+Alt+Shift+E快捷键对图层进行盖印，如图7-53所示。

图7-52　调整亮度/对比度　　图7-53　盖印图层

30 盖印完成后，使用【修补工具】再次对盖印后的图层进行简单的美化，效果如图7-54所示。

图7-54　美化后的效果

7.2.1　调整亮度/对比度

　　【亮度／对比度】命令可以对图像的色调范围进行简单的调整。在菜单栏中选择【图像】|【调整】|【亮度／对比度】命令，弹出【亮度／对比度】对话框，如图 7-55 所示。

图7-55　【亮度/对比度】对话框

　　在该对话框中勾选【使用旧版】复选框，然后向左侧拖动滑块可以降低图像的亮度和对比度，如图 7-56 所示；向右侧拖动滑块则增加亮度和对比度，如图 7-57 所示。

图7-56　降低图像的亮度和对比度

图7-57　增加图像的亮度和对比度

7.2.2　色阶

　　【色阶】命令通过调整图像暗调、灰色调和高光的亮度级别来校正图像的影调，包括反差、明暗和图像层次以及平衡图像的色彩。

　　打开【色阶】对话框的方法有以下几种：

- 在菜单栏中选择【图像】|【调整】|【色阶】命令；

- 按 Ctrl+L 快捷键；

- 打开一张素材图片，按 F7 键打开【图层】面板，单击该面板底部的【创建新的填充或调整图层】按钮，在弹出的下拉菜单中选择【色阶】命令，如图 7-58 所示。

　　图 7-59 所示为【色阶】对话框。各个选项的含义介绍如下。

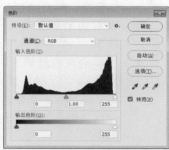

图7-58　选择【色　　图7-59　【色阶】对话框
阶】命令

1.【通道】下拉列表

　　利用此下拉列表，可以在整个颜色范围内对图像进行色调调整，也可以单独编辑特定颜色的色调。若要同时编辑一组颜色通道，在选择【色阶】命令之前应按住 Shift 键在【通道】面板中选择这些通道。之后，通道菜单会显示目标通道的缩写，例如 CM 代表青色和洋红。此下拉列表还包含所选组合的个别通道。也可分别编辑专色通道和 Alpha 通道。

2.【输入色阶】参数框

　　在【输入色阶】参数框中可以分别调整暗调、中间调和高光的亮度级别来修改图像的色调范围，以提高或降低图像的对比度。

- 在【输入色阶】参数框中输入目标值，这种方法比较精确，但直观性不好。

- 以输入色阶直方图为参考，拖动 3 个【输入色阶】滑块可使色调的调整更为直观。

- 最左边的黑色滑块（阴影滑块）：向右拖动可以增大图像的暗调范围，使图像变暗。同时拖动的程度会在【输入色阶】最左边的参数框中得到量化，如图 7-60 所示。

图7-60 增大图像的暗调范围

- 最右边的白色滑块（高光滑块）：向左拖动可以增大图像的高光范围，使图像变亮。高光的范围会在【输入色阶】最右边的参数框中显示，如图 7-61所示。
- 中间的灰色滑块（中间调滑块）：左右拖动可以增大或减小中间色调范围，从而改变图像的对比度。其作用与在【输入色阶】中间参数框输入数值相同。

图7-61 增大图像的高光范围

3.【输出色阶】参数框

【输出色阶】参数框中只有暗调滑块和高光滑块，通过拖动滑块或在参数框中输入目标值，可以降低图像的对比度。

具体来说，向右拖动暗调滑块，【输出色阶】左边参数框中的值会相应增加，但此时图像却会变亮；向左拖动高光滑块，【输出色阶】右边参数框中的值会相应减小，但图像却会变暗。这是因为在输出时 Photoshop 的处理过程是这样的：比如将第一个参数框的值调整为10，则表示输出图像会以在输入图像中色调值为 10 的像素的暗度为最低暗度，所以图像会变亮；将第二个参数框的值调整为 245，则表示输出图像会以在输入图像中色调值为 245 的像素的亮度为最高亮度，所以图像会变暗。

总而言之，【输入色阶】的调整是用来增加对比度，而【输出色阶】的调整则是用来减少对比度。

4. 吸管工具

吸管工具共有 3 个，即【在图像中取样以设置黑场】 、【在图像中取样以设置灰场】 和【在图像中取样以设置白场】 ，它们分别用于完成图像中的黑场、灰场和白场的设定。使用设置黑场吸管工具在图像中的某点颜色上单击，该点则成为图像中的黑色，该点与原来黑色的颜色色调范围内的颜色都将变为黑色，该点与原来白色的颜色色调范围内的颜色整体都进行亮度的降低。使用设置白场吸管工具，完成的效果则正好与设置黑场吸管的作用相反。使用设置灰场吸管工具可以完成图像中的灰度设置。

5. 自动按钮

单击【自动】按钮可将高光和暗调滑块自动移动到最亮点和最暗点。

7.2.3 曲线

【曲线】命令可以通过调整图像色彩曲线上的任意一个像素点来改变图像的色彩范围。下面将介绍具体的操作方法。

01 打开"素材\Cha07\005.jpg"素材文件，如图 7-62 所示。

图7-62 打开的素材文件

02 在菜单栏中选择【图像】|【调整】|【曲线】命令，弹出【曲线】对话框，将【输出】设置为 158，将【输入】设置为 84，如图 7-63所示。

03 设置完成后，单击【确定】按钮。完成后的效果如图 7-64 所示。

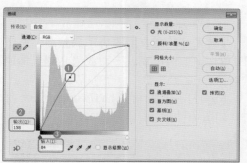

图7-63 【曲线】对话框

图7-64 完成后的效果

【曲线】对话框中各选项的含义介绍如下。

● 【预设】：该选项的下拉列表中包含了Photoshop 提供的预设文件，如图 7-65所示。当选择【默认值】时，可通过拖动曲线来调整图像。选择其他选项时，则可以使用预设文件调整图像。各个选项的结果如图 7-66 所示。

图7-65 预设文件

● 【预设选项】 ⚙.：单击该按钮，弹出下拉菜单，如图 7-67 所示。
● 选择【存储预设】命令，在对其他图像应用相同的调整时，可以将当前的调整状态保存为一个预设文件；选择【载入预设】命令，使用载入的预设文件自动调整；选择【删除当前预设】命令，则删除存储的预设文件。
● 【通道】：在该选项的下拉列表中可以

选择一个需要调整的通道。

图7-66 使用预设文件调整图像

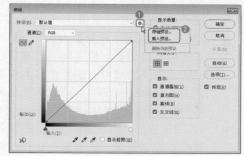

图7-67 【预设选项】下拉菜单

● 【编辑点以修改曲线】 ∿：按下该按钮后，在曲线中单击可添加新的控制点，拖动控制点改变曲线形状即可对图像做出调整。
● 【通过绘制来修改曲线】 ✎：单击该按钮，可在对话框内绘制手绘效果的自由形状曲线，如图 7-68 所示。绘制自由曲线后，单击对话框中的【编辑点以修改曲线】按钮 ∿，可在曲线上显示控制点，如图 7-69 所示。

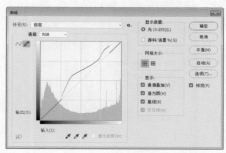

图7-68 绘制曲线

● 【平滑】按钮：使用【通过绘制来修改曲线】工具 ✎ 绘制曲线后，单击该按钮，可对曲线进行平滑处理。

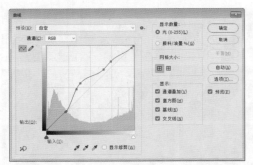

图7-69　修改曲线

- 【输入色阶 / 输出色阶】：【输入色阶】显示了调整前的像素值；【输出色阶】显示了调整后的像素值。
- 【高光 / 中间调 / 阴影】：移动曲线顶部的点可以调整图像的高光区域；拖动曲线中间的点可以调整图像的中间调；拖动曲线底部的点可以调整图像的阴影区域。
- 【在图像中取样以设置黑场 / 在图像中取样以设置灰场 / 在图像中取样以设置白场】：这 3 个工具与【色阶】对话框中的相应工具作用相同，在此就不再赘述。
- 【选项】按钮：单击该按钮，会弹出【自动颜色校正选项】对话框，如图 7-70 所示。【自动颜色校正选项】用来控制由【色阶】和【曲线】中的【自动颜色】、【自动色阶】、【自动对比度】和【自动】选项应用的色调和颜色校正，它允许指定阴影和高光剪切百分比，并为阴影、中间调和高光指定颜色值。

图7-70　【自动颜色校正选项】对话框

7.2.4　曝光度

【曝光度】命令主要为了调整高动态范围（HDR）图像的色调。下面就来介绍具体的操作方法。

01 打开"素材 \Cha07\006.jpg"素材文件，如图 7-71 所示。

图7-71　打开的素材文件

02 在菜单栏中选择【图像】|【调整】|【曝光度】命令，弹出【曝光度】对话框，将【曝光度】设置为 +1.5，如图 7-72 所示。

图7-72　设置曝光度参数

03 设置完成后，单击【确定】按钮。设置曝光后的效果如图 7-73 所示。

图7-73　完成后的效果

【曝光度】对话框中各选项的含义介绍如下：

- 【曝光度】：该选项用于调整色彩范围的高光度，对极限阴影的影响不大。
- 【位移】：调整该选项的参数，可以使阴影和中间调变暗，对高光的影响不大。
- 【灰度系数校正】：通过设置该选项的参数来调整图像的灰度系数。

7.2.5　自然饱和度

使用【自然饱和度】命令调整饱和度，以便在图像颜色接近最大饱和度时，最大限度地减少修剪。下面就来介绍具体的操作方法。

01 打开"素材\Cha07\007.jpg"素材文件，如图 7-74 所示。

图7-74　打开的素材文件

02 在菜单栏中选择【图像】|【调整】|【自然饱和度】命令，弹出【自然饱和度】对话框，将【自然饱和度】设置为 +100，将【饱和度】设置为 +100，如图 7-75 所示。

图7-75　【自然饱和度】对话框

03 设置完成后，单击【确定】按钮。完成后的效果如图 7-76 所示。

图7-76　完成后的效果

7.2.6　色相/饱和度

【色相/饱和度】命令可以调整图像中特定颜色分量的色相、饱和度和亮度，或者同时调整图像中的所有颜色。该命令非常适用于微调 CMYK 图像中的颜色，以便它们处在输出设备的色域内。下面就来介绍具体的操作方法。

01 打开"素材\Cha07\008.jpg"素材文件，如图 7-77 所示。

图7-77　打开的素材文件

02 在菜单栏中选择【图像】|【调整】|【色相/饱和度】命令，弹出【色相/饱和度】对话框，将【色相】设置为 +180，如图 7-78 所示。

图7-78　设置色相值

03 设置完成后，单击【确定】按钮。完成后的效果如图 7-79 所示。

图7-79　完成后的效果

【色相/饱和度】对话框中各选项的含义介绍如下。

● 【色相】：默认情况下，在【色相】参数框中输入数值，或者拖动滑块可以改变整个图像的色相，如图 7-80 所示。也可以在【编辑】下拉列表中选择一个特定的颜色，然后拖动【色相】滑块，单独调整该颜色的色相。图 7-81 所示为单独调整红色色相的效果。

图7-80　拖动滑块调整图像的色相

图7-81　调整红色色相的效果

- 【饱和度】：向右侧拖动【饱和度】滑块可以增加饱和度；向左侧拖动【饱和度】滑块则可以减少饱和度。同样也可以在【编辑】下拉列表中选择一个特定的颜色，然后单独调整该颜色的饱和度。图 7-82 所示为增加整个图像饱和度的调整结果；图 7-83 所示为单独增加黄色饱和度的调整结果。

图7-82　拖动滑块调整饱和度的效果

图7-83　调整红色饱和度的效果

- 【明度】：向左侧拖动【明度】滑块可以降低亮度，如图 7-84 所示；向右侧拖动【明度】滑块可以增加亮度。也可以在【编辑】下拉列表中选择【红色】选项，调整图像中红色部分的亮度，如图 7-85 所示。

图7-84　拖曳滑块调整图像的亮度

图7-85　调整红色亮度效果

- 【着色】：勾选该复选框后，图像将转换为只有一种颜色的单色调图像，如图 7-86 所示。变为单色调图像后，可拖动【色相】滑块和其他滑块来调整图像的颜色，如图 7-87 所示。

图7-86　单色调图像

图7-87　调整其他颜色

- 【吸管工具】：如果在【编辑】下拉列表中选择了一种颜色，可以使用【吸管工具】　，在图像中单击，定位颜色范围，然后对该范围内的颜色进行更加细致的调整。如果要添加其他颜色，可以使用【添加到取样】　在相应的颜色区域单击；如果要减少颜色，可以使用【从取样中减去】 ✐ ，单击相应的颜色。

- 【颜色条】：在【色相/饱和度】对话框的底部有两个颜色条，上面的颜色条代表了调整前的颜色；下面的颜色条代表了调整后的颜色。如果在【编辑】下拉列表中选择了一种颜色，两个颜色条之间便会出现几个滑块，如图 7-88 所示。两个内部的垂直滑块定义了将要修改的颜色范围，调整所影响的区域会由此逐渐向两个外部的三角形滑块处衰减，三角形滑块以外的颜色不会受到影响，如图 7-89 所示。

图 7-88　【色相/饱和度】对话框

图 7-89　调整颜色

7.2.7　色彩平衡

【色彩平衡】命令可以更改图像的总体颜色，常用来进行普通的色彩校正。下面就来介绍使用【色彩平衡】命令调整图像总体颜色的操作方法。

01 打开"素材\Cha07\009.jpg"素材文件，如图 7-90 所示。

图 7-90　打开的素材文件

02 在菜单栏中选择【图像】|【调整】|【色彩平衡】命令，弹出【色彩平衡】对话框，将【色彩平衡】选项组中的【色阶】分别设置为 +50、-100、-100，如图 7-91 所示。

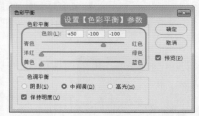

图 7-91　【色彩平衡】对话框

03 设置完成后，单击【确定】按钮。完成后的效果如图 7-92 所示。

图 7-92　完成后的效果

在进行调整时，首先应在【色调平衡】选项组中选择要调整的色调范围，包括【阴影】、【中间调】和【高光】，然后在【色阶】参数框中输入数值，或者拖动【色彩平衡】选项组内的滑块进行调整。当滑块靠近一种颜色时，将减少另外一种颜色。例如：如果将最上面的滑块移向【青色】，其他参数保持不变，可以在图像中增加青色，减少红色，如图 7-93 所示。

如果将滑块移向【红色】，其他参数保持不变，则增加红色，减少青色，如图 7-94 所示。

图7-93　增加青色减少红色

图7-94　增加红色减少青色

将滑块移向【洋红】后的效果如图 7-95 所示。将滑块移向【绿色】后的效果如图 7-96 所示。

图7-95　增加洋红减少绿色

图7-96　增加绿色减少洋红

将滑块移向【黄色】后的效果如图 7-97 所示。将滑块移向【蓝色】后的效果如图 7-98 所示。

图7-97　增加黄色减少蓝色

图7-98　增加蓝色减少黄色

7.2.8　照片滤镜

【照片滤镜】命令通过模拟在相机镜头前面加装彩色滤镜来调整通过镜头传输的光的色彩平衡和色温，或者使胶片曝光。该命令还允许用户选择预设的颜色或者自定义的颜色调整图像的色相。下面就来介绍具体的操作方法。

01　打开"素材\Cha07\010.jpg"素材文件，如图 7-99 所示。

图7-99　打开的素材文件

02　在菜单栏中选择【图像】|【调整】|【照片滤镜】命令，弹出【照片滤镜】对话框，在【滤镜】下拉列表中选择【深蓝】选项，将【浓度】设置为 75，如图 7-100 所示。

图7-100　【照片滤镜】对话框

03　设置完成后，单击【确定】按钮。完成后的效果如图 7-101 所示。

图7-101　完成后的效果

【照片滤镜】对话框中各选项的含义介绍如下。

- 【滤镜】：在该下拉列表中可以选择要使用的滤镜。加温滤镜（85 和 LBA）及冷却滤镜（80 和 LBB）用于调整图像中白平衡的颜色转换；加温滤镜（81）和冷却滤镜（82）使用光平衡滤镜来对图像的颜色品质进行细微调整；加温滤镜（81）可以使图像变暖（变黄）；冷却滤镜（82）可以使图像变冷（变蓝）；其他个别颜色的滤镜则根据所选颜色给图像应用色相调整。
- 【颜色】：单击该选项右侧的颜色块，可以在弹出的【选择滤镜颜色】对话框中设置自定义的滤镜颜色。
- 【浓度】：可调整应用到图像中的颜色数量，该值越高，颜色的调整幅度就越大，如图 7-102、图 7-103 所示。

图7-102　【浓度】为30时的效果

图7-103　【浓度】为100时的效果

- 【保留明度】：勾选该复选框，可以保持图像的亮度不变，如图 7-104 所示；未勾选该复选框时，会由于增加滤镜的浓度而使图像变暗，如图 7-105 所示。

图7-104　勾选【保留明度】复选框时的效果

图7-105　未勾选【保留明度】复选框时的效果

7.2.9　通道混合器

【通道混合器】命令可以使用图像中现有（源）颜色通道的混合来修改目标（输出）颜色通道，从而控制单个通道的颜色量。利用该命令可以创建高品质的灰度图像、棕褐色调图像或其他色调图像，也可以对图像进行创造性的颜色调整。在菜单栏中选择【图像】|【调整】|【通道混合器】命令，弹出【通道混合器】对话框，如图 7-106 所示。

图7-106　【通道混合器】对话框

【通道混合器】对话框中各选项的含义介绍如下。

- 【预设】：在该选项的下拉列表中包含了预设的调整文件，可以选择一个文件来自动调整图像，如图 7-107 所示。

图7-107 【预设】下拉列表选项

- 【输出通道/源通道】：在【输出通道】
下拉列表中选择一个通道后，该通道
的源通道滑块会自动设置为+100，其
他通道则设置为0。例如，如果选择【蓝
色】作为输出通道，则会将【源通道】
中的【蓝色】滑块设置为+100,【红色】
和【绿色】滑块为0，如图7-108所示。
选择一个通道后，拖动【源通道】选
项组中的滑块，即可调整此输出通道
中源通道所占的百分比。将一个源通
道的滑块向左拖移时，可减小该通道
在输出通道中所占的百分比；向右拖
移则增加百分比，负值可以使源通道
在被添加到输出通道之前反相。调整
【红】通道的效果如图7-109所示。调
整【绿】通道的效果如图7-110所示。
调整【蓝】通道的效果如图7-111所示。

图7-108 以【蓝】作为输出通道

图7-109 调整红色通道的效果

图7-110 调整绿色通道的效果

图7-111 调整蓝色通道的效果

- 【总计】：如果源通道的总计值高于
+100，则在数值的左侧会显示一个警
告图标，如图7-112所示。

图7-112 总计值高于+100

- 【常数】：该选项是用来调整输出通道
的灰度值。负值会增加更多的黑色，
正值会增加更多的白色，-200会使
输出通道成为全黑，如图7-113所
示；+200会使输出通道成为全白，如
图7-114所示。

图7-113 常数值为-200

图7-114 常数值为+200

- 【单色】：勾选该复选框，彩色图像将转换为黑白图像，如图 7-115 所示。

图7-115 单色效果

7.2.10 反相

选择【反相】命令，可以反转图像中的颜色，通道中每个像素的亮度值都会转换为 256 级颜色值相反的值。例如，值为 255 的正片图像中的像素会转换为 0，值为 5 的像素会转换为 250。下面就来介绍具体的操作方法。

01 打开"素材\Cha07\013.jpg"素材文件，如图 7-116 所示。

图7-116 打开的素材文件

02 在菜单栏中选择【图像】|【调整】|【反相】命令，即可对图像进行反相，如图 7-117 所示。

图7-117 反相后的效果

提 示

用户还可以按 Ctrl+I 快捷键执行【反相】命令。

7.2.11 色调分离

选择【色调分离】命令可以指定图像中每个通道色调级（或亮度值）的数目，然后将像素映射为最接近的匹配级别。例如，在 RGB 图像中选取两个色调级可以产生 6 种颜色，即两种红色、两种绿色和两种蓝色。

在照片中创建特殊效果，如创建大的单调区域时此命令非常有用。在减少灰度图像中的灰色色阶数，它的效果最为明显。但它也可以在彩色图像中产生一些特殊的效果。图 7-118 所示为使用【色调分离】命令前后的效果对比。

图7-118 使用【色调分离】命令前后的效果对比

7.2.12 阈值

【阈值】命令可以删除图像的色彩信息，将其转换为只有黑白两种颜色的高对比度图像。

打开"015.jpg"素材文件，在菜单栏中选择【图像】|【调整】|【阈值】命令，即可弹出【阈值】对话框，如图 7-119 所示。在该对话框中输入【阈值色阶】值，或者拖动直方图下面的滑块，也可以指定某个色阶作为阈值，所有比阈值亮的像素便被转换为白色；相反，所有比阈值暗的像素则被转换为黑色。图 7-120 所示为调整阈值前后的效果对比。

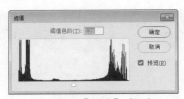

图7-119　【阈值】对话框

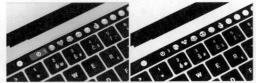

图7-120　调整阈值前后的效果对比

7.2.13　渐变映射

【渐变映射】命令可以将图像的色阶映射为一组渐变色的色阶。如指定双色渐变填充时，图像中的暗调被映射到渐变填充的一个端点颜色，高光被映射到另一个端点颜色，中间调被映射到两个端点之间的层次。

在菜单栏中选择【图像】|【调整】|【渐变映射】命令，即可弹出【渐变映射】对话框，如图7-121所示。应用【渐变映射】命令前后的效果对比如图7-122所示。

图7-121　【渐变映射】对话框

图7-122　应用【渐变映射】命令前后的效果对比

【渐变映射】对话框各选项的含义介绍如下。

- 【灰度映射所用的渐变】下拉面板：在该下拉面板中选择一种渐变类型。默认情况下，图像的暗调、中间调和高光分别映射到渐变填充的起始（左端）颜色、中间点和结束（右端）颜色。

- 【仿色】复选框：通过添加随机杂色，可使渐变映射效果的过渡显得更为平滑。

- 【反向】复选框：反转渐变填充方向，以形成反向映射的效果。

7.2.14　可选颜色

【可选颜色】命令是高端扫描仪和分色程序使用的一种技术，用于在图像中的每个主要原色成分中更改印刷色的数量。使用【可选颜色】命令可以有选择性地修改主要颜色中的印刷色的数量，但不会影响其他主要颜色。例如，可以减少图像绿色像素中的青色，同时保留蓝色像素中的青色不变。下面就来介绍具体的操作方法。

01 打开"素材\Cha07\017.jpg"素材文件，如图7-123所示。

图7-123　打开的素材文件

02 在菜单栏中选择【图像】|【调整】|【可选颜色】命令，弹出【可选颜色】对话框，将【颜色】设置为【黄色】，将【青色】、【洋红】、【黄色】、【黑色】分别设置为-23、11、63、24，如图7-124所示。

图7-124　【可选颜色】对话框

03 设置完成后，单击【确定】按钮。完成后的效果如图7-125所示。

图7-125　完成后的效果

【可选颜色】对话框中各选项的含义介绍如下。

● 【颜色】：在该选项下拉列表中可以选择要调整的颜色，这些颜色由加色原色、减色原色、白色、中性色和黑色组成。选择一种颜色后，可拖动【青色】、【洋红】、【黄色】和【黑色】滑块来调整这4种印刷色的数量。向右拖动【青色】滑块时，颜色向青色转换；向左拖动时，颜色向红色转换。向右拖动【洋红】滑块时，颜色向洋红色转换；向左拖动时，颜色向绿色转换。向右拖动【黄色】滑块时，颜色向黄色转换；向左拖动时，颜色向蓝色转换。拖动【黑色】滑块可以增加或减少黑色。

● 【方法】：用来设置色值的调整方式。选中【相对】单选按钮时，可按照总量的百分比修改现有的青色、洋红、黄色或黑色的含量。例如，如果从50%的洋红像素开始添加10%，结果为55%的洋红（50%+50%×10%=55%）。选中【绝对】单选按钮时，则采用绝对值调整颜色。例如，如果从50%的洋红像素开始添加10%，则结果为60%的洋红。

7.2.15 去色

【去色】命令可以去除彩色图像的颜色，但不会改变图像的颜色模式。图7-126、图7-127所示分别为执行该命令前后的图像效果。如果在图像中创建了选区，则执行该命令时，只会去除选区内图像的颜色，如图7-128所示。

图7-126　执行【去色】命令前的效果

图7-127　执行【去色】命令后的效果

图7-128　去除选区内的颜色

7.2.16 匹配颜色

【匹配颜色】命令可以将一个图像（源图像）的颜色与另一个图像（目标图像）的颜色相匹配。该命令比较适合处理多个图片，以使它们的颜色保持一致。下面就来介绍具体的操作方法。

01 打开"素材\Cha07\019.jpg和020.jpg"素材文件，如图7-129、图7-130所示。

图7-129　打开的素材文件

图7-130　打开的素材文件

02 将"019.jpg"素材文件置为当前需要修改的文件，然后在菜单栏中选择【图像】|【调整】|【匹配颜色】命令，弹出【匹配颜色】对话框，在【源】下拉列表中选择"020.jpg"文件，如图7-131所示。

图7-131　【匹配颜色】对话框

03 设置完成后，单击【确定】按钮。完成后的效果如图7-132所示。

图7-132　完成后的效果

【匹配颜色】对话框中各选项的含义介绍如下。

● 【目标】：显示了被修改的图像的名称和颜色模式等信息。

● 【应用调整时忽略选区】：如果当前的图像中包含选区，勾选该复选框，可忽略选区，调整将应用于整个图像，

如图7-133所示；取消勾选该复选框，则仅影响选区内的图像，如图7-134所示。

图7-133　勾选【应用调整时忽略选区】复选框时的效果

图7-134　取消勾选【应用调整时忽略选区】复选框时的效果

● 【明亮度】：拖动滑块或输入数值，可以增加或减小图像的亮度。

● 【颜色强度】：用来调整色彩的饱和度。该值为1时，可生成灰度图像。

● 【渐隐】：用来控制应用于图像的调整量，该值越高，调整的强度越弱。图7-135和7-136所示为【渐隐】值分别为30、70时的效果。

● 【中和】：勾选该复选框，可消除图像中出现的色偏。

图7-135　【渐隐】值为30时的效果

图7-136 【渐隐】值为70时的效果

- 【使用源选区计算颜色】：如果在源图像中创建了选区，勾选该复选框，可使用选区中的图像匹配颜色，如图7-137所示；取消勾选该复选框，则使用整幅图像进行匹配，如图7-138所示。

图7-137 勾选【使用源选区计算颜色】复选框时的效果

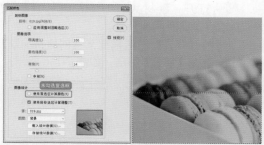

图7-138 取消勾选【使用源选区计算颜色】复选框时的效果

- 【使用目标选区计算调整】：如果在目标图像中创建了选区，勾选该复选框，可使用选区内的图像来计算调整；取消勾选该复选框，则会使用整个图像中的颜色来计算调整。
- 【源】：用来选择与目标图像中的颜色进行匹配的源图像。
- 【图层】：用来选择需要匹配颜色的图层。如果要将【匹配颜色】命令应用

于目标图像中的某一个图层，应在执行命令前选择该图层。

- 【存储统计数据 / 载入统计数据】：单击【存储统计数据】按钮，可将当前的设置保存；单击【载入统计数据】按钮，可载入已存储的设置。当使用载入的统计数据时，无须在 Photoshop 中打开源图像，就可以完成匹配目标图像的操作。

> **提示**
> 【匹配颜色】命令仅适用于 RGB 模式的图像。

7.2.17 替换颜色

【替换颜色】命令可以选择图像中的特定颜色，然后将其替换。该命令的对话框中包含了颜色选择选项和颜色调整选项。颜色的选择方式与【色彩范围】命令基本相同，而颜色的调整方式又与【色相 / 饱和度】命令十分相似，所以，我们暂且将【替换颜色】命令看作是这两个命令的集合。

下面就来介绍使用【替换颜色】命令替换图像颜色的操作方法。

01 打开"素材 \Cha07\021.jpg"素材文件，如图 7-139 所示。

图7-139 打开的素材文件

02 在菜单栏中选择【图像】|【调整】|【替换颜色】命令，弹出【替换颜色】对话框，使用吸管工具在图像上吸取部分颜色，如图 7-140 所示。

03 将【颜色容差】设置为 180，将【色相】设置为 +116，将【饱和度】设置为 +42，将【明度】设置为 +59，如图 7-141 所示。

04 设置完成后，单击【确定】按钮。完成后的效果如图 7-142 所示。

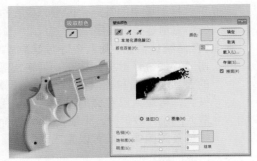

图7-140　吸取颜色

图7-141　设置替换颜色参数

图7-142　完成后的效果

7.2.18　阴影/高光

当照片曝光不足时，使用【阴影/高光】命令，在弹出的如图7-143所示的【阴影/高光】对话框中可以轻松校正它，不是简单地将图像变亮或变暗，而是基于阴影或高光区周围的像素协调地增亮和变暗。

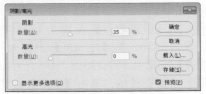

图7-143　【阴影/高光】对话框

7.2.19　黑白

将彩色图像转换为灰度图像，同时保持对各颜色的转换方式的完全控制，也可以通过对图像应用【色调】来为灰度着色。通过颜色滑块调整图像中特定颜色的灰色调。将滑块向左拖动或向右拖动分别可使图像原色的灰色调变暗或变亮。【黑白】对话框如图7-144所示。

图7-144　【黑白】对话框

7.2.20　颜色查找

下面就来介绍【颜色查找】命令具体操作方法。

01　打开"素材\Cha07\022.jpg"素材文件，如图7-145所示。

02　将【背景】图层拖曳至【创建新图层】按钮上，复制【背景】图层，如图7-146所示。

图7-145　打开的素材文件　　图7-146　复制背景图层

03　在菜单栏中选择【图像】|【调整】|【曲线】命令，如图7-147所示。

04　在弹出的【曲线】对话框中调整曲线，稍微调亮画面色调，如图7-148所示。

05　在菜单栏中选择【图像】|【调整】|【颜色查找】命令，如图7-149所示。

图7-147 选择【曲线】命令

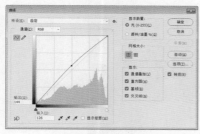

图7-148 设置曲线参数

图7-149 选择【颜色查找】命令

06 弹出【颜色查找】对话框,设置【设备链接】参数,单击【确定】按钮,如图 7-150 所示。

图7-150 设置设备链接

07 将图层混合模式设置为【滤色】,将

【不透明度】设置为 70,如图 7-151 所示。

图7-151 设置图层混合模式和不透明度

7.2.21 HDR色调

下面就来介绍使用 Photoshop 设置图片 HDR 色调的具体操作方法。

01 打开"素材\Cha07\023.jpg"素材文件,如图 7-152 所示。

图7-152 打开的素材文件

02 在菜单栏中选择【图像】|【调整】|【HDR 色调】命令,如图 7-153 所示。

03 弹出【HDR 色调】对话框,在【边缘光】选项组中将【半径】设置为 270,将【强度】设置为 1,单击【确定】按钮,如图 7-154 所示。

图7-153 选择【HDR色 图7-154 设置参数
调】命令

04 返回到工作区中观察效果,如图 7-155 所示。

图7-155　观察效果

>> 知识链接

　　HDR 的全称是 High Dynamic Range，即高动态范围，比如所谓的高动态范围图像（HDRI）或者高动态范围渲染（HDRR）。动态范围是指信号最高和最低值的相对比值。目前的 16 位整型格式使用从 0（黑）到 1（白）的颜色值，但是不允许所谓的过范围值，比如说金属表面比白色还要白的高光处的颜色值。

　　在 HDR 的帮助下，我们可以使用超出普通范围的颜色值，因而能渲染出更加真实的 3D 场景。

　　简单来说，HDR 效果主要有 3 个特点，即亮的地方可以非常亮、暗的地方可以非常暗、亮暗部的细节都很明显。

7.3　上机练习——调整唯美暖色效果

　　在本节中，将通过实例来介绍运用 Photoshop 对图层中图像的处理来达到美观时尚的效果。

>> 作品描述

　　暖色给人一种亲切的感觉，下面将讲解如何使用 Photoshop 打造暖色效果。本案例主要通过为照片添加【色相／饱和度】、【曲线】、【选取颜色】等命令，然后通过调整其参数达到暖色效果。制作完成后的效果如图 7-156 所示。

图7-156　调整唯美暖色效果

素材	素材\Cha07\调整唯美暖色效果.jpg
场景	场景\Cha07\调整唯美暖色效果.psd
视频	视频教学\Cha07\调整唯美暖色效果.mp4

>> 案例实现

　　01 按 Ctrl+O 快捷键，打开【调整唯美暖色效果 .jpg】素材文件，如图 7-157 所示。

　　02 按 F7 键打开【图层】面板。单击【图层】面板底部的【创建新的填充或调整图层】按钮，在弹出的下拉菜单中选择【色相／饱和度】命令，如图 7-158 所示。

图7-157　打开的素材文件　　图7-158　选择【色相/饱和度】命令

>> 知识链接

　　色相是指色彩的相貌，如光谱中的红、橙、黄、绿、蓝、紫为基本色相；明度是指色彩的明暗度；纯度是指色彩的鲜艳程度，也称饱和度；以明度和纯度共同表现的色彩的程度称为色调。

　　03 在弹出的【属性】面板中将当前编辑设置为【全图】，将【色相】、【饱和度】、【明度】分别设置为 0、-16、7，如图 7-159 所示。

图7-159　设置全图的色相/饱和度

04 将当前编辑设置为【黄色】，将【色相】、【饱和度】、【明度】分别设置为-16、-49、0，如图7-160所示。

图7-160　设置黄色的色相/饱和度

05 将当前编辑设置为【绿色】，将【色相】、【饱和度】、【明度】分别设置为-34、-48、0，如图7-161所示。

图7-161　设置绿色的色相/饱和度

06 再单击【图层】面板底部的【创建新的填充或调整图层】按钮 ，在弹出的下拉菜单中选择【曲线】命令，如图7-162所示。

图7-162　选择【曲线】命令

07 在弹出的【属性】面板中将当前编辑设置为RGB，添加一个编辑点，将【输入】、【输出】分别设置为189、208，如图7-163所示。

图7-163　添加编辑点并设置参数

08 设置完成后，再在【属性】面板中选中左下角的编辑点，将【输入】、【输出】分别设置为0、34，如图7-164所示。

图7-164　设置编辑点的输入与输出

09 将当前编辑设置为【红】，选中曲线左下角的编辑点，将【输入】、【输出】分别设置为0、33，如图7-165所示。

图7-165　设置红色曲线参数

10 将当前编辑设置为【绿】，选中曲线

左下角的编辑点，将【输入】、【输出】分别设置为 22、0，如图 7-166 所示。

图7-166 设置绿色曲线参数

11 将当前编辑设置为【蓝】，选中曲线左下角的编辑点，将【输入】、【输出】分别设置为 0、5，如图 7-167 所示。

图7-167 设置蓝色曲线参数

12 再单击【图层】面板底部的【创建新的填充或调整图层】按钮，在弹出的下拉菜单中选择【可选颜色】命令，如图 7-168 所示。

图7-168 选择【可选颜色】命令

13 在打开的【属性】面板中将【颜色】设置为【红色】，将【青色】、【洋红】、【黄色】、【黑色】分别设置为 -9、10、-7、-2，选中【相对】单选按钮，如图 7-169 所示。

图7-169 设置红色颜色参数

14 在【属性】面板中将【颜色】设置为【黄色】，将【青色】、【洋红】、【黄色】、【黑色】分别设置为 -5、6、0、-18，如图 7-170 所示。

图7-170 设置黄色颜色参数

15 在【属性】面板中将【颜色】设置为【青色】，将【青色】、【洋红】、【黄色】、【黑色】分别设置为 -100、0、0、0，如图 7-171 所示。

图7-171 设置青色颜色参数

16 在【属性】面板中将【颜色】设置为

【蓝色】，将【青色】、【洋红】、【黄色】、【黑色】分别设置为 -64、0、0、0，如图 7-172 所示。

图7-172 设置蓝色颜色参数

17 将【颜色】设置为【白色】，将【青色】、【洋红】、【黄色】、【黑色】分别设置为 0、-2、18、0，如图 7-173 所示。

图7-173 设置白色颜色参数

18 将【颜色】设置为【黑色】，将【青色】、【洋红】、【黄色】、【黑色】分别设置为 0、0、-45、0，如图 7-174 所示。

图7-174 设置黑色颜色参数

19 设置完成后，在【图层】面板中选中【选取颜色 1】图层，按 Ctrl+J 快捷键复制图层，并将【不透明度】设置为 30，如图 7-175 所示。

所示。

图7-175 复制图层并设置不透明度

20 单击【图层】面板底部的【创建新的填充或调整图层】按钮，在弹出的下拉菜单中选择【色彩平衡】命令，如图 7-176 所示。

图7-176 选择【色彩平衡】命令

21 在打开的【属性】面板中将【色调】设置为【阴影】，将其参数分别设置为 0、-6、10，如图 7-177 所示。

图7-177 设置阴影参数

22 将【色调】设置为【高光】，将其参数分别设置为 0、3、0，如图 7-178 所示。

图7-178 设置高光参数

23 设置完成后，按 Ctrl+J 快捷键对选中的图层进行复制，按 Ctrl+Shift+Alt+E 快捷键对图层进行盖印，并将盖印后的图层进行隐藏，然后选中【色彩平衡 1 拷贝】图层，如图 7-179 所示。

图7-179 复制与盖印图层

24 在【图层】面板中新建一个图层，将【前景色】的 RGB 值设置为 193、177、127，按 Alt+Delete 快捷键填充前景色，隐藏【图层 1】图层的显示，如图 7-180 所示。

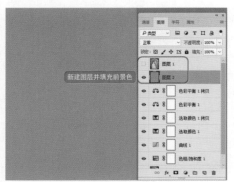

图7-180 新建图层并填充前景色

疑难解答 使用什么快捷键可快速填充背景色？
按Ctrl+Delete快捷键可快速填充背景色。

25 继续选中新建的【图层 2】图层，单击【图层】面板底部的【添加图层蒙版】按钮，选择工具箱中的【渐变工具】，在图层蒙版中添加黑白渐变，然后再使用【画笔工具】对人物进行涂抹，并将其图层混合模式设置为【滤色】，如图 7-181 所示。

图7-181 添加图层蒙版并填充渐变

26 按 Ctrl+J 快捷键，对【图层 2】图层进行复制，并在【图层】面板中将【不透明度】设置为 40，如图 7-182 所示。

图7-182 复制图层并设置不透明度

27 将隐藏的【图层 1】图层显示，选中该图层，在菜单栏中选择【滤镜】|【渲染】|【镜头光晕】命令，如图 7-183 所示。

28 在弹出的【镜头光晕】对话框中选中【105 毫米聚焦】单选按钮，将【亮度】设置为 137，调整光晕的位置，如图 7-184 所示。

29 设置完成后，单击【确定】按钮。在【图层】面板中选中【图层 1】图层，将其图层混合模式设置为【变暗】，如图 7-185 所示。

图7-183 选择【镜头光晕】命令

图7-185 设置图层混合模式

图7-184 设置镜头光晕参数

30 设置完成后，即可完成调整，效果如图 7-186 所示。

图7-186 调整后的效果

7.4 习题与训练

1. 如果对图像的整体颜色进行调整，需要使用什么命令对其进行设定？

2. 什么命令可以删除图像的色彩信息？什么命令可以将其转换为只有黑白两种颜色的高对比度图像？

第 **8** 章 设计网页宣传图——滤镜在设计中的应用

网页宣传图设计往往是利用图片、文字等元素进行画面构成的，并且通过视觉元素传达信息，将真实的图片展现在人们面前，让观赏者一目了然，使信息传递得更为准确，给人一种真实、直观、形象的感觉，使信息更具有说服力。

本章导读

- ➤ 创建智能滤镜
- ➤ 编辑智能滤镜
- ➤ 删除智能滤镜
- ➤ 镜头校正
- ➤ 液化
- ➤ 模糊画廊

本章案例

- ➤ 冰箱网页宣传图
- ➤ 汽车网页宣传图
- ➤ 美妆网页宣传图
- ➤ 网页活动宣传图

在精美细腻的网页界面中，网页宣传图为了达到一定的视觉效果，提高视觉品位，营造艺术氛围，在选择素材图片以及文字设计方面都有精确的考量，完美的结合才能使网页呈现细腻精美的视觉效果。

在很多网站中的宣传图中，为了增添艺术效果，利用了多种颜色以及复杂的图形相结合，让画面看起来色彩斑斓，光彩夺目，从而吸引大众的购买欲，使观众对宣传内容有新的兴趣，网页的点击率会更多，这也是网页宣传图的一大特点。

8.1 制作冰箱网页宣传图——智能滤镜

作品描述

随着网络的高速发展及完善,网页宣传图逐渐融入现代生活与工作中,网页中的宣传图设计成为艺术设计中重要的一个区域。在网页宣传图设计中,要想使网页宣传图具有很好的视觉效果冲击,要有精彩的图形图像组成美观的效果才能吸引观赏者,从而达到宣传的目的。本节将以冰箱网页宣传图为例,介绍如何制作网页中的宣传图,效果如图 8-1 所示。

图 8-1 冰箱网页宣传图

素材	素材\Cha08\背景01.jpg、植物-盆栽.png、冰箱.png
场景	场景\Cha08\制作冰箱网页宣传图—智能滤镜.psd
视频	视频教学\Cha08\制作冰箱网页宣传图—智能滤镜.mp4

案例实现

01 启动 Phtoshop CC 软件。按 Ctrl+N 快捷键,在弹出的【新建文档】对话框中将【名称】设置为"制作冰箱网页宣传图",将【宽度】、【高度】分别设置为 1920、900,将【分辨率】设置为 72,将【背景内容】设置为【白色】,如图 8-2 所示。

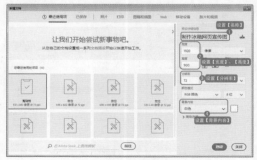

图 8-2 设置新建文档参数

02 设置完成后,单击【创建】按钮。按 Ctrl+O 快捷键,在弹出的【打开】对话框中选择"素材\Cha08\背景01.jpg"素材文件,如图 8-3 所示。

图 8-3 选择素材文件

03 单击工具箱中的【移动工具】按钮 ➕ ,选中该素材文件,按住鼠标左键将其拖曳至新建的文档中,并调整其位置,效果如图 8-4 所示。

图 8-4 添加素材文件

04 打开"植物 - 盆栽 .png"素材文件,并将其添加至新建文档中,在【属性】面板中将 X、Y 分别设置为 -4.34、19.68,按 Ctrl+T 快捷键,调出自由变换框。单击鼠标右键,在弹出的快捷菜单中选择【水平翻转】命令,如图 8-5 所示。

图 8-5 设置位置并选择【水平翻转】命令

05 按 Enter 键完成变换。在【图层】面板中选择【图层 2】图层,单击鼠标右键,在弹出的快捷菜单中选择【转换为智能对象】命令,如图 8-6 所示。

图8-6 选择【转换为智能对象】命令

06 继续选择【图层 2】图层,在菜单栏中选择【滤镜】|【模糊】|【高斯模糊】命令,如图 8-7 所示。

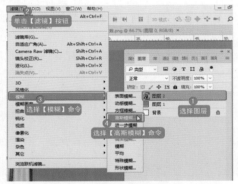

图8-7 选择【高斯模糊】命令

07 选择该操作后,将会弹出【高斯模糊】对话框,将【半径】设置为 8.2,如图 8-8 所示。

图8-8 设置高斯模糊半径

08 设置完成后,单击【确定】按钮。打开"冰箱.png"素材文件,将该素材添加至【制作冰箱网页宣传图】文档中,在【属性】面板中将 W、H 分别设置为 12.98、25.4 厘米,将

X、Y 分别设置为 38.24、4.9,如图 8-9 所示。

图8-9 添加素材并设置位置与大小

知识链接

1. 认识滤镜

滤镜是 Photoshop 中最具吸引力的功能之一,它就像是一个魔术师,可以把普通的图像变为非凡的视觉作品。滤镜不仅可以制作各种特效,还能模拟素描、油画、水彩等绘画效果。在本章中,我们就来详细了解各种滤镜的特点和使用方法。

【滤镜】原本是摄影师安装在照相机前的过滤器,用来改变照片的拍摄方式,以产生特殊的拍摄效果,Photoshop 中的滤镜是一种插件模块,能够操纵图像中的像素。我们知道,位图图像是由像素组成的,每一个像素都有位置和颜色值,滤镜就是通过改变像素的位置或颜色生成各种特殊的效果。图 8-10 所示为原图像;图 8-11 所示为【拼贴】滤镜处理后的图像。

图8-10 原图像　　图8-11 滤镜处理后的图像

Photoshop 的【滤镜】菜单中包含多种滤镜,如图 8-12 所示。其中,【滤镜库】、【镜头校正】、【液化】和【消失点】是特殊的滤镜,被单独列出,而其他滤镜都依据其主要的功能被放置在不同类别的滤镜组中,如图 8-13 所示。

图8-12 【滤镜】下拉菜单　图8-13 滤镜子菜单

2. 滤镜的分类

Photoshop 中的滤镜可分为 3 种类型，第 1 种是修改类滤镜，它们可以修改图像中的像素，如【扭曲】、【纹理】、【素描】等滤镜，这类滤镜的数量最多；第 2 种是复合类滤镜，这类滤镜有自己的工具和独特的操作方法，更像是一个独立的软件，如【液化】、【消失点】和【滤镜库】，如图 8-14 所示。

图8-14 滤镜库

第 3 种是创造类滤镜，这类滤镜不需要借助任何像素便可以产生效果，如【云彩】滤镜可以在透明的图层上生成云彩，如图 8-15 所示。这类滤镜的数量最少。

图8-15 【镜头光晕】滤镜效果

3. 滤镜的使用规则

使用【滤镜】处理图层中的图像时，该图层必须是可见的。如果创建了选区，【滤镜】只处理选区内的图像，如图 8-16 所示。没有创建选区，则处理当前图层中的全部图像，如图 8-17 所示。

图8-16 对选区内图像使 图8-17 对全部图像应用
用滤镜 滤镜

【滤镜】可以处理图层蒙版、快速蒙版和通道。

【滤镜】的处理效果是以像素为单位进行计算的。因此，相同的参数处理不同分辨率的图像，其效果也会不同。

只有【云彩】滤镜可以应用在没有像素的区域，其他滤镜都是应用在包含像素的区域，否则不能使用这些滤镜。例如，图 8-18 所示的是在透明的图层上应用【风】滤镜时弹出的提示框。

图8-18 提示框

RGB 模式的图像可以使用全部的滤镜，部分滤镜不能用于 CMYK 模式的图像，索引模式和位图模式的图像则不能使用滤镜。如果要对位图模式、索引模式或 CMYK 模式的图像应用一些特殊滤镜，可以先将其转换为 RGB 模式，再进行处理。

09 在【图层】面板中选择【图层3】图层，按住鼠标左键将其拖曳至【创建新图层】按钮 上，对其进行复制。选中复制后的图层，按 Ctrl+T 快捷键，调出自由变换框。单击鼠标右键，在弹出的快捷菜单中选择【垂直翻转】命令，如图 8-19 所示。

图8-19 选择【垂直翻转】命令

🏷 **提 示**

除了上述方法复制图层外，用户还可以在选择图层后单击鼠标右键，在弹出的快捷菜单中选择【复制图层】命令，然后在弹出的对话框中设置图层名称，设置完成后，单击【确定】按钮即可完成图层的复制。

10 按 Enter 键完成翻转。在【属性】面板中将 X、Y 分别设置为 38.24、26.25，在【图层】面板中将【图层3拷贝】图层调整至【图层3】图层的下方，如图 8-20 所示。

图8-20　设置位置并调整图层排放顺序

11 继续在【图层】面板中选择【图层3拷贝】图层，将【不透明度】设置为62，单击【添加图层蒙版】按钮 ，按住Ctrl键单击【图层3拷贝】图层的缩览图，将其载入选区，在工具箱中单击【渐变工具】按钮 ，将渐变颜色设置为【黑—白渐变】，在工作区中拖动鼠标，填充渐变，效果如图8-21所示。

图8-21　添加图层蒙版并填充渐变

12 按Ctrl+D快捷键取消选区，单击工具箱中的【椭圆工具】按钮 ，在工具选项栏中将【工具模式】设置为【形状】，将【填充】的RGB值设置为37、37、37，在【属性】面板中将W、H分别设置为389、71，将X、Y分别设置为1074、787，在【图层】面板中将【不透明度】设置为69，如图8-22所示。

图8-22　绘制椭圆形并进行设置

13 在【属性】面板中单击【蒙版】按

钮 ，将【羽化】设置为7.6，在【图层】面板中将【椭圆1】图层的【不透明度】设置为69，如图8-23所示。

图8-23　设置羽化与不透明度

14 在【图层】面板中选择【图层3】图层，单击【创建新的填充或调整图层】按钮 ，在弹出的下拉菜单中选择【曲线】命令，在【属性】面板中添加两个曲线点，并调整其参数，如图8-24所示。

图8-24　添加调整图层

15 单击工具箱中的【横排文字工具】按钮 ，在工作区中单击鼠标左键，输入"享受"，在【字符】面板中将【字体】设置为【方正大黑简体】，将【字体大小】设置为100，将【字符间距】设置为200，将【颜色】的RGB值设置为255、255、255，并在工作区中调整文字的位置，效果如图8-25所示。

图8-25　输入文字并进行设置

16 在【图层】面板中双击该文字图层，在弹出的【图层样式】对话框中勾选【投影】复选框，将【混合模式】设置为【正片叠底】，将【阴影颜色】的 RGB 值设置为 43、159、218，将【不透明度】设置为 75，将【角度】设置为 90，勾选【使用全局光】复选框，将【距离】、【扩展】、【大小】分别设置为 2、0、4，如图 8-26 所示。

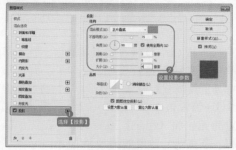

图 8-26　设置投影参数

17 设置完成后，单击【确定】按钮。在【图层】面板中对【享受】图层进行复制，并将复制后的文字更改为"新鲜生活"，在【字符】面板中将【字符间距】设置为 100，并在工作区中调整其位置，效果如图 8-27 所示。

图 8-27　复制图层并设置文本参数

18 在【图层】面板中选择【享受】与【新鲜生活】图层，按住鼠标左键将其拖曳至【创建新组】按钮上，将其添加至组中，并将组名称设置为"文字"，如图 8-28 所示。

图 8-28　创建组

19 选中【文字】组，按住鼠标左键将其拖曳至【创建新图层】按钮上，对其进行复制，将复制的【文字拷贝】组取消显示，再在【图层】面板中选择【文字】组，单击【添加图层蒙版】按钮，在工具箱中单击【钢笔工具】按钮，在工具选项栏中将【工具模式】设置为【路径】，将【路径操作】设置为【合并形状】，在工作区中绘制如图 8-29 所示的路径。

图 8-29　绘制路径

20 按 Ctrl+Enter 快捷键将其载入选区。选中【文字】组中的图层蒙版，将【背景色】的 RGB 值设置为 0、0、0，按 Ctrl+Delete 快捷键填充背景色，效果如图 8-30 所示。

图 8-30　为图层蒙版填充背景色

🏷 提　示

　　图层蒙版是一个 256 级色阶的灰度图像，它蒙在图层上面，起到遮罩图层的作用，但是其本身并不可见。在图层蒙版中，纯白色对应的图像是可见的，黑色对象的图像则是完全不可见的，灰色区域会使图像呈现一定程度的透明效果。

21 按 Ctrl+D 快捷键取消选区。在【图层】面板中将【文字 拷贝】组显示，按住 Shift 键选择【新鲜生活】与【享受】图层，在【字符】面板中将【颜色】的 RGB 值设置为 255、222、0，在选中的图层上单击鼠标右键，在弹出的快捷菜单中选择【清除图层样式】命令，如图 8-31 所示。

图 8-31　设置文本颜色并选择【清除图层样式】命令

22 在【图层】面板中选择【文字 拷贝】组，单击鼠标右键，在弹出的快捷菜单中选择【合并组】命令，如图 8-32 所示。

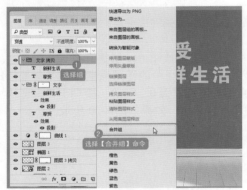

图 8-32　选择【合并组】命令

23 在【图层】面板中选择【文字 拷贝】图层，在工具箱中单击【钢笔工具】按钮 ，在工作区中绘制如图 8-33 所示的路径。

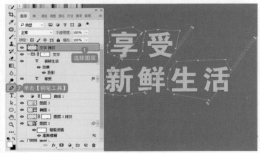

图 8-33　绘制路径

24 按 Ctrl+Enter 快捷键。将路径载入选区。按 Delete 键将选区中的对象删除，效果如图 8-34 所示。

图 8-34　删除选区中的对象

25 按 Ctrl+D 快捷键取消选区。在工具箱中单击【直线工具】按钮 ，在工具选项栏中将【工具模式】设置为【形状】，将【填充】的 RGB 值设置为 255、255、255，将【描边】设置为无，将【粗细】设置为 1，在工作区中绘制一条直线，效果如图 8-35 所示。

图 8-35　绘制直线

26 使用相同的方法，再绘制两条直线，绘制后的效果如图 8-36 所示。

图 8-36　绘制其他直线后的效果

27 在工具箱中单击【椭圆工具】按钮 ，在工具选项栏中将【工具模式】设置为【形状】，将【填充】的 RGB 值设置为 255、255、255，在工作区中按住 Shift 键绘制一个正圆形，在【属性】面板中将 W、H 均设置为

12，将 X、Y 分别设置为 507、410，如图 8-37
所示。

图8-37 绘制正圆形并调整其大小与位置

28 在【图层】面板中双击【椭圆 2】图
层，在弹出的【图层样式】对话框中勾选【投
影】复选框，将【混合模式】设置为【正片叠
底】，将【阴影颜色】的 RGB 值设置为 43、
159、218，将【不透明度】设置为 75，将【角
度】设置为 120，勾选【使用全局光】复选框，
将【距离】、【扩展】、【大小】分别设置为 2、
0、4，如图 8-38 所示。

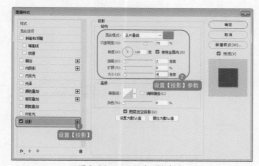

图8-38 设置投影参数

29 设置完成后，单击【确定】按钮。按
住 Ctrl+Alt 快捷键对该正圆形进行复制，并调
整正圆形的位置，效果如图 8-39 所示。

图8-39 复制正圆形后的效果

30 根据前面所介绍的方法创建其他文
本，并对文本进行相应的调整，然后为相应的
文本添加【投影】图层样式，效果如图 8-40
所示。

图8-40 创建其他文本后的效果

31 单击工具箱中的【圆角矩形工具】按
钮 □，在工具选项栏中将【工具模式】设置为
【形状】，将【填充】设置为无，将【描边】的
RGB 值设置为 255、222、0，将【描边宽度】
设置为 2，将【半径】设置为 2，在工作区中绘
制一个圆角矩形，在【属性】面板中将 W、H 分
别设置为 308、43，并调整其位置，如图 8-41
所示。

图8-41 绘制圆角矩形并进行设置

32 在工具箱中单击【矩形工具】 □，
在工具选项栏中将【填充】的 RGB 值设置为
255、222、0，将【描边】设置为【无】，在
工作区中绘制一个矩形，在【属性】面板中将
W、H 分别设置为 133、41，并调整矩形的位
置，效果如图 8-42 所示。

33 在工具箱中单击【横排文字工具】 T，
在工作区中单击鼠标，输入"抢先预定>"，

选中该文字在【属性】面板中将【字体】设置为【Adobe 黑体 Std】，将【字体大小】设置为 23，将【颜色】的 RGB 值设置为 0、84、124，并为该文字图层添加一个黑色投影，在工作区中调整其位置即可，效果如图 8-43 所示。

图 8-42　绘制矩形并进行设置

图 8-43　输入文字并进行设置

34 根据前面所介绍的方法，在工作区中绘制其他图形，并为其添加【投影】图层样式，效果如图 8-44 所示。

图 8-44　绘制其他图形后的效果

35 至此，冰箱网页宣传图就制作完成了，对完成后的场景进行保存即可。

8.1.1　创建智能滤镜

对普通图层中的图像选择【滤镜】命令后，此效果将直接应用在图像上，原图像将遭到破坏；而对智能对象应用【滤镜】命令后，将会产生智能滤镜。智能滤镜中保留有为图像选择的任何【滤镜】命令和参数设置，这样就可以随时修改选择的滤镜参数，且原图像仍保留有原有的数据。下面就来介绍使用智能滤镜的具体操作方法。

01 打开"素材 \Cha08\01.jpg"素材文件，如图 8-45 所示。

图 8-45　打开的素材文件

02 在菜单栏中选择【滤镜】|【转换为智能滤镜】命令，此时系统会弹出提示框，如图 8-46 所示，单击【确定】按钮。

图 8-46　提示框

03 将图层中的对象转换为智能对象，然后在菜单栏中选择【滤镜】|【风格化】|【拼贴】命令，如图 8-47 所示。

04 在弹出的【拼贴】对话框中选中【前景颜色】单选按钮，其他参数使用默认设置即可，如图 8-48 所示。

图 8-47　选择【拼贴】命令　　图 8-48　设置拼贴参数

05 设置完成后，单击【确定】按钮，即可应用该滤镜效果。在【图层】面板中该图层的下方将会出现智能滤镜效果，如图 8-49 所示。如果用户需要对【拼贴】滤镜进行设置，可以在【图层】面板中双击【拼贴】效果，然后在弹出的【拼贴】对话框中对其进行设置即可。

如果在选择滤镜的过程中想要终止滤镜，可以按 Esc 键。

选择滤镜时通常会打开滤镜库或者相应的对话框，在预览框中可以预览滤镜效果，单击 ⊟ 和 ⊞ 按钮可以放大或缩小图像的显示比例。将光标移至预览框中，单击并拖动鼠标，可移动预览框内的图像，如图 8-52 所示。

图 8-49 添加智能滤镜后的效果

知识链接

在使用滤镜处理图像时，以下技巧可以帮助用户更好地完成操作。

选择完一个滤镜命令后，【滤镜】菜单的第一行便会出现该滤镜的名称，如图 8-50 所示。单击该命令或者按 Alt+Ctrl+F 快捷键可以快速应用该滤镜。

图 8-50 显示滤镜名称

在任意【滤镜】对话框中按住 Alt 键，对话框中的【取消】按钮都会变成【复位】按钮，如图 8-51 所示。单击该按钮可以将滤镜的参数恢复到初始状态。

图 8-51 【取消】按钮与【复位】按钮

图 8-52 拖动鼠标查看图像

如果想要查看某一区域内的图像，则可将鼠标移至图像中，光标会显示为一个方框状，单击鼠标左键，滤镜预览框内将显示单击处的图像，如图 8-53 所示。

图 8-53 在预览框中查看图像

使用滤镜处理图像后，可在菜单栏中选择【编辑】|【渐隐】命令修改滤镜效果的混合模式和不透明度。使用【渐隐】命令必须是在进行了编辑操作后立即选择，如果这中间又进行了其他操作，则无法选择该命令。

8.1.2 停用/启用智能滤镜

单击智能滤镜前的 ◎ 图标，可以使滤镜不应用，图像恢复为原始状态，如图 8-54 所示。

或者在菜单栏中选择【图层】|【智能滤镜】|【停用智能滤镜】命令，如图 8-55 所示，也可以将该滤镜停用。

如果用户需要恢复使用滤镜，在菜单栏中选择【图层】|【智能滤镜】|【启用智能滤镜】

命令，如图8-56所示。或者在 👁 图标位置处单击鼠标左键，即可恢复使用。

图8-54　停用智能滤镜

图8-55　选择【停用智能　　图8-56　选择【启用智能
滤镜】命令　　　　　　　　　滤镜】命令

8.1.3 编辑智能滤镜蒙版

当将智能滤镜应用于某个智能对象时，在【图层】面板中该智能对象下方的智能滤镜上会显示一个蒙版缩览图。默认情况下，此蒙版显示完整的滤镜效果。如果在应用智能滤镜前已建立选区，则会在【图层】面板中的智能滤镜上显示适当的蒙版而非一个空白蒙版。

滤镜蒙版的工作方式与图层蒙版非常相似，可以对它们进行绘画，使用黑色绘制的滤镜区域将隐藏，使用白色绘制的区域将可见，如图8-57所示。

图8-57　编辑蒙版后的效果

8.1.4 删除智能滤镜蒙版

删除智能滤镜蒙版的操作方法有以下3种。

- 将【图层】面板中的滤镜蒙版缩览图拖动至面板底部的【删除图层】按钮 🗑 上，释放鼠标左键即可。
- 单击【图层】面板中的滤镜蒙版缩览图，将其设置为工作状态，然后单击面板底部的【删除图层】按钮 🗑。
- 选择智能滤镜效果，并在菜单栏中选择【图层】|【智能滤镜】|【删除智能滤镜】命令。

8.1.5 清除智能滤镜

在菜单栏中选择【图层】|【智能滤镜】|【清除智能滤镜】命令，如图8-58所示。或将智能滤镜拖曳至【图层】面板底部的【删除图层】按钮 🗑 上。

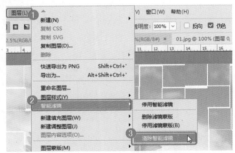

图8-58　选择【清除智能滤镜】命令

8.2 制作汽车网页宣传图——滤镜的应用

》 作品描述

汽车是现代工业的结晶，随着时代的飞速发展，汽车在人们的生活中也较为常见，很多汽车生产商与销售部门都专门建立了相应的宣传网站；而在这些网站中，汽车的宣传图也是必不可少的。在设计汽车宣传图时，需要注意建立网站与汽车产品本身之间的紧密联系，突出产品的专业化与个性化特点。制作完成的汽车网页宣传图效果如图8-59所示。

图8-59 汽车网页宣传图

素材	素材\Cha08\背景02.jpg、汽车.png、仪表盘.jpg
场景	场景\Cha08\制作汽车网页宣传图——滤镜的应用.psd
视频	视频教学\Cha08\制作汽车网页宣传图——滤镜的应用.mp4

» **案例实现**

01 按 Ctrl+O 快捷键，在弹出的【打开】对话框中选择"素材\Cha08\背景02.jpg"素材文件，如图 8-60 所示。

图8-60 选择素材文件

02 单击【打开】按钮，将选中的素材文件打开，效果如图 8-61 所示。

图8-61 打开的素材文件

03 按 Ctrl+O 快捷键，在弹出的【打开】对话框中选择"素材\Cha08\汽车.png"素材文件，单击【打开】按钮，将选中的素材文件打开，如图 8-62 所示。

图8-62 打开的素材文件

04 选择工具箱中的【移动工具】，按住鼠标左键将其拖曳至"背景02.jpg"文档中，在【属性】面板中将 W、H 分别设置为 2.8、1.41，将 X、Y 分别设置为 4.17、3.53，如图 8-63 所示。

图8-63 设置大小与位置

05 在【图层】面板中选择【图层 1】图层，对其进行复制，复制完成后，再选择【图层 1】图层，在菜单栏中选择【滤镜】|【模糊】|【动感模糊】命令，如图 8-64 所示。

图8-64 选择【动感模糊】命令

06 在弹出的【动感模糊】对话框中将【距离】设置为 27，如图 8-65 所示。

07 设置完成后，单击【确定】按钮。再在【图层】面板中选择【图层 1 拷贝】图层，在菜单栏中选择【滤镜】|【模糊】|【动感模糊】命令，如图 8-66 所示。

08 在弹出的【动感模糊】对话框中将【距离】设置为 7，如图 8-67 所示。

图8-65　设置动感模糊距离

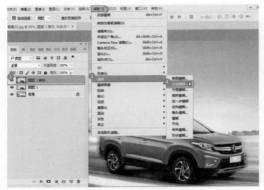

图8-66　选择【动感模糊】命令

图8-67　设置运动模糊距离

09 设置完成后，单击【确定】按钮。打开"素材\Cha08\仪表盘.jpg"素材文件，如图8-68所示。

10 按住鼠标左键将其拖曳至"背景02.jpg"文档中，在工作区中调整其位置与角度。在【图层】面板中选中该图层，将【混合模式】设置为【叠加】，将【不透明度】设置为70，按住Alt键单击【添加图层蒙版】按钮，将【前景色】的RGB值设置为255、255、255，在工具箱中单击【画笔工具】按钮，在工作区中对图层蒙版进行涂抹，效

果如图8-69所示。

图8-68　打开的素材文件

图8-69　添加素材并进行设置后的效果

提 示

在此使用【画笔工具】对图层蒙版进行涂抹时，可以在工具选项栏中设置画笔的笔触与不透明度来对图层蒙版的边缘进行模糊处理。

11 单击工具箱中的【矩形工具】按钮，在工具选项栏中将【工具模式】设置为【形状】，将【填充】设置为无，将【描边】的RGB值设置为242、0、29，将【描边粗细】设置为8，在工作区中绘制一个矩形，在【属性】面板中将W、H分别设置为415、245，将X、Y分别设置为76、44，如图8-70所示。

图8-70　绘制矩形并进行设置

12 在【图层】面板中选择【矩形1】图层，单击鼠标右键，在弹出的快捷菜单中选择

【栅格化图层】命令，如图 8-71 所示。

图8-71　选择【栅格化图层】命令

13 在【图层】面板中选择【矩形 1】图层，按 Ctrl+T 快捷键，调出自由变换框。在工具选项栏中将【旋转】设置为 -0.9，按两次 Enter 键完成旋转，在【属性】面板中将 X、Y 分别设置为 0.95、0.44，如图 8-72 所示。

图8-72　旋转并调整图形位置

💡 提　示

在对选中的对象进行自由变换时，无法在【属性】面板中设置 X、Y 参数，只有当完成对选中对象的变换时才可以在【属性】面板中设置参数。

14 在【图层】面板中选择【矩形 1】图层，单击工具箱中的【矩形选框工具】▢，在工具选项栏中单击【添加到选区】按钮▣，在工作区中绘制两个矩形选框，如图 8-73 所示。

15 按 Delete 键将选区中的图形删除，按 Ctrl+D 快捷键取消选区。选择工具箱中的【横排文字工具】T，在工作区中单击鼠标，输入"震撼登场"，选中该文本，在【字符】面板中将【字体】设置为【汉仪菱心体简】，将【字体大小】设置为 14.3，将【字符间距】设置为 -20，将【颜色】的 RGB 值设置为 0、0、0，单击【仿斜体】按钮，在【属性】面板中将 X、

Y 分别设置为 2.5、0.26，如图 8-74 所示。

图8-73　绘制矩形选框

图8-74　输入文本并进行设置

16 单击工具箱中的【椭圆工具】按钮◯，在工具选项栏中将【填充】的 RGB 值设置为 0、0、0，将【描边】设置为无，在工作区中按住 Shift 键绘制一个正圆形。在【属性】面板中将 W、H 均设置为 68，将 X、Y 分别设置为 45、189，如图 8-75 所示。

图8-75　绘制正圆形并进行设置

17 选择工具箱中的【横排文字工具】T，在工作区中单击鼠标，输入"购"，在【属性】面板中将【字体】设置为【Adobe 黑体 Std】，将【字体大小】设置为 22，将【字符间距】设置为 -20，将【颜色】的 RGB 值设置为 255、255、255，单击【仿粗体】和【仿斜体】按钮，

在【属性】面板中将 X、Y 分别设置为 0.62、2.42，如图 8-76 所示。

图8-76　输入文本并进行设置

18 选择工具箱中的【横排文字工具】 T，在工作区中单击鼠标，输入"换新季"并选中，在【字符】面板中将【字体】设置为【汉仪菱心体简】，将【字体大小】设置为 38，将【颜色】的 RGB 值设置为 242、0、29，在【图层】面板中选中该文本图层，单击鼠标右键，在弹出的快捷菜单中选择【转换为形状】命令，如图 8-77 所示。

图8-77　创建文字并设置其参数

19 单击工具箱中的【直接选择工具】按钮 k，在工作区中对文本形状进行调整，调整后的效果如图 8-78 所示。

图8-78　调整文本形状后的效果

20 单击工具箱中的【矩形工具】 □，在工具选项栏中将【工具模式】设置为【形状】，将【填充】的 RGB 值设置为 242、0、29，在

工作区中绘制一个矩形，在【属性】面板中将 W、H 分别设置为 370、41，将 X、Y 分别设置为 122、178，如图 8-79 所示。

图8-79　绘制矩形并设置其参数

21 选择工具箱中的【直接选择工具】 k，在工作区中对矩形进行调整，调整后的效果如图 8-80 所示。

图8-80　调整矩形后的效果

22 根据前面所介绍的方法，在工作区中创建其他文本，并对输入的文本进行相应的设置，效果如图 8-81 所示。

图8-81　创建其他文本后的效果

23 在【图层】面板中单击【创建新图层】按钮 ，新建一个图层，并将其命名为"光晕"。将【背景色】的 RGB 值设置为 0、0、0，按 Ctrl+Delete 快捷键，填充背景色，效果如图 8-82 所示。

24 在菜单栏中选择【滤镜】|【渲染】|【镜头光晕】命令，如图 8-83 所示。

25 在弹出的【镜头光晕】对话框中调整光晕的位置，选中【50-300 毫米变焦】单选按钮，将【亮度】设置为 159，如图 8-84 所示。

图8-82 新建图层并填充背景色

图8-83 选择【镜头光　图8-84 设置镜头光晕参数
晕】命令

26 设置完成后，单击【确定】按钮。在【图层】面板中选中【光晕】图层，将【混合模式】设置为【滤色】，如图 8-85 所示。

图8-85 设置图层混合模式

8.2.1 【镜头校正】滤镜

【镜头校正】滤镜可修复常见的镜头瑕疵、色差、晕影等，也可以修复由于相机垂直或水平倾斜而导致的图像透视现象。下面就来学习【镜头校正】滤镜的操作方法。

01 按 Ctrl+O 快捷键，在弹出的【打开】对话框中选择"素材\Cha08\02.jpg"素材文件，

如图 8-86 所示。

图8-86 打开的素材文件

02 在菜单栏中选择【滤镜】|【镜头校正】命令，将会弹出【镜头校正】对话框，如图 8-87 所示。其中左侧是工具栏，中间部分是预览窗口，右侧是参数设置区域。

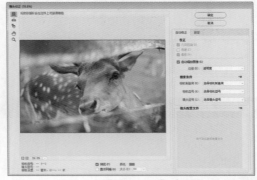

图8-87 【镜头校正】对话框

03 在【镜头校正】对话框中勾选【晕影】复选框，将【相机制造商】设置为 Canon，如图 8-88 所示。

图8-88 设置校正参数

04 再在该对话框中选择【自定】选项卡，将【移去扭曲】设置为 -6，将【角度】设置为 7，如图 8-89 所示。

05 设置完成后，单击【确定】按钮，即可完成对素材文件的校正，效果如图 8-90 所示。

图8-89　自定义校正参数

图8-90　校正后的效果

提示

用户除了可以通过【自定】选项卡中的参数进行设置外，还可以通过左侧工具栏中的各个工具进行调整。

知识链接

【镜头校正】对话框中【自定】选项卡下的各选项的功能如下。

- 【移去扭曲】：该选项用于校正镜头桶形或枕形失真的图像。移动滑块可拉直从图像中心向外弯曲或向图像中心弯曲的水平和垂直线条，也可以使用【移去扭曲工具】来进行此校正。向图像的中心拖动可校正枕形失真，而向图像的边缘拖动可校正桶形失真。
- 【色差】选项组：该选项组中的选项可以通过相对其中一个颜色通道来调整另一个颜色通道的大小，来补偿边缘。
- 【数量】：该选项用于设置沿图像边缘变亮或变暗的程度，从而校正由于镜头缺陷或镜头遮光处理不正确而导致拐角较暗、较亮的图像。
- 【中点】：用于指定受【数量】滑块影响的区域的宽度。如果指定较小的数值，则会影响较多的图像区域。如果指定较大的数值，则只会影响图像的边缘。图8-91(左)所示的是【数量】设置为81、【中点】为100时的效果；图8-91(右)所示的是【中点】为12时的效果。
- 【垂直透视】：该选项用于校正由于相机向上或向下倾斜而导致的图像透视，使图像中的垂直线平行。

图8-91　设置中点参数后的效果

- 【水平透视】：该选项用于校正图像透视，并使水平线平行。
- 【角度】：该选项用于旋转图像以针对相机至斜加以校正，或在校正透视后进行调整。也可以使用【拉直工具】来进行此校正。
- 【比例】：该选项用于向上或向下调整图像缩放，图像像素尺寸不会改变。主要用途是移去由于枕形失真、旋转或透视校正而产生的图像空白区域。

8.2.2　【液化】滤镜

【液化】滤镜可用于推、拉、旋转、反射、折叠和膨胀图像的任意区域。【液化】滤镜是修饰图像和创建艺术效果的强大工具，使用该滤镜可以非常灵活地创建推拉、扭曲、旋转、收缩等变形效果。下面就来学习【液化】滤镜的操作方法。

01 打开"素材\Cha08\03.jpg"素材文件，如图8-92所示。

图8-92　打开的素材文件

02 在菜单栏中选择【滤镜】|【液化】命令，打开【液化】对话框，如图8-93所示。

图8-93　【液化】对话框

1. 使用变形工具

【液化】对话框中包含各种变形工具，选择这些工具后，在对话框中的图像上单击并拖动鼠标涂抹即可进行变形处理，变形效果将集中在画笔区域的中心，并且会随着鼠标在某个区域中的重复拖动而得到增强。

- 【向前变形工具】：拖动鼠标时可以向前推动像素，如图 8-94 所示。

图 8-94　使用【向前变形工具】

- 【重建工具】：在变形的区域单击或拖动鼠标进行涂抹，可以恢复图像，如图 8-95 所示。
- 【平滑工具】：在变形的区域单击或拖动鼠标进行涂抹，可以将扭曲的图像变得平滑并恢复图像，其效果与【重建工具】类似。

图 8-95　使用【重建工具】

- 【顺时针旋转扭曲工具】：在图像中单击或拖动鼠标可以顺时针旋转像素，如图 8-96 所示。按住 Alt 键操作则逆时针旋转扭曲像素。

图 8-96　使用【顺时针旋转扭曲工具】

- 【褶皱工具】：在图像中单击或拖动鼠标可以使像素向画笔区域的中心移动，使图像产生向内收缩的效果，如图 8-97 所示。
- 【膨胀工具】：在图像中单击或拖动鼠标可以使像素向画笔区域中心以外的方向移动，使图像产生向外膨胀的效果，如图 8-98 所示。

图 8-97　使用【褶皱工具】

图 8-98　使用【膨胀工具】

- 【左推工具】：垂直向上拖动鼠标时，像素向左移动；向下拖动，则像素向右移动；按住 Alt 键垂直向上拖动时，像素向右移动；按住 Alt 键向下拖动时，像素向左移动。如果围绕对象顺时针拖动，则可增加其大小，如图 8-99（左）所示；逆时针拖动时则减小其大小，如图 8-99（右）所示。

图 8-99　使用【左推工具】

- 【冻结蒙版工具】：在对部分图像进行处理时，如果不希望影响其他区域，可以使用【冻结蒙版工具】在图像上绘制出冻结区域（要保护的区域），如图 8-100（左）所示。然后使用变形工具处理图像，被冻结区域内的图像就不会受到影响了，效果如图 8-100（右）所示。

图 8-100　使用【冻结蒙版工具】

- 【解冻蒙版工具】：该工具可以将冻结的蒙版区域进行解冻。
- 【脸部工具】：通过该工具可以对人物脸部进行调整。
- 【手抓工具】：可以在图像的操作区域中对图像进行拖动并查看。按住

【空格】键拖动鼠标，可以移动画面。

● 【缩放工具】🔍：可将图像进行放大或缩小显示，也可以通过快捷键来操作，如按 Ctrl++ 快捷键，可以放大视图；按 Ctrl+- 快捷键，可以缩小视图。

》 **知识链接**

用户可以通过冻结预览图像的区域，防止更改这些区域。冻结区域会被使用【冻结蒙版工具】绘制的蒙版覆盖。还可以使用现有的蒙版、选区或透明度来冻结区域。

选择【冻结蒙版工具】并在要保护的区域上拖动。按住 Shift 键单击可在当前点和前一次单击的点之间的直线中冻结。

如果要将【液化】滤镜应用于带有选区、图层蒙版、透明度或 Alpha 通道的图层，可以在【液化】对话框的【蒙版选项】选项组中，在 5 个按钮中的任意一个按钮的下拉菜单中选择【选区】、【透明度】或【图层蒙版】命令，即可使用现有的选区、蒙版或透明度通道。其中各个按钮的功能如下。

● 【替换选区】◑▾：单击该按钮可以显示原图像中的选区、蒙版或透明度。

● 【添加到选区】◑▾：单击该按钮可以显示原图像中的蒙版，以便使用【冻结蒙版工具】添加到选区。将通道中的选定像素添加到当前的冻结区域中。

● 【从选区中减去】◑▾：单击该按钮可以从当前的冻结区域中减去通道中的像素。

● 【与选区交叉】◑▾：只使用当前处于冻结状态的选定像素。

● 【反相选区】◑▾：使用选定像素使当前的冻结区域反相。

在【液化】对话框的【蒙版选项】选项组中，单击【全部蒙住】按钮可以冻结所有解冻区域。单击【全部反相】按钮可以反相解冻区域和冻结区域。在【液化】对话框的【视图选项】选项组中，选择或取消选择【显示蒙版】复选框可以显示或隐藏冻结区域。在【蒙版颜色】下拉列表中选取一种颜色即可更改冻结区域的颜色。

2. 设置画笔工具选项

【液化】对话框中的【画笔工具选项】选项组用来设置当前选择的工具的属性。

3. 设置画笔重建选项

在【液化】对话框中扭曲图像时，可以通过【画笔重建选项】选项组来撤销所做的变形。单击【重建】按钮，可恢复图像。如果连续单击【重建】按钮，则可以逐步恢复图像。如果要取消所有扭曲效果，将图像恢复为变形

前的状态，可以单击【恢复全部】按钮。

下面将介绍如何利用【脸部工具】👤对人物的脸部进行调整，其具体操作步骤如下。

01 打开"素材\Cha08\04.jpg"素材文件，如图 8-101 所示。

图8-101　打开的素材文件

02 在菜单栏中选择【滤镜】|【液化】命令，在弹出的【液化】对话框中单击【脸部工具】按钮👤，如图 8-102 所示。

图8-102　【液化】对话框

🏷 **提　示**

单击【脸部工具】按钮👤后，当照片中有多个人物时，照片中的人脸会被自动识别，且其中一个人脸会被选中。被识别的人脸会罗列在【人脸识别液化】选项组中的【选择脸部】下拉列表中。可以通过在预览框中单击人脸或从下拉列表中选择人脸来选择不同的人脸。

03 在【人脸识别液化】选项组中将【眼睛】下的【眼睛高度】分别设置为 54、31，将【眼睛宽度】分别设置为 100、45；将【鼻子】下的【鼻子高度】设置为 -77，将【鼻子宽度】设置为 -100，如图 8-103 所示。

04 再将【嘴唇】下的【上嘴唇】、【下嘴唇】、【嘴唇宽度】分别设置为 -100、100、-100；将【脸部形状】下的【下巴高度】、

【下颌】、【脸部宽度】分别设置为100、13、-100，如图8-104所示。

图8-103 设置眼睛与鼻子参数

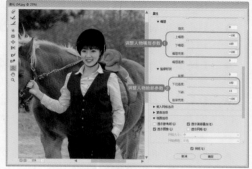

图8-104 设置嘴唇与脸部形状

05 设置完成后，单击【确定】按钮，即可完成对人物脸部的修整。修整前后的效果如图8-105所示。

图8-105 修整前后的效果对比

≫ 知识链接

作为使用【脸部工具】功能的先决条件，首先要确保在Photoshop中启用图形处理器。用户可以通过以下操作查看是否启用【使用图形处理器】复选框。

01 在菜单栏中选择【编辑】|【首选项】|【性能】命令，如图8-106所示。

02 在弹出的【首选项】对话框中勾选【使用图

形处理器】复选框，如图8-107所示。

图8-106 选择【性能】命令

图8-107 勾选【使用图形处理器】复选框

03 单击【高级设置】按钮，在弹出的【高级图形处理器设置】对话框中确保【使用图形处理器加速计算】复选框处于勾选状态，如图8-108所示。

04 设置完成后，单击两次【确定】按钮即可完成设置。

图8-108 【高级图形处理器设置】对话框

8.2.3 【消失点】滤镜

利用【消失点】滤镜将以立体方式在图像

中的透视平面上工作。当使用【消失点】滤镜来修饰、添加或移去图像中的内容时，结果将更加逼真，因为系统可正确确定这些编辑操作的方向，并且将它们缩放到透视平面。

【消失点】是一个特殊的滤镜，它可以在包含透视平面（如建筑物侧面或任何矩形对象）的图像中进行透视校正、编辑。使用【消失点】滤镜时，首先要在图像中指定透视平面，然后再进行绘画、仿制、复制或粘贴以及变换等操作，所有的操作都采用该透视平面来处理，Photoshop可以确定这些编辑操作的方向，并将它们缩放到透视平面，因此，可以使编辑结果更加逼真。【消失点】对话框如图8-109所示。其中各选项的含义介绍如下。

- 【编辑平面工具】：用来选择、编辑、移动平面的节点以及调整平面的大小。
- 【创建平面工具】：用来定义透视平面的4个角节点。创建了4个角节点后，可以移动、缩放平面或重新确定其形状。按住Ctrl键拖动平面的边节点可以拉出一个垂直平面。
- 【选框工具】：在平面上单击并拖动鼠标可以选择图像。选择图像后，将光标移至选区内，按住Alt键拖动可以复制图像，按住Ctrl键拖动选区，则可以用原图像填充该区域。
- 【图章工具】：选择该工具后，按住Alt键在图像中单击设置取样点，然后在其他区域单击并拖动鼠标即可复制图像。按住Shift键单击可以将描边扩展到上一次单击处。

图8-109　【消失点】对话框

- 【画笔工具】：可在图像上绘制选定的颜色。
- 【变换工具】：使用该工具时，可以通过移动定界框的控制点来缩放、旋转和移动浮动选区，类似于在矩形选区上使用【自由变换】命令。
- 【吸管工具】：可拾取图像中的颜色作为画笔工具的绘画颜色。
- 【测量工具】：可在平面中测量项目的距离和角度。
- 【抓手工具】：放大图像的显示比例后，使用该工具可在窗口内移动图像。
- 【缩放工具】：在图像上单击，可放大图像的视图；按住Alt键单击，则缩小视图。

下面通过实际的操作来学习【消失点】滤镜的使用方法。

01 按Ctrl+O快捷键，打开"素材\Cha08\05.jpg"素材文件，如图8-110所示。

图8-110　打开的素材文件

02 在菜单栏中选择【滤镜】|【消失点】命令，此时会弹出【消失点】对话框，如图8-111所示。

03 在【消失点】对话框中单击【创建平面工具】按钮，然后在图像的右上角多次单击鼠标左键创建一个平面，如图8-112所示。

图8-111　【消失点】对话框

图8-112　创建平面

04 再单击【选框工具】按钮🔲，在绘制的矩形框中单击鼠标左键拖曳创建一个矩形选框，如图 8-113 所示。

图8-113　绘制矩形选框

05 在预览框中按住 Alt 键拖动矩形选框，将选中的区域复制到新目标上，如图 8-114 所示。

图8-114　复制矩形选框中的内容

06 复制完成后，单击【确定】按钮，即可完成【消失点】滤镜的应用，效果如图 8-115 所示。

图8-115　使用【消失点】滤镜后的效果

8.2.4　【风格化】滤镜组

【风格化】滤镜组中包含 9 种滤镜，它们可以置换像素、查找并增加图像的对比度，产生绘画和印象派风格的效果。它们分别是【查找边缘】、【等高线】、【风】、【浮雕效果】、【扩散】、【拼贴】、【曝光过度】、【凸出】和【照亮边缘】。下面就来详细介绍这几种风格化滤镜。

1.【查找边缘】滤镜

使用【查找边缘】滤镜可以将图像的高反差区变亮，低反差区变暗，并使图像的轮廓清晰化。【查找边缘】滤镜用相对于白色背景的黑色线条勾勒图像的边缘，这对于生成图像周围的边界非常有用。在菜单栏中选择【滤镜】|【风格化】|【查找边缘】命令，【查找边缘】滤镜的对比效果如图 8-116 所示。

图8-116　【查找边缘】滤镜效果对比

2.【等高线】滤镜

【等高线】滤镜可以查找并为每个颜色通道淡淡地勾勒主要亮度区域的转换，以获得与等高线图中的线条类似的效果。在菜单栏中选择【滤镜】|【风格化】|【等高线】命令，在弹出的【等高线】对话框中对图像的色阶进行调整后，单击【确定】按钮。【等高线】滤镜的对比效果如图 8-117 所示。

图8-117 【等高线】滤镜效果对比

3.【风】滤镜

【风】滤镜可在图像中增加一些细小的水平线来模拟风吹效果，方法包括【风】、【大风】（用于获得更生动的风效果）和【飓风】（使图像中的风线条发生偏移）。在菜单栏中选择【滤镜】|【风格化】|【风】命令，在弹出的【风】对话框中进行各项设置后，可以为图像制作出风吹的效果。【风】滤镜的对比效果如图8-118所示。

图8-118 【风】滤镜效果对比

4.【浮雕效果】滤镜

使用【浮雕效果】滤镜将选区的填充色转换为灰色，并用原填充色描画边缘，从而使选区显得凸起或压低。

在菜单栏中选择【滤镜】|【风格化】|【浮雕效果】命令，弹出【浮雕效果】对话框，进行设置后，单击【确定】按钮。【浮雕效果】滤镜的对比效果如图8-119所示。

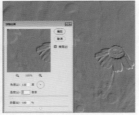

图8-119 【浮雕效果】滤镜效果对比

该对话框中的选项包括【角度】（从-360°使表面压低，+360°使表面凸起）、【高度】和选区中颜色数量的百分比（1%~500%）。

若要在进行浮雕处理时保留颜色和细节，可在应用【浮雕效果】滤镜之后使用【渐隐】命令。

> **提示**
>
> 用户可以在菜单栏中选择【编辑】|【渐隐】命令。

5.【扩散】滤镜

根据【扩散】对话框的选项搅乱选区中的像素，可使选区显得十分聚焦。

在菜单栏中选择【滤镜】|【风格化】|【扩散】命令，弹出【扩散】对话框，进行设置后，单击【确定】按钮。【扩散】滤镜的对比效果如图8-120所示。

图8-120 【扩散】滤镜效果对比

该对话框中各选项的含义介绍如下。

- 【正常】：该选项可以将图像的所有区域进行扩散，与原图像的颜色值无关。
- 【变暗优先】：该选项可以将图像中较暗区域的像素进行扩散，用较暗的像素替换较亮的区域。
- 【变亮优先】：该选项与【变暗优先】选项相反，是将亮部的像素进行扩散。
- 【各向异性】：该选项可在颜色变化最小的方向上搅乱像素。

6.【拼贴】滤镜

【拼贴】滤镜将图像分解为一系列拼贴，使选区偏移原有的位置。【拼贴】对话框中的选项可使拼贴的版本位于原版本之上并露出原图像中位于拼贴边缘下面的部分。下面就来介绍使用【拼贴】滤镜的具体操作方法。

01 按Ctrl+O快捷键，打开"素材\Cha08\06.jpg"素材文件，如图8-121所示。

02 在工具箱中将【前景色】的RGB值设置为255、255、255。在菜单栏中选择【滤镜】|【风格化】|【拼贴】命令，如图8-122所示。

03 在弹出的【拼贴】对话框中将【拼贴

数)、【最大移位】均设置为 10,选中【前景颜色】单选按钮,如图 8-123 所示。

图 8-121 打开的素材文件

图 8-122 选择【拼贴】命令

04 设置完成后,单击【确定】按钮,即可完成【拼贴】滤镜的应用,效果如图 8-124 所示。

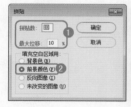 

图 8-123 设置拼贴　　图 8-124 添加【拼贴】滤镜
　　　参数　　　　　　　后的效果

【拼贴】对话框中各选项的含义介绍如下。

- 【拼贴数】:该选项可以设置在图像中使用的拼贴块的数量。
- 【最大位移】:该选项可以设置图像中拼贴块的间隙的大小。
- 【背景色】:该选项可以将拼贴块之间的间隙的颜色填充为背景色。
- 【前景色】:该选项可以将拼贴块之间的间隙的颜色填充为前景色。
- 【反向图像】:该选项可以将间隙的颜色设置为与原图像相反的颜色。
- 【为改变的图像】:该选项可以将图像

间隙的颜色设置为图像汇总的原颜色,设置拼贴后的图像不会有很大的变化。

7.【曝光过度】滤镜

【曝光过度】滤镜混合负片和正片图像,类似于显影过程中将摄影照片短暂曝光。在菜单栏中选择【滤镜】|【风格化】|【曝光过度】命令,效果对比如图 8-125 所示。

图 8-125 【曝光过度】滤镜效果对比

8.【凸出】滤镜

【凸出】滤镜可以将图像分割为指定的三维立方块或凌锥体(此滤镜不能应用在 Lab 模式下)。下面就来介绍应用【凸出】滤镜的具体操作方法。

01 按 Ctrl+ O 快捷键,打开"素材\Cha08\06.jpg"素材文件。

02 在菜单栏中选择【滤镜】|【风格化】|【凸出】命令,如图 8-126 所示。

03 在弹出的【凸出】对话框中选中【块】单选按钮,将【大小】、【深度】分别设置为 8、20,勾选【立方体正面】复选框,如图 8-127 所示。

图 8-126 选择【凸出】　　图 8-127 设置【凸出】参
　　　命令　　　　　　　　　　数

04 设置完成后,单击【确定】按钮,即可为图像添加【凸出】滤镜,效果如图 8-128 所示。

图8-128　应用【凸出】滤镜后的效果

9.【照亮边缘】滤镜

【照亮边缘】滤镜标识颜色的边缘，并向其添加类似霓虹灯的光亮。该滤镜可累积使用。下面就来介绍应用【照亮边缘】滤镜的具体操作方法。

01 按Ctrl+O快捷键，打开一张素材文件。在菜单栏中选择【滤镜】|【滤镜库】命令，在弹出的【照亮边缘】对话框中选择【风格化】下的【照亮边缘】滤镜，如图8-129所示。

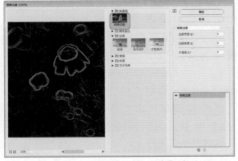

图8-129　选择【照亮边缘】滤镜

02 用户可以在该对话框的右侧设置【照亮边缘】的参数，设置完成后，单击【确定】按钮，即可应用【照亮边缘】滤镜，效果如图8-130所示。

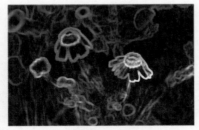

图8-130　应用【照亮边缘】滤镜后的效果

» **知识链接**

Photoshop将【风格化】、【画笔描边】、【扭曲】、【素描】、【纹理】和【艺术效果】滤镜组中的主要滤镜整

合在一个对话框中，这个对话框就是【滤镜库】。通过【滤镜库】可以将多个滤镜同时应用于图像，也可以对同一图像多次应用同一滤镜，并且，还可以使用其他滤镜替换原有的滤镜。

在菜单栏中选择【滤镜】|【滤镜库】命令，弹出【滤镜库】对话框，如图8-131所示。该对话框的左侧是滤镜效果预览区，中间是6组滤镜列表，右侧是参数设置区和效果图层编辑区。

- 【预览区】：用来预览滤镜的效果。
- 【滤镜组/参数设置区】：【滤镜库】中共包含6组滤镜，单击一个滤镜组前的 ▼ 按钮，可以展开该滤镜组，单击滤镜组中的一个滤镜即可使用该滤镜，与此同时，右侧的参数设置区会显示该滤镜的参数选项。
- 【当前选择的滤镜缩览图】：显示了当前使用的滤镜。

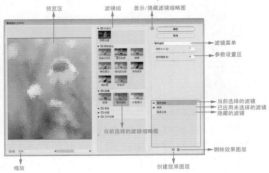

图8-131　【滤镜库】对话框

- 【显示/隐藏滤镜缩览图】：单击 按钮，可以隐藏滤镜组，进而将空间留给图像预览区，再次单击该按钮则显示滤镜组。
- 【滤镜菜单】：单击 照亮边缘 ，可在打开的下拉列表中选择一个滤镜，这些滤镜是按照滤镜名称拼音的先后顺序排列的，如果想要使用某个滤镜，但不知道它在哪个滤镜组，便可以通过该下拉列表进行选择。
- 【缩放】：单击 按钮，可放大预览区图像的显示比例；单击 按钮，可缩小图像的显示比例，也可以在文本框中输入数值进行精确缩放。

8.2.5 【画笔描边】滤镜组

【画笔描边】滤镜组中包含8种滤镜，它们当中的一部分滤镜通过不同的油墨和画笔勾画图像产生绘画效果，有些滤镜可以添加颗粒、绘画、杂色、边缘细节或纹理。这些滤镜不能用于Lab和CMYK模式的图像。使用【画笔描边】滤镜组中的滤镜时，需要打开【滤镜库】进行选择，下面就来介绍如何应用【画笔描边】滤镜组中的滤镜。

1.【成角的线条】滤镜

【成角的线条】滤镜可以使用一个方向的线条绘制亮部区域，使用相反方向的线条绘制暗部区域，通过对角描边重新绘制图像。下面就来学习【成角的线条】滤镜的使用方法。

01 按 Ctrl+O 快捷键，打开"素材\Cha08\07.jpg"素材文件。在菜单栏中选择【滤镜】|【滤镜库】命令，弹出【滤镜库】对话框，选择【画笔描边】下的【成角线条】滤镜，将【方向平衡】、【描边长度】、【锐化程度】分别设置为 79、21、2，如图 8-132 所示。

图 8-132 选择滤镜并设置其参数

02 设置完成后，单击【确定】按钮，即可为图像应用【画笔描边】滤镜，前后对比效果如图 8-133 所示。

图 8-133 添加滤镜后的前后对比效果

2.【墨水轮廓】滤镜

【墨水轮廓】滤镜效果是钢笔画的风格，用纤细的线条在原细节上重绘图像。下面就来介绍如何使用【墨水轮廓】滤镜。

01 在菜单栏中选择【滤镜】|【滤镜库】命令，在弹出的【墨水轮廓】对话框中选择【画笔描边】下的【墨水轮廓】滤镜，将【描边长度】、【深色强度】、【光照强度】分别设置为 29、0、50，如图 8-134 所示。

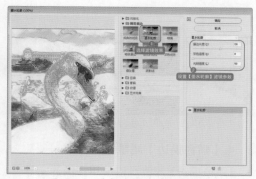

图 8-134 选择滤镜并设置其参数

02 设置完成后，单击【确定】按钮，即可为图像应用【墨水轮廓】滤镜，前后对比效果如图 8-135 所示。

图 8-135 添加滤镜后的前后对比效果

3.【喷溅】滤镜

【喷溅】滤镜能够模拟喷枪，使图像产生笔墨喷溅的艺术效果。下面就来介绍如何使用【喷溅】滤镜。

01 在菜单栏中选择【滤镜】|【滤镜库】命令，在弹出的【喷溅】对话框中选择【画笔描边】下的【喷溅】滤镜，将【喷色半径】、【平滑度】分别设置为 20、6，如图 8-136 所示。

图 8-136 设置【喷溅】滤镜参数

02 设置完成后，单击【确定】按钮，即可为图像应用【喷溅】滤镜，前后对比效果如图 8-137 所示。

图8-137　添加滤镜后的前后对比效果

4.【喷色描边】滤镜

【喷色描边】滤镜可以使用图像的主导色，用成角的、喷溅的颜色线条重新绘画图像。下面就来介绍如何使用【喷色描边】滤镜。

01　在菜单栏中选择【滤镜】|【滤镜库】命令，在弹出的【喷色描边】对话框中选择【画笔描边】下的【喷色描边】滤镜，将【描边长度】、【喷色半径】分别设置为2、14，将【描边方向】设置为【右对角线】，如图8-138所示。

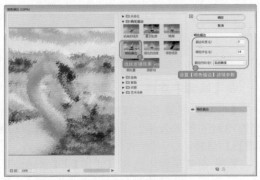

图8-138　设置【喷色描边】滤镜参数

02　设置完成后，单击【确定】按钮，即可为图像应用【喷色描边】滤镜，前后对比效果如图8-139所示。

图8-139　添加滤镜后的前后对比效果

5.【强化的边缘】滤镜

【强化的边缘】滤镜可以强化图像边缘。设置高的边缘亮度控制值时，强化效果类似白色粉笔；设置低的边缘亮度控制值时，强化效果类似黑色油墨。下面就来介绍如何使用【强化的边缘】滤镜。

01　在菜单栏中选择【滤镜】|【滤镜库】命令，在弹出的【强化的边缘】对话框中选择【画笔描边】下的【强化的边缘】滤镜，将【边缘宽度】、【边缘亮度】、【平滑度】分别设置为2、38、5，如图8-140所示。

图8-140　设置【强化的边缘】滤镜参数

02　设置完成后，单击【确定】按钮，即可为图像应用【强化的边缘】滤镜，前后对比效果如图8-141所示。

图8-141　添加滤镜后的前后对比效果

6.【深色线条】滤镜

【深色线条】滤镜会将图像的暗部区域与亮部区域分别进行不同的处理，暗部区域将会用深色线条进行绘制，亮部区域将会用长的白色线条进行绘制。下面就来介绍如何使用【深色线条】滤镜。

01　在菜单栏中选择【滤镜】|【滤镜库】命令，在弹出的【深色线条】对话框中选择【画笔描边】下的【深色线条】滤镜，将【平衡】、【黑色强度】、【白色强度】分别设置为10、1、5，如图8-142所示。

02　设置完成后，单击【确定】按钮，即可为图像应用【深色线条】滤镜，前后对比效果如图8-143所示。

图8-142 设置【深色线条】滤镜参数

图8-143 添加滤镜后的前后对比效果

7.【烟灰墨】滤镜

【烟灰墨】滤镜效果是以日本画的风格绘画图像，看起来像是用蘸满油墨的画笔在宣纸上绘画。【烟灰墨】滤镜使用非常黑的油墨来创建柔和的模糊边缘。下面就来介绍如何使用【烟灰墨】滤镜。

01 在菜单栏中选择【滤镜】|【滤镜库】命令，在弹出的【烟灰墨】对话框中选择【画笔描边】下的【烟灰墨】滤镜，将【描边宽度】、【描边压力】、【对比度】分别设置为8、2、1，如图8-144所示。

图8-144 设置【烟灰墨】滤镜参数

02 设置完成后，单击【确定】按钮，即可为图像应用【烟灰墨】滤镜，前后对比效果如图8-145所示。

图8-145 添加滤镜后的前后对比效果

8.【阴影线】滤镜

【阴影线】滤镜效果保留原始图像的细节和特征，同时使用模拟铅笔阴影线添加纹理，并使彩色区域的边缘变粗糙。下面就来介绍如何使用【阴影线】滤镜。

01 在菜单栏中选择【滤镜】|【滤镜库】命令，在弹出的【阴影线】对话框中选择【画笔描边】下的【阴影线】滤镜，将【描边长度】、【锐化程度】、【强度】分别设置为13、8、2，如图8-146所示。

图8-146 设置【阴影线】滤镜参数

02 设置完成后，单击【确定】按钮，即可为图像应用【阴影线】滤镜，前后对比效果如图8-147所示。

图8-147 添加滤镜后的前后对比效果

提 示

【强度】选项（使用值为1~3）可以设置使用阴影线的遍数。

8.2.6 【模糊】滤镜组

【模糊】滤镜组中包含11种滤镜，它们可以使图像产生模糊效果。在去除图像的杂色，或者创建特殊效果时会经常用到此类滤镜。下面就来介绍主要的几种模糊滤镜的使用方法。

1.【表面模糊】滤镜

【表面模糊】滤镜能够在保留边缘的同时模糊图像，该滤镜可用来创建特殊效果并消除杂色或颗粒。下面就来介绍【表面模糊】滤镜的使用方法。

01 按 Ctrl+O 快捷键，打开"素材\Cha08\08.jpg"素材文件，如图 8-148 所示。

图8-148 打开的素材文件

02 在菜单栏中选择【滤镜】|【模糊】|【表面模糊】命令，如图 8-149 所示。

图8-149 选择【表面模糊】命令

03 在弹出的【表面模糊】对话框中，将【半径】设置为 63，将【阈值】设置为 60，如图 8-150 所示。

图8-150 设置表面模糊参数

04 单击【确定】按钮，添加【表面模糊】滤镜后的效果如图 8-151 所示。

图8-151 添加滤镜后的效果

2.【动感模糊】滤镜

【动感模糊】滤镜可以沿指定的方向，以指定的强度模糊图像，产生一种移动拍摄的效果。在表现对象的速度感时经常会用到该滤镜。在菜单栏中选择【滤镜】|【模糊】|【动感模糊】命令，在弹出的【动感模糊】对话框中进行相应的设置，单击【确定】按钮。【动感模糊】滤镜的对比效果如图 8-152 所示。

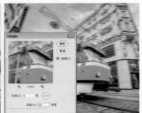

图8-152 【动感模糊】滤镜效果对比

3.【径向模糊】滤镜

【径向模糊】滤镜可以模拟缩放或旋转的相机所产生的模糊效果。该滤镜包含两种模糊方法，选中【旋转】单选按钮，然后指定旋转的【数量】值，可以沿同心圆环线模糊；选中【缩放】单选按钮，然后指定缩放【数量】值，则沿着径向线模糊，图像会产生放射状的模糊效果。图 8-153 所示为【径向模糊】对话框的设置；图 8-154 所示为完成后的效果。

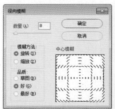

图8-153 【径向模糊】对话框　　图8-154 添加滤镜后的效果

4.【镜头模糊】滤镜

【镜头模糊】滤镜通过图像的 Alpha 通道或图层蒙版的深度值来映射像素的位置,产生带有镜头景深的模糊效果。该滤镜的强大之处就是可以使图像中的一些对象在焦点内,另一些区域变得模糊。图 8-155 所示为【镜头模糊】滤镜参数的设置。

图8-155　【镜头模糊】滤镜参数设置

图 8-156 所示为完成后的效果。

图8-156　添加【镜头模糊】滤镜后的效果

8.2.7　【模糊画廊】滤镜组

使用【模糊画廊】滤镜可以通过直观的图像控件快速创建截然不同的照片模糊效果。每个模糊工具都提供直观的图像控件来应用和控制模糊效果。

1.【场景模糊】滤镜

使用【场景模糊】滤镜通过定义具有不同模糊量的多个模糊点来创建渐变的模糊效果。将多个图钉添加到图像,并指定每个图钉的模糊量,即可设置【场景模糊】滤镜效果。下面就来介绍如何应用【场景模糊】滤镜。

01 按 Ctrl+O 快捷键,打开"素材\Cha08\09.jpg"素材文件,如图 8-157 所示。

02 在菜单栏中选择【滤镜】|【模糊画廊】|【场景模糊】命令,如图 8-158 所示。

图8-157　打开的素材文件

图8-158　选择【场景模糊】命令

03 执行该命令后,在工作区中添加模糊控制点,用户可以按住模糊控制点进行拖动,还可以在选中模糊控制点后,在【模糊工具】面板中通过【场景模糊】下的【模糊】参数来控制模糊效果,如图 8-159 所示。

图8-159　设置模糊控制点参数

04 设置完成后,在工具选项栏中单击【确定】按钮,即可应用该滤镜效果,如图 8-160 所示。

图8-160　应用【场景模糊】滤镜后的效果

2.【光圈模糊】滤镜

使用【光圈模糊】滤镜可以对图片模拟浅景深效果，而不管使用的是什么相机或镜头。也可以定义多个焦点，这是使用传统相机技术几乎不可能实现的效果。下面就来介绍如何使用【光圈模糊】滤镜。

01 在菜单栏中选择【滤镜】|【模糊画廊】|【光圈模糊】命令，即可为图像添加光圈模糊效果。用户可以在工作区中对光圈进行旋转、缩放、移动等操作，如图 8-161 所示。

图 8-161　对光圈进行移动、旋转

02 调整完成后，再在工作区中单击鼠标左键，添加一个光圈，并调整其位置与大小，设置完成后的效果如图 8-162 所示。

图 8-162　再次添加光圈后的效果

03 设置完成后，按 Enter 键完成设置即可。

3.【移轴模糊】滤镜

使用【移轴模糊】滤镜模拟使用倾斜偏移镜头拍摄的图像。此特殊的模糊效果会定义锐化区域，然后在边缘处逐渐变得模糊，用户可以在添加该滤镜效果后通过调整线条位置来控制模糊区域，还可以在【模糊工具】面板中设置【倾斜偏移】下的【模糊】与【扭曲度】来

调整模糊效果，如图 8-163 所示。

图 8-163　【移轴模糊】滤镜效果

添加【移轴模糊】滤镜后，在工作区中会出现多个不同的区域，每个区域所控制的效果也不同。区域的含义如图 8-164 所示。

A. 锐化区域　B. 渐隐区域　C. 模糊区域

图 8-164　区域的含义

4.【路径模糊】滤镜

使用【路径模糊】滤镜可以沿路径创建运动模糊效果。还可以控制形状和模糊量。Photoshop 可自动合成应用于图像的多路径模糊效果。图 8-165 所示为应用【路径模糊】滤镜的前后对比效果。

图 8-165　【路径模糊】滤镜效果对比

》知识链接

应用【路径模糊】滤镜时，用户可以通过在【模糊工具】面板中设置【路径模糊】下的各项参数，如图 8-166 所示。

• 【速度】：调整【速度】滑块，以指定要应用于图像的路径模糊量。【速度】设置将应用于图像中的所有路径模糊。图 8-167 所示的是设置【速度】

为 42 和 150 的效果。

图8-166　【路径模糊】选项

图8-167　【速度】为42和150的效果

- 【锥度】：调整【锥度】滑块可以指定锥度值。较高的值会使模糊逐渐减弱。图 8-168 所示的是设置【锥度】为 5 和 100 的效果。

图8-168　【锥度】为5和100的效果

- 【居中模糊】：该选项可通过以任何像素的模糊形状为中心创建稳定模糊。
- 【终点速度】：该选项用于指定要应用于图像的终点路径的模糊量。
- 【编辑模糊形状】：勾选该复选框后，可以对模糊形状进行编辑。

在应用【路径模糊】和【旋转模糊】时，可以在【动感效果】面板中进行相应的设置，如图 8-169 所示。

图8-169　【动感效果】面板

- 【闪光灯强度】：确定闪光灯闪光曝光之间的模糊

量。闪光灯强度控制环境光和虚拟闪光灯之间的平衡。图 8-170 所示的是将【闪光灯强度】分别设置为 38、100 的效果。

图8-170　【闪光灯强度】为38和100的效果

- 【闪光灯闪光】：设置虚拟闪光灯闪光曝光次数。

> **提　示**
>
> 　　如果将【闪光灯强度】设置为 0，则不显示任何闪光灯效果，只显示连续的模糊。另一方面，如果将【闪光灯强度】设置为 100%，则会产生最大强度的闪光灯闪光，但在闪光曝光之间不会显示连续的模糊。处于中间的【闪光灯强度】值会产生单个闪光灯闪光与持续模糊混合在一起的效果。

5.【旋转模糊】滤镜

　　使用【旋转模糊】滤镜，可以在一个或更多点旋转和模糊图像。旋转模糊是等级测量的径向模糊，如图 8-171 所示为应用【旋转模糊】滤镜后的效果，A 图像为原稿图像、B 图像为旋转模糊（模糊角度为 15°，闪光灯强度为 50%，闪光灯闪光为 2，闪光灯闪光持续时间为 10°、图像为旋转模糊（模糊角度为 60°，闪光灯强度为 100%，闪光灯闪光为 4，闪光灯闪光持续时间为 10°）时的效果。

图8-171　应用【旋转模糊】滤镜后的效果

8.2.8　【扭曲】滤镜组

　　【扭曲】滤镜组可以使图像产生几何扭曲效果。不同滤镜通过设置可以产生不同的扭曲效果。下面就来介绍几种常用【扭曲】滤镜的使用方法。

1.【波浪】滤镜

　　【波浪】滤镜可以使图像产生类似波浪的

效果。下面就来介绍【波浪】滤镜具体的操作方法。

01 按 Ctrl+O 快捷键，打开"素材\Cha08\10.jpg"素材文件，如图 8-172 所示。

02 在菜单栏中选择【滤镜】|【扭曲】|【波浪】命令，如图 8-173 所示。

图8-172 打开的素材文件　图8-173 选择【波浪】命令

03 执行该操作后，弹出【波浪】对话框，将【生成器数】设置为5，将【波长】分别设置为32、129，将【振幅】分别设置为36、37，如图 8-174 所示。

04 设置完成后，即可为选中的图像应用该滤镜效果，如图 8-175 所示。

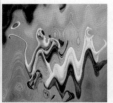

图8-174 设置波浪参数　图8-175 应用滤镜后的效果

2.【波纹】滤镜

【波纹】滤镜用于创建波状起伏的图案，像水池表面的波纹。在菜单栏中选择【滤镜】|【扭曲】|【波纹】命令，在弹出的【波纹】对话框中调整【数量】和【大小】，单击【确定】按钮即可。图 8-176 所示为添加【波纹】滤镜的前后对比效果。

3.【球面化】滤镜

【球面化】滤镜通过将选区变形为球形，通过设置不同的模式而在不同方向产生球面化的效果。图 8-177 所示为【球面化】对话框，

其中将【数量】设置为-100，将【模式】设置为【正常】，完成后的效果如图 8-178 所示。

图8-176 添加【波纹】滤镜的前后对比效果

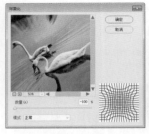

图8-177 【球面化】对话框　图8-178 设置完成后的效果

4.【水波】滤镜

【水波】滤镜可以产生水波波纹的效果。在菜单栏中选择【滤镜】|【扭曲】|【水波】命令，弹出【水波】对话框，将【数量】设置为27，将【起伏】设置为14，将【样式】设置为【水池波纹】，如图 5-179 所示。添加滤镜后的效果如图 8-180 所示。

图8-179 【水波】对话框　图8-180 添加滤镜后的效果

5.【玻璃】滤镜

【玻璃】滤镜使图像显得像透过不同类型的玻璃来观看效果。可以选取玻璃效果或创建自己的玻璃表面（存储为 Photoshop 文件）并加以应用。可以调整缩放、扭曲和平滑度设置。

01 在菜单栏中选择【滤镜】|【滤镜库】命令，在弹出的【玻璃】对话框中选择【扭曲】下的【玻璃】滤镜，将【扭曲度】、【平滑度】分别设置为16、8，将【纹理】设置为【小镜头】，将【缩放】设置为129，如图8-181所示。

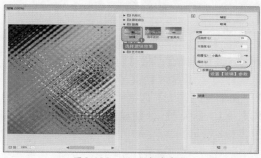

图8-181　设置玻璃参数

02 设置完成后，单击【确定】按钮，即可为图像应用【玻璃】滤镜，前后对比效果如图8-182所示。

图8-182　添加滤镜后的前后对比效果

6.【海洋波纹】滤镜

【海洋波纹】滤镜可以将随机分隔的波纹添加到图像表面，使图像看上去像是在水中一样。下面就来介绍应用【海洋波纹】滤镜具体的操作方法。

01 在菜单栏中选择【滤镜】|【滤镜库】命令，在弹出的【海洋波纹】对话框中选择【扭曲】下的【海洋波纹】滤镜，将【波纹大小】、【波纹振幅】分别设置为7、20，如图8-183所示。

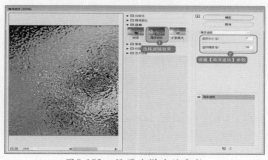

图8-183　设置海洋波纹参数

02 设置完成后，单击【确定】按钮，即可为图像应用【海洋波纹】滤镜，前后对比效果如图8-184所示。

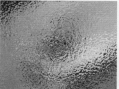

图8-184　添加滤镜后的前后对比效果

7.【扩散亮光】滤镜

【扩散亮光】滤镜可以将图像渲染成像是透过一个柔和的扩散滤镜来观看的效果。此滤镜添加透明的白杂色，并从选区的中心向外渐隐亮光。下面就来介绍应用【扩散亮光】滤镜具体的操作方法。

01 在菜单栏中选择【滤镜】|【滤镜库】命令，在弹出的【扩散亮光】对话框中选择【扭曲】下的【扩散亮光】滤镜，将【粒度】、【发光量】、【清除数量】分别设置为8、8、16，如图8-185所示。

图8-185　设置扩散亮光参数

02 设置完成后，单击【确定】按钮，即可为图像应用【扩散亮光】滤镜，前后对比效果如图8-186所示。

图8-186　添加滤镜后的前后对比效果

8.2.9　【锐化】滤镜组

【锐化】滤镜组包括6种滤镜，主要通过

增加相邻像素之间的对比度来聚焦模糊的图像，使图像变得更加清晰。下面就来介绍几种常用锐化滤镜的使用方法。

1.【USM 锐化】滤镜

【USM 锐化】滤镜可以调整边缘细节的对比度，并在边缘的每一侧生成一条明线和一条暗线，此过程将使边缘突出，造成图像更加锐化的错觉。下面就来介绍【USM 锐化】滤镜具体的操作方法。

01 按 Ctrl+O 快捷键，打开"素材\Cha08\11.jpg"素材文件，如图 8-187 所示。

02 在菜单栏中选择【滤镜】|【锐化】|【USM 锐化】命令，如图 8-188 所示。

图8-187 打开的素材文件　图8-188 选择【USM锐化】命令

03 在弹出的【USM 锐化】对话框中，将【数量】、【半径】、【阈值】分别设置为344、1、0，如图 8-189 所示。

04 设置完成后，单击【确定】按钮，即可完成对图像的锐化处理，效果如图 8-190所示。

图8-189 设置USM锐化参数　图8-190 锐化图像后的效果

2.【智能锐化】滤镜

【智能锐化】滤镜可以对图像进行更全面的锐化，它具有独特的锐化控制功能，通过该功能可设置锐化算法，或控制在阴影和高光区域中进行的锐化量。下面就来介绍应用【智能锐化】滤镜具体的操作方法。

01 在菜单栏中选择【滤镜】|【锐化】|【智能锐化】命令，弹出【智能锐化】对话框，将【数量】设置为500，将【半径】设置为2像素，将【减少杂色】设置为79，将【移去】设置为【高斯模糊】；将【阴影】选项组下的【渐隐量】、【色调宽度】、【半径】分别设置为6、39、46；将【高光】选项组下的【渐隐量】、【色调宽度】、【半径】分别设置为81、50、44，如图 8-191 所示。

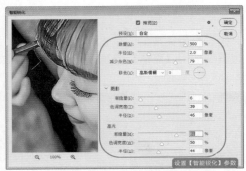

图8-191 设置【智能锐化】参数

02 设置完成后，单击【确定】按钮，即可完成对图像应用【智能锐化】滤镜，效果如图 8-192 所示。

图8-192 应用滤镜后的效果

知识链接

【智能锐化】对话框中的各个选项的含义介绍如下。

- 【数量】：设置锐化量。较大的值将会增强边缘像素之间的对比度，从而看起来更加锐利。
- 【半径】：决定边缘像素周围受锐化影响的像素数量。半径值越大，受影响的边缘就越宽，锐化的效果也就越明显。
- 【减少杂色】：减少不需要的杂色，同时保持重要边缘不受影响。

- 【移去】：设置用于对图像进行锐化的锐化算法。【高斯模糊】选项是【USM 锐化】滤镜使用的方法。【镜头模糊】选项将检测图像中的边缘和细节，可对细节进行更精细的锐化，并减少了锐化光晕。【动感模糊】选项将尝试减少由于相机或主体移动而导致的模糊效果。如果选取了【动感模糊】选项，【角度】选项才可用。

- 【角度】：为【移去】控件的【动感模糊】选项设置运动方向。

- 【渐隐量】：该选项用于调整高光或阴影中的锐化量。

- 【色调宽度】：该选项用于控制阴影或高光中色调的修改范围。向左移动滑块会减小【色调宽度】值，向右移动滑块会增加【色调宽度】值。较小的值会限制只对较暗区域进行阴影校正的调整，并只对较亮区域进行高光校正的调整。

- 【半径】：控制每个像素周围区域的大小，该大小用于决定像素是在阴影还是在高光中。向左移动滑块会指定较小的区域，向右移动滑块会指定较大的区域。

图8-193　打开的素材文件　　图8-194　选择【滤镜库】命令

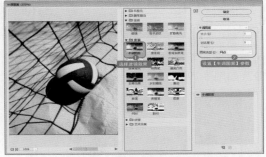

图8-195　设置半调图案参数

8.2.10　【锐化】滤镜组

【素描】滤镜组包括 14 种滤镜，它们可以将纹理添加到图像，常用来模拟素描和速写等艺术效果或手绘外观，其中大部分滤镜在重绘图像时都要使用前景色和背景色；因此，设置不同的前景色和背景色，可以获得不同的效果。可以通过【滤镜库】来应用所有素描滤镜，下面就来介绍主要的几种滤镜。

1.【半调图案】滤镜

【半调图案】滤镜在保持连续的色调范围的同时，模拟半调网屏的效果，其操作方法如下。

01 按 Ctrl+O 快捷键，打开"素材\Cha08\12.jpg"素材文件，如图 8-193 所示。

02 在菜单栏中选择【滤镜】|【滤镜库】命令，如图 8-194 所示。

03 在弹出的【半调图案】对话框中选择【素描】下的【半调图案】滤镜，将【大小】、【对比度】分别设置为 1、5，将【图案类型】设置为【网点】，如图 8-195 所示。

04 设置完成后，单击【确定】按钮，即可为图像应用【半调图案】滤镜，效果如图 8-196 所示。

图8-196　应用滤镜后的效果

2.【粉笔和炭笔】滤镜

【粉笔和炭笔】滤镜可以重绘高光和中间调，并使用粗糙粉笔绘制纯中间调的灰色背景。阴影区域使用黑色对角炭笔线条替换。炭笔使用前景色绘制，粉笔使用背景色绘制。下面就来介绍【粉笔和炭笔】滤镜具体的操作方法。

01 在菜单栏中选择【滤镜】|【滤镜库】命令，在弹出的【粉笔和炭笔】对话框中选择【素描】下的【粉笔和炭笔】滤镜，将【炭笔区】、【粉笔区】、【描边压力】分别设置为 1、20、1，如图 8-197 所示。

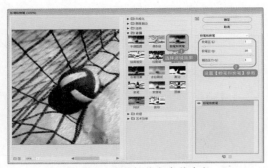

图8-197　设置粉笔和炭笔参数

02 设置完成后，单击【确定】按钮，即可为图像应用【粉笔和炭笔】滤镜，前后对比效果如图8-198所示。

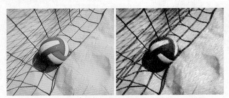

图8-198　添加滤镜后的前后对比效果

3.【水彩画纸】滤镜

【水彩画纸】滤镜利用有污点的、像画在潮湿的纤维纸上的涂抹，使颜色流动并混合。下面就来介绍应用【水彩画纸】滤镜具体的操作方法。

01 在菜单栏中选择【滤镜】|【滤镜库】命令，在弹出的【水彩画纸】对话框中选择【素描】下的【水彩画纸】滤镜，将【纤维长度】、【亮度】、【对比度】分别设置为33、58、77，如图8-199所示。

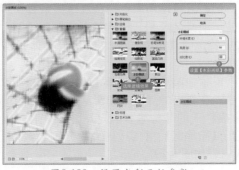

图8-199　设置水彩画纸参数

02 设置完成后，单击【确定】按钮，即可为图像应用【水彩画纸】滤镜，前后对比效果如图8-200所示。

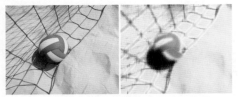

图8-200　添加滤镜后的前后对比效果

4.【炭精笔】滤镜

【炭精笔】滤镜可以在图像上模拟浓黑和纯白的炭精笔纹理。【炭精笔】滤镜在暗区使用前景色，在亮区使用背景色。为了获得更逼真的效果，可以在应用滤镜之前将前景色改为一种常用的【炭精笔】颜色（黑色、深褐色或血红色）。下面就来介绍应用【炭精笔】滤镜具体的操作方法。

01 在菜单栏中选择【滤镜】|【滤镜库】命令，在弹出的【炭笔精】对话框中选择【素描】下的【炭精笔】滤镜，将【前景色阶】、【背景色阶】分别设置为12、7，将【纹理】设置为【画布】，将【缩放】、【凸现】分别设置为100、4，将【光照】设置为【上】，如图8-201所示。

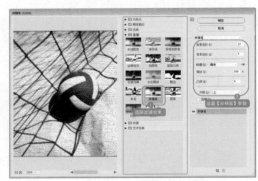

图8-201　设置炭精笔参数

02 设置完成后，单击【确定】按钮，即可为图像应用【炭笔精】滤镜，前后对比效果如图8-202所示。

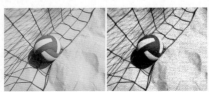

图8-202　添加滤镜后的前后对比效果

8.2.11 【纹理】滤镜组

【纹理】滤镜组可以是图像的表面产生具有深度感和质感。【纹理】滤镜组包括6种滤镜，下面介绍常用的几种滤镜。

1.【龟裂缝】滤镜

【龟裂缝】滤镜以将图像绘制在一个高凸现的石膏表面上，以遵循图像等高线生成精细的网状裂缝。使用该滤镜可以对包含多种颜色值或灰度值的图像创建浮雕效果。下面就来介绍【龟裂缝】滤镜具体的操作方法。

01 按Ctrl+O快捷键，打开"素材\Cha08\13.jpg"素材文件，如图8-203所示。

02 在菜单栏中选择【滤镜】|【滤镜库】命令，如图8-204所示。

图8-203 打开的素材文件 图8-204 选择【滤镜库】命令

03 在弹出的【龟裂缝】对话框中选择【纹理】下的【龟裂缝】滤镜，将【裂缝间距】、【裂缝深度】、【裂缝亮度】分别设置为12、2、9，如图8-205所示。

图8-205 设置龟裂缝参数

04 设置完成后，单击【确定】按钮，即

可为图像应用【龟裂缝】滤镜，效果如图8-206所示。

图8-206 应用滤镜后的效果

2.【拼缀图】滤镜

【拼缀图】滤镜可以将图像分解为使用图像中该区域的主色填充的正方形。该滤镜可以随机减小或增大拼贴的深度，以模拟高光和阴影。下面就来介绍应用【拼缀图】滤镜具体的操作方法。

01 在菜单栏中选择【滤镜】|【滤镜库】命令，在弹出的【拼缀图】对话框中选择【纹理】下的【拼缀图】滤镜，将【方形大小】、【凸现】分别设置为4、3，如图8-207所示。

图8-207 设置拼缀图参数

02 设置完成后，单击【确定】按钮，即可为图像应用【拼缀图】滤镜，前后对比效果如图8-208所示。

图8-208 添加滤镜后的前后对比效果

3.【纹理化】滤镜

【纹理化】滤镜可以在图像中加入各种纹

理，使图像呈现纹理质感。用户可选择的纹理包括【砖形】、【粗麻布】、【画布】和【砂岩】。下面就来介绍应用【纹理化】滤镜具体的操作方法。

01 在菜单栏中选择【滤镜】|【滤镜库】命令，在弹出的【纹理化】对话框中选择【纹理】下的【纹理化】滤镜，将【纹理】设置为【砂岩】，将【缩放】、【凸现】分别设置为125、6，如图8-209所示。

图8-209　设置纹理化参数

提 示

如果单击【纹理】选项右侧的 ▼≡ 按钮，在弹出的下拉菜单中选择【载入纹理】命令，则可以载入一个PSD格式的文件作为纹理文件。

02 设置完成后，单击【确定】按钮，即可为图像应用【纹理化】滤镜，前后对比效果如图8-210所示。

图8-210　添加滤镜后的前后对比效果

8.2.12 【像素化】滤镜组

【像素化】滤镜组包括7种滤镜，主要通过像素颜色而产生块的形状。下面介绍几种常用的滤镜。

1.【彩色半调】滤镜

【彩色半调】滤镜可以使图像变为网点效果，它先将图像的每一个通道划分出矩形区域，再将矩形区域转换为圆形，圆形的大小与

矩形的亮度成比例，高光部分生成的网点较小，阴影部分生成的网点较大。下面就来介绍应用【彩色半调】滤镜具体的操作方法。

01 按Ctrl+O快捷键，打开"素材\Cha08\14.jpg"素材文件，如图8-211所示。

图8-211　打开的素材文件

02 在菜单栏中选择【滤镜】|【像素化】|【彩色半调】命令，如图8-212所示。

图8-212　选择【彩色半调】命令

03 执行该操作后，弹出【彩色半调】对话框，将【最大半径】、【通道1】、【通道2】、【通道3】、【通道4】分别设置为4、108、162、90、45，如图8-213所示。

04 设置完成后，单击【确定】按钮，添加【彩色半调】滤镜后的效果如图8-214所示。

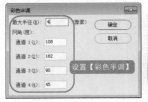

图8-213　设置【彩色半调】　图8-214　添加滤镜后的效果

2.【点状化】滤镜

【点状化】滤镜可以将图像中的颜色分散为随机分布的网点，如同点状绘画效果，背景

色将作为网点之间的画布区域。使用该滤镜时，可通过【单元格大小】选项来控制网点的大小。图 8-215 所示为设置滤镜参数；图 8-216 所示为添加滤镜后的效果。

图8-215 设置点状化
参数

图8-216 应用滤镜后
的效果

8.2.13 【渲染】滤镜组

【渲染】滤镜组可以处理图像中类似云彩的效果，还可以模拟出镜头光晕的效果。下面介绍几种常用的滤镜。

1.【分层云彩】滤镜

【分层云彩】滤镜使用随机生成的介于前景色与背景色之间的值，生成云彩图案。【分层云彩】滤镜可以将云彩数据和现有的像素混合，其方式与【差值】模式混合颜色的方式相同。下面就来介绍应用【分层云彩】滤镜具体的操作方法。

01 按 Ctrl+O 快捷键，打开"素材\Cha08\15.jpg"素材文件，如图 8-217 所示。

图8-217 打开的素材文件

02 单击工具箱中的【钢笔工具】按钮，在工具选项栏中将【工具模式】设置为【路径】，在工作区中绘制一个如图 8-218 所示的路径。

03 在工具箱中将【前景色】的 RGB 值设置为 0、0、0，将【背景色】的 RGB 值设置为 255、255、255。在【图层】面板中单击【创

建新图层】按钮，新建一个图层，并将其命名为"云彩"。按 Ctrl+Enter 快捷键将路径载入选区。按 Shift+F6 快捷键，在弹出的【羽化选区】对话框中将【羽化半径】设置为 20，如图 8-219 所示。

图8-218 绘制路径

图8-219 新建图层并羽化选区

04 设置完成后，单击【确定】按钮。按 Alt+Delete 快捷键填充前景色，效果如图 8-220 所示。

图8-220 填充前景色后的效果

05 按 Ctrl+D 快捷键取消选区。在【图层】面板中选择【云彩】图层，在菜单栏中选择【滤镜】|【渲染】|【分层云彩】命令，如图 8-221 所示。

图8-221　选择【分层云彩】命令

06 继续选中【云彩】图层，按 Alt+Ctrl+F 快捷键，再次添加【分层云彩】滤镜，效果如图 8-222 所示。

图8-222　再次添加滤镜后的效果

07 按 Ctrl+L 快捷键，在弹出的【色阶】对话框中调整【色阶】参数，如图 8-223 所示。

图8-223　调整色阶参数

🏷 提　示

因为【分层云彩】滤镜是随机生成云彩的值，每次应用的滤镜效果都不同，所以，在此不详细介绍【色阶】的参数，用户可以根据需要自行进行设置。

08 调整完成后，单击【确定】按钮。在【图层】面板中选择【云彩】图层，将【混合模式】设置为【滤色】，效果如图 8-224 所示。

图8-224　设置图层混合模式后的效果

2.【镜头光晕】滤镜

【镜头光晕】滤镜用于模拟亮光照射到相机镜头所产生的折射。通过单击图像缩览图的任一位置或拖动其十字线，便可指定光晕中心的位置。下面就来介绍应用【镜头光晕】滤镜具体的操作方法。

01 继续上面的操作，在【图层】面板中新建一个图层，并将其命名为"镜头光晕"。按 Alt+Delete 快捷键填充前景色，如图 8-225 所示。

02 在菜单栏中选择【滤镜】|【渲染】|【镜头光晕】命令，如图 8-226 所示。

图8-225　新建图层并填充前　　图8-226　选择【镜头
　　　　　景色　　　　　　　　　　　　光晕】命令

03 在弹出的【镜头光晕】对话框中将【亮度】设置为 135，选中【50-300 毫米变焦】单选按钮，在缩览图上调整光晕的位置，如图 8-227 所示。

04 设置完成后，单击【确定】按钮。在【图层】面板中选择【镜头光晕】图层，将【混合模式】设置为【滤色】，效果如图 8-228 所示。

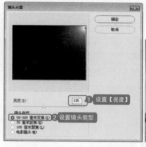 

图8-227　设置镜头光晕　　图8-228　完成后的效果
　　　　　参数

8.2.14　【艺术效果】滤镜组

【艺术效果】滤镜组中包含 15 种滤镜，它们可以模仿自然或传统介质效果，使图像看起来更贴近绘画或艺术效果。可以通过【滤镜库】应用所有艺术效果滤镜。下面就来介绍主要的几种滤镜。

1.【粗糙蜡笔】滤镜

【粗糙蜡笔】滤镜可以在带纹理的背景上应用粉笔描边。在亮色区域，粉笔看上去很厚，几乎看不见纹理；在深色区域，粉笔似乎被擦去了，使纹理显露出来。下面就来介绍应用【粗糙蜡笔】滤镜具体的操作方法。

01　按 Ctrl+O 快捷键，打开"素材 \ Cha08\16.jpg"素材文件。在菜单栏中选择【滤镜】|【滤镜库】命令，在弹出的【粗糙蜡笔】对话框中选择【艺术效果】下的【粗糙蜡笔】滤镜，将【描边长度】、【描边细节】分别设置为 13、4，将【纹理】设置为【画布】，将【缩放】、【凸现】分别设置为 114、28，将【光照】设置为【下】，如图 8-229 所示。

图8-229　设置粗糙蜡笔参数

02　设置完成后，单击【确定】按钮，即

可为图像应用【粗糙蜡笔】滤镜，前后对比效果如图 8-230 所示。

图8-230　添加滤镜后的前后对比效果

2.【干画笔】滤镜

【干画笔】滤镜使用干画笔技术（介于油彩和水彩之间）绘制图像边缘，并通过将图像的颜色范围降到普通颜色范围来简化图像。下面就来介绍应用【干画笔】滤镜具体的操作方法。

01　在菜单栏中选择【滤镜】|【滤镜库】命令，在弹出的【干画笔】对话框中选择【艺术效果】下的【干画笔】滤镜，将【画笔大小】、【画笔细节】、【纹理】分别设置为 6、10、1，如图 8-231 所示。

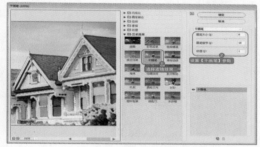

图8-231　设置干画笔参数

02　设置完成后，单击【确定】按钮，即可为图像应用【干画笔】滤镜，前后对比效果如图 8-232 所示。

图8-232　添加滤镜后的前后对比效果

3.【海报边缘】滤镜

【海报边缘】滤镜可以根据设置的海报化选项减少图像中的颜色数量（对其进行色调分离），并查找图像的边缘，在边缘上绘制黑色线条。大而宽的区域有简单的阴影，而细小的深色细节遍布图像。下面就来介绍应用【海报边缘】滤镜具体的操作方法。

> **01** 在菜单栏中选择【滤镜】|【滤镜库】命令，在弹出的【海报边缘】对话框中选择【艺术效果】下的【海报边缘】滤镜，将【边缘厚度】、【边缘强度】、【海报化】分别设置为5、10、5，如图8-233所示。

图8-233　设置海报边缘参数

> **02** 设置完成后，单击【确定】按钮，即可为图像应用【海报边缘】滤镜，前后对比效果如图8-234所示。

图8-234　添加滤镜后的前后对比效果

4.【绘画涂抹】滤镜

【绘画涂抹】滤镜可以选取各种大小（从1到50）和类型的画笔来创建绘画效果。画笔类型包括【简单】、【未处理光照】、【暗光】、【宽锐化】、【宽模糊】和【火花】。下面就来介绍应用【绘画涂抹】滤镜具体的操作方法。

> **01** 在菜单栏中选择【滤镜】|【滤镜库】命令，在弹出的【绘画涂抹】对话框中选择【艺术效果】下的【绘画涂抹】滤镜，将【画笔大小】、【锐化程度】分别设置为8、25，将【画笔类型】设置为【简单】，如图8-235所示。

> **02** 设置完成后，单击【确定】按钮，即可为图像应用【绘画涂抹】滤镜，前后对比效果如图8-236所示。

图8-235　设置绘画涂抹参数

图8-236　添加滤镜后的前后对比效果

8.2.15　【杂色】滤镜组

【杂色】滤镜组可以为图像添加或移除杂色或带有随机分布色阶的像素，可以创建与众不同的纹理效果或移除图像中有问题的区域。【杂色】滤镜组中包括5种滤镜，下面就来介绍主要的两种。

1.【减少杂色】滤镜

【减少杂色】滤镜在基于影响整个图像或各个通道的用户设置保留边缘的同时减少杂色。在菜单栏中选择【滤镜】|【杂色】|【减少杂色】命令，弹出【减少杂色】对话框，如图8-237所示。在该对话框中进行相应的设置后，单击【确定】按钮，即可应用【减少杂色】滤镜，效果如图8-238所示。

图8-237　【减少杂色】对话框

图8-238　应用滤镜后的效果

》 知识链接

【减少杂色】对话框中的各个选项的含义介绍如下。

- 【强度】：该选项控制应用于所有图像通道的明亮度杂色减少量。
- 【保留细节】：该选项用于设置保留边缘和图像细节（如头发或纹理对象）。如果值为100，则会保留大多数图像细节，但会将明亮度杂色减到最少。平衡设置【强度】和【保留细节】控件的值，以便对杂色减少操作进行微调。
- 【减少杂色】：该选项用于设置移去随机的颜色像素。值越大，减少的颜色杂色越多。
- 【锐化细节】：该选项用于对图像进行锐化。移去杂色将会降低图像的锐化程度。
- 【移去JPEG不自然感】：移去由于使用低JPEG品质设置存储图像而导致斑驳的图像伪像和光晕。

2.【中间值】滤镜

【中间值】滤镜通过混合选区中像素的亮度来减少图像的杂色。该滤镜可以搜索像素选区的半径范围以查找亮度相近的像素，扔掉与相邻像素差异太大的像素，并用搜索到的像素的中间亮度值替换中心像素，在消除或减少图像的动感效果时非常有用。图8-239所示为【中间值】对话框；图8-240所示为添加滤镜后的效果。

图8-239　【中间值】对　　图8-240　添加滤镜后的效果
　　　　　话框

8.2.16　【其它】滤镜

在【其它】滤镜组中包括5种滤镜，其中有允许用户自定义滤镜的命令，也有使用滤镜修改蒙版、在图像中使选区发生位移和快速调整颜色的命令。下面就来介绍两种常用的滤镜。

1.【高反差保留】滤镜

【高反差保留】滤镜可以在有强烈颜色转变发生的地方按指定的半径保留边缘细节，并且不显示图像的其余部分。该滤镜对于从扫描图像中取出艺术线条和大块的黑白区域非常有用。图8-241所示为【高反差保留】对话框，通过调整【半径】参数可以改变保留边缘细节，效果如图8-242所示。

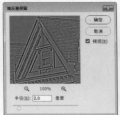

图8-241　【高反差保　　图8-242　应用滤镜后的效果
　　　　　留】对话框

2.【位移】滤镜

【位移】滤镜可以水平或垂直偏移图像，对于由偏移生成的空缺区域，还可以用不同的方式来填充。选中【设置为背景】单选按钮，将以背景色填充空缺部分；选中【重复边缘像素】单选按钮，可在图像边界的空缺部分填入扭曲边缘的像素颜色；选中【折回】单选按钮，可在空缺部分填入溢出图像之外的内容。在这里选中【折回】单选按钮，其参数如图8-243所示。完成后的效果如图8-244所示。

图8-243　【位移】对话框　　图8-244　应用滤镜后的效果

8.3　上机练习——制作美妆网页宣传图

本节将通过制作美妆网页宣传图来对本章所学习的内容进行巩固。

作品描述

化妆已成为每个女性必备的法宝，成功的化妆能唤起女性心理和生理上的活力，增强自信心。随着消费者自我意识的日渐提升，美妆市场迅速发展，然而随着社会发展的加快，人们对于化妆品的消费从商超走向网购，让护肤、彩妆成为生活中必不可少的课题。因此，众多化妆品销售部门都专门建立了相应的宣传网站进行宣传。制作完成的美妆网页宣传图效果如图8-245所示。

图8-245　美妆网页宣传图

素材	素材\Cha08\背景03.jpg、底纹.png、花1.png～花3.png、化妆品.png、轮廓.png、照片01.jpg
场景	场景\Cha08\制作美妆网页宣传图.psd
视频	视频教学\Cha08\制作美妆网页宣传图.mp4

案例实现

01 按Ctrl+O快捷键，在弹出的【打开】对话框中选择"素材\Cha08\背景03.jpg"素材文件，如图8-246所示。

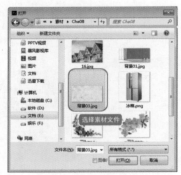

图8-246　选择素材文件

02 单击【打开】按钮，将选中的素材文件打开，效果如图8-247所示。

03 按Ctrl+O快捷键，在弹出的【打开】对话框中选择"素材\Cha08\轮廓.png"素材文件，单击【打开】按钮，如图8-248所示。

图8-247　打开的素材文件　　图8-248　打开的素材文件

04 使用【移动工具】将其拖曳至"背景03.jpg"文档中，在【属性】面板中将X、Y分别设置为20.67、-1.34，如图8-249所示。

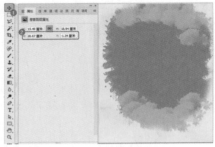

图8-249　添加并调整图像的位置

05 打开"素材\Cha08\照片01.jpg"素材文件，并将其拖曳至"背景03.jpg"文档中，在【属性】面板中将W、H分别设置为18.06、22.26，将X、Y分别设置为19.4、-0.04，如图8-250所示。

图8-250　添加并调整图像的位置

06 在【图层】面板中选择【图层2】图层，单击鼠标右键，在弹出的快捷菜单中选择【转换为智能对象】命令，如图8-251所示。

07 继续选中【图层2】图层，在菜单栏中选择【滤镜】|【锐化】|【USM锐化】命令，在弹出的【USM锐化】对话框中将【数量】、【半径】、【阈值】分别设置为46、1、0，如图8-252所示。

图8-251　选择【转换为智能对象】命令

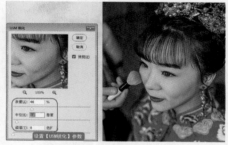

图8-252　设置USM锐化参数

08 设置完成后，单击【确定】按钮。在【图层】面板中选择【图层2】图层，并单击鼠标右键，在弹出的快捷菜单中选择【创建剪贴蒙版】命令，如图 8-253 所示。

图8-253　选择【创建剪贴蒙版】命令

🏷 **提　示**

在创建完成剪贴蒙版后，若剪贴的图像位置不合适，可以选择工具箱中的【移动工具】，在工具选项栏中勾选【自动选择】复选框，将类型设置为【图层】，在剪贴的图像上按住鼠标左键拖动即可调整图像的位置。

09 打开 "素材\Cha08\ 化妆品 .png" 素材文件，并将其拖曳至 "背景 03.jpg" 文档中，在【属性】面板中将 W、H 分别设置为 8.25、19.3，将 X、Y 分别设置为 15.49、0.53，如

图 8-254 所示。

❓ **疑难解答**　Photoshop中的滤镜都可以作为智能滤镜使用吗？

在Photoshop中，【消失点】、【镜头模糊】等少数滤镜不可以作为智能滤镜使用，其他的滤镜都可以作为智能滤镜使用，其中也包括外挂滤镜。除此之外，【图像】|【调整】菜单中的命令也可以作为智能滤镜使用，但其中不包括【去色】、【匹配颜色】、【替换颜色】和【色调均化】命令。

图8-254　添加并调整图像的位置

10 选择工具箱中的【横排文字工具】 **T.**，在工作区中单击鼠标，输入 Beautiful plan，使用【移动工具】选中文本，在【字符】面板中将【字体】设置为 Humnst777 BlkCn BT，将【字体大小】设置为 125，将【字符间距】设置为 200，将【颜色】的 RGB 值设置为 255、255、255，单击【仿粗体】按钮 **T** 和【全部大写字母】按钮 **TT**，调整其位置，在【图层】面板中将该文本图层的【不透明度】设置为 38，如图 8-255 所示。

图8-255　输入文本并进行设置

11 单击工具箱中的【矩形工具】 **□.**，在工具选项栏中将【工具模式】设置为【形状】，将【填充】设置为【无】，将【描边】的 RGB 值设置为 255、255、255，将【描边宽度】设置为 6，在工作区中绘制一个矩形。在【属性】面板中将 W、H 分别设置为 448、344，将 X、Y 分别设置为 35、74，在【图层】面板中将【矩

形1】图层调整至【图层3】图层的下方，效果如图8-256所示。

图8-256　绘制矩形并进行设置

12 在【图层】面板中选择文本图层，选择工具箱中的【横排文字工具】T.，在工作区中单击鼠标，输入"美妆节"，选中输入的文本，在【字符】面板中将【字体】设置为【方正细倩简体】，将【字体大小】设置为125，将【字符间距】设置为0，将【颜色】的RGB值设置为229、33、28，单击【仿粗体】按钮T，在【属性】面板中将X、Y分别设置为2.99、2.96，如图8-257所示。

图8-257　输入文本并设置其参数

13 单击工具箱中的【钢笔工具】按钮 ⌀.，在工具选项栏中将【工具模式】设置为【形状】，将【填充】的RGB值设置为229、33、28，在工作区中绘制一个如图8-258所示的形状。

14 单击工具箱中的【直线工具】按钮 ／.，在工具选项栏中将【填充】的RGB值设置为229、33、28，将【路径操作】设置为【合并形状】，将【粗细】设置为2，在工作区中绘制多个直线段，效果如图8-259所示。

15 打开"素材\Cha08\底纹.png"素材文件，将其拖曳至"背景03.jpg"文档中，在【属

性】面板中将W、H分别设置为16.65、2，将X、Y分别设置为2.01、7.66，如图8-260所示。

图8-258　绘制形状

图8-259　绘制直线段后的效果

图8-260　添加素材文件并进行设置

16 根据前面所介绍的方法，在工作区中输入如图8-261所示的文本，并对其进行相应的设置，效果如图8-261所示。

图8-261　输入其他文本后的效果

17 单击工具箱中的【圆角矩形工具】按钮 ▭，在工具选项栏中将【工具模式】设置为【形状】，将【填充】的 RGB 值设置为 215、41、32，在工作区中绘制一个圆角矩形。在【属性】面板中将 W、H 分别设置为 44.5、20，将 X、Y 分别设置为 201、335.5，将角半径均设置为 5，如图 8-262 所示。

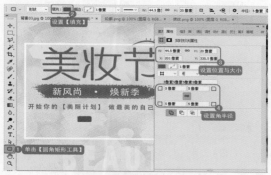

图 8-262　绘制圆角矩形

18 选择工具箱中的【横排文字工具】 T，在工作区中单击鼠标，输入文本，并将其选中，在【属性】面板中将【字体】设置为【Adobe 黑体 Std】，将【字体大小】、【字符间距】分别设置为 16.67、200，将【颜色】的 RGB 值设置为 255、255、255，将 X、Y 分别设置为 7.19、11.85，如图 8-263 所示。

图 8-263　输入文本并进行设置

19 按住 Shift 键选择新输入的文本与圆角矩形，按住 Alt 键拖动选中的文本与图形，对其进行复制，并对复制后的文字进行修改，效果如图 8-264 所示。

20 单击工具箱中的【椭圆工具】按钮 ◯，在工作区中绘制一个圆形。在【属性】面板中将 W、H 均设置为 148，将 X、Y 分别设置为 46、344，将【填充】的 RGB 值设置为 230、54、121，如图 8-265 所示。

图 8-264　复制文本与图形后的效果

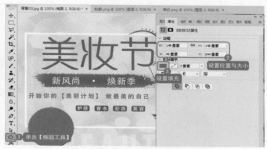

图 8-265　绘制圆形并进行设置

21 在【图层】面板中选择【椭圆 2】图层，并将其拖曳至【创建新图层】按钮上，对其进行复制。在【属性】面板中将 W、H 均设置为 165，将 X、Y 分别设置为 37、336，将【填充】设置为无，将【描边】的 RGB 值设置为 230、54、121，将【描边宽度】设置为 2，如图 8-266 所示。

图 8-266　复制形状并调整后的效果

22 根据前面所介绍的方法输入文本，并对输入的文本进行相应的设置，效果如图 8-267 所示。

23 打开"素材\Cha08\花 3.png"素材文件，并将其拖曳至"背景 03.jpg"文档中，在工作区中调整其大小、位置及旋转角度，如图 8-268 所示。

图8-267　输入其他文本后的效果

图8-268　添加素材文件并调整后的效果

24 在【图层】面板中双击【图层5】图层，在弹出的【图层样式】对话框中勾选【投影】复选框，将【阴影颜色】的RGB值设置为0、0、0，将【不透明度】设置为31，将【角度】设置为125，取消勾选【使用全局光】复选框，将【距离】、【扩展】、【大小】分别设置为28、0、25，如图8-269所示。

图8-270　添加素材文件并设置后的效果

提 示

在选中图层后，在【图层】面板中单击【添加图层蒙版】按钮 ▢，即可为选中的图层添加图层蒙版。

26 使用相同的方法添加其他素材文件，并对添加的素材文件进行相应的设置，效果如图8-271所示。对完成后的场景进行保存即可。

图8-271　添加其他素材文件后的效果

8.4 习题与训练

1. 如果需要对照片中的人物脸部进行处理，需要应用什么滤镜？

2. 如何对平静的湖面创建水波特效？

图8-269　设置投影参数

25 设置完成后，单击【确定】按钮。打开"素材\Cha08\花1.png"素材文件，并将其拖曳至"背景03.jpg"文档中，在工作区中调

整其大小、位置及旋转角度。在【图层】面板中将该图层调整至【美妆节】图层的下方，并为该图层添加一个图层蒙版。单击工具箱中的【画笔工具】按钮，将【前景色】的RGB值设置为0、0、0，在图层蒙版上对不需要的区域进行涂抹，并将其进行隐藏，如图8-270所示。

附录1 Photoshop常用快捷键

文件

新建Ctrl+N	打开Ctrl+O	打开为Alt+Ctrl+O
关闭Ctrl+W	保存Ctrl+S	另存为Ctrl+Shift+S
另存为网页格式Ctrl+Alt+S	打印设置Ctrl+Alt+P	页面设置Ctrl+Shift+P
打印Ctrl+P	退出Ctrl+Q	退出Ctrl+Q

编辑

撤销Ctrl+Z	向前一步Ctrl+Shift+Z	向后一步Ctrl+Alt+Z
剪切Ctrl+X	复制Ctrl+C	合并复制Ctrl+Shift+C
粘贴Ctrl+V	原位粘贴Ctrl+Shift+V	自由变换Ctrl+T
再次变换Ctrl+Shift+T	色彩设置Ctrl+Shift+K	

图像

色阶Ctrl+L	自动色阶Ctrl+Shift+L	自动对比度Ctrl+Shift+Alt+L
曲线Ctrl+M	色彩平衡Ctrl+B	色相/饱和度Ctrl+U
去色Ctrl+Shift+U	反向Ctrl+I	提取Ctrl+Alt+X
液化Ctrl+Shift+X		

图层

新建图层Ctrl+Shift+N	新建通过复制的图层Ctrl+J	与前一图层编组Ctrl+G
取消编组Ctrl+Shift+G	合并图层Ctrl+E	合并可见图层Ctrl+Shift+E

选择

全选Ctrl+A	取消选择Ctrl+D	全部选择Ctrl+Shift+D
反选Ctrl+Shift+I	羽化Ctrl+Alt+D	

视图

校验颜色Ctrl+Y	色域警告Ctrl+Shift+Y	放大Ctrl++
缩小Ctrl+-	满画布显示Ctrl+0	实际像素Ctrl+Alt+0
显示附加Ctrl+H	显示网格Ctrl+Alt+'	显示标尺Ctrl+R
启用对齐Ctrl+;	锁定参考线Ctrl+Alt+;	

帮助

帮助F1	矩形、椭圆选框工具M	裁剪工具C
移动工具V	套索、多边形套索、磁性套索L	魔棒工具W
喷枪工具J	画笔工具B	仿制图章、图案图章S
历史记录画笔工具Y	橡皮擦工具E	铅笔、直线工具N
模糊、锐化、涂抹工具R	减淡、加深、海绵工具O	钢笔、自由钢笔、磁性钢笔P
添加锚点工具+	删除锚点工具-	直接选取工具A
文字、文字蒙版、直排文字、直排文字蒙版T	度量工具U	直线渐变、径向渐变、对称渐变、角度渐变、菱形渐变G
油漆桶工具K	吸管、颜色取样器I	抓手工具H
缩放工具Z	默认前景色和背景色D	切换前景色和背景色X
切换标准模式和快速蒙版模式Q	标准屏幕模式、带有菜单栏的全屏模式、全屏模式F	临时使用移动工具Ctrl
临时使用吸色工具Alt	临时使用抓手工具【空格】	打开工具选项面板Enter
快速输入工具选项(当前工具选项面板中至少有一个可调节数字)0~9	循环选择画笔[或]	选择第一个画笔Shift+[
选择最后一个画笔Shift+]	建立新渐变(在"渐变编辑器"中)Ctrl+N	

编辑操作

还原/重做前一步操作Ctrl+Z	还原两步以上操作Ctrl+Alt+Z	重做两步以上操作Ctrl+Shift+Z

续表

剪切选取的图像或路径Ctrl+X或F2	拷贝选取的图像或路径Ctrl+C	合并拷贝Ctrl+Shift+C
将剪贴板的内容粘到当前图形中Ctrl+V或F4	将剪贴板的内容粘到选框中Ctrl+Shift+V	自由变换Ctrl+T
应用自由变换(在自由变换模式下)Enter	从中心或对称点开始变换(在自由变换模式下)Alt	限制(在自由变换模式下)Shift
扭曲(在自由变换模式下)Ctrl	取消变形(在自由变换模式下)Esc	自由变换复制的像素数据Ctrl+Shift+T
再次变换复制的像素数据并建立一个副本:Ctrl+Shift+Alt+T	删除选框中的图案或选取的路径DEL	使用背景色填充所选区域或整个图层Ctrl+Delete
用前景色填充所选区域或整个图层Alt+Del	从历史记录中填充Alt+Ctrl+Backspace	

图像调整		
调整色阶Ctrl+L	自动调整色阶Ctrl+Shift+L	打开曲线调整对话框Ctrl+M
取消选择所选通道上的所有点("曲线'"对话框中)Ctrl+D	打开"色彩平衡"对话框Ctrl+B	打开"色相/饱和度"对话框Ctrl+U
全图调整(在【色相/饱和度】对话框中)Ctrl+~	只调整红色(在【色相/饱和度】对话框中)Ctrl+1	只调整黄色(在色相/饱和度"对话框中)Ctrl+2
只调整绿色(在【色相/饱和度】对话框中)Ctrl+3	只调整青色(在【色相/饱和度】对话框中)Ctrl+4	只调整蓝色(在色相/饱和度"对话框中)Ctrl+5
只调整洋红(在【色相/饱和度】对话框中)Ctrl+6	去色Ctrl+Shift+U	反相Ctrl+I

图层操作		
从对话框新建一个图层Ctrl+Shift+N	以默认选项建立一个新的图层Ctrl+Alt+Shift+N	通过拷贝建立一个图层Ctrl+J
通过剪切建立一个图层Ctrl+Shift+J	与前一图层编组Ctrl+G	取消编组Ctrl+Shift+G
向下合并或合并连接图层Ctrl+E	合并可见图层Ctrl+Shift+E	盖印或盖印链接图层Ctrl+Alt+E
盖印可见图层Ctrl+Alt+Shift+E	将当前层下移一层Ctrl+[	将当前层上移一层Ctrl+]
将当前层移到最下面Ctrl+Shift+[	将当前层移到最上面Ctrl+Shift+]	激活下一个图层Alt+[
激活上一个图层Alt+]	激活底部图层Shift+Alt+[	激活顶部图层Shift+Alt+]
调整当前图层的透明度(当前工具为无数字参数的,如移动工具)0~9	保留当前图层的透明区域(开关)/	投影效果(在"效果"对话框中)Ctrl+1
内阴影效果(在"效果"对话框中)Ctrl+2	外发光效果(在"效果"对话框中)Ctrl+3	内发光效果(在"效果"对话框中)Ctrl+4
斜面和浮雕效果(在"效果"对话框中)Ctrl+5	应用当前所选效果并使参数可调(在"效果"对话框中)A	

图层混合模式		
循环选择混合模式Alt+-或Alt++	正常Ctrl+Alt+N	阈值(位图模式)Ctrl+Alt+L
溶解Ctrl+Alt+I	背后Ctrl+Alt+Q	清除Ctrl+Alt+R
正片叠底Ctrl+Alt+M	屏幕Ctrl+Alt+S	叠加Ctrl+Alt+O
柔光Ctrl+Alt+F	强光Ctrl+Alt+H	颜色减淡Ctrl+Alt+D
颜色加深Ctrl+Alt+B	变暗Ctrl+Alt+K	变亮Ctrl+Alt+G
差值Ctrl+Alt+E	排除Ctrl+Alt+X	色相Ctrl+Alt+U
饱和度Ctrl+Alt+T	颜色Ctrl+Alt+C	光度Ctrl+Alt+Y
去色海绵工具+Ctrl+Alt+J	加色海绵工具+Ctrl+Alt+A	暗调减淡/加深工具+Ctrl+Alt+W

中间调减淡/加深工具+Ctrl+Alt+V	高光减淡/加深工具+Ctrl+Alt+Z选择功能	全部选取Ctrl+A
取消选择Ctrl+D	重新选择Ctrl+Shift+D	羽化选择Ctrl+Alt+D
反向选择Ctrl+Shift+I	路径变选区数字键盘的Enter	载入选区Ctrl+单击【图层】、【路径】、【通道】面板中的缩览图
按上次的参数再做一次上次的滤镜Ctrl+F	退去上次所做滤镜的效果Ctrl+Shift+F	重复上次所做的滤镜(可调参数)Ctrl+Alt+F
选择工具(在"3D变化"滤镜中)V	立方体工具(在"3D变化"滤镜中)M	球体工具(在"3D变化"滤镜中)N
柱体工具(在"3D变化"滤镜中)C	轨迹球(在"3D变化"滤镜中)R	全景相机工具(在"3D变化"滤镜中)E
视图操作		
显示彩色通道Ctrl+~	显示单色通道【Ctrl+数字】	显示复合通道~
以CMYK方式预览(开关)Ctrl+Y	打开/关闭色域警告Ctrl+Shift+Y	放大视图Ctrl++
缩小视图Ctrl+-	满画布显示Ctrl+0	实际像素显示Ctrl+Alt+0
向上卷动一屏PageUp	向下卷动一屏PageDown	向左卷动一屏Ctrl+PageUp
向右卷动一屏Ctrl+PageDown	向上卷动10个单位Shift+PageUp	向下卷动10个单位Shift+PageDown
向左卷动10个单位Shift+Ctrl+PageUp	向右卷动10个单位Shift+Ctrl+PageDown	将视图移到左上角Home
将视图移到右下角End	显示/隐藏选择区域Ctrl+H	显示/隐藏路径Ctrl+Shift+H
显示/隐藏标尺Ctrl+R	显示/隐藏参考线Ctrl+;	显示/隐藏网格Ctrl+"
贴紧参考线Ctrl+Shift+;	锁定参考线Ctrl+Alt+;	贴紧网格Ctrl+Shift+"
显示/隐藏"画笔"面板F5	显示/隐藏"颜色"面板F6	显示/隐藏"图层"面板F7
显示/隐藏"信息"面板F8	显示/隐藏"动作"面板F9	显示/隐藏所有命令面板Tab
显示或隐藏工具箱以外的所有调板Shift+Tab	文字处理(在"文字工具"对话框中)左对齐或顶对齐Ctrl+Shift+L	中对齐Ctrl+Shift+C
右对齐或底对齐Ctrl+Shift+R	左/右选择1字符Shift+←/Shift+→	下/上选择1行Shift+↑/Shift+↓
选择所有字符Ctrl+A	将所选文本的大小减小2像素Ctrl+Shift+<	将所选文本的大小增大2像素Ctrl+Shift+>
将所选文本的大小减小10像素Ctrl+Alt+Shift+<	将所选文本的大小增大10像素Ctrl+Alt+Shift+>	将行距减小2像素Alt+↓
将行距增大2像素Alt+↑	将基线位移减小2像素Shift+Alt+↓	将基线位移增加2像素Shift+Alt+↑
将字距微调或字距调整减小20/1000emsAlt+←	将字距微调或字距调整增加20/1000ems Alt+→	将字距微调或字距调整减小100/1000ems Ctrl+Alt+←

附录2　参考答案

第1章

1. 在工具箱中选择【矩形选框工具】，按住 Shift 键的同时即可绘制正方形。

2. 使用【魔棒工具】时，按住 Shift 键的同时单击鼠标可以添加选区。

3. 按 Shift+Ctrl+I 快捷键可以进行反选。

第2章

1. 当选择【移动工具】时，使用键盘上的方向键进行移动，每次只能移动一个像素，按 Shift 键移动可移动 10 个像素。

2. 首先按住 Alt 键，先取样，然后在需要仿制的地方按住鼠标右键进行涂抹，直到完成仿制。

第3章

1. 创建图层的方法有 4 种，即通过【图层】面板中的【创建新图层】按钮、通过在菜单栏中选择【图层】|【新建】|【图层】命令、复制图层和剪切图层。

2. 在【图层样式】对话框中选择【样式】选项卡，在【样式】选项组中单击【更多】按钮，在弹出的下拉菜单中可以根据需要选择图层样式类型，选择完成后，会弹出【图层样式】提示框，单击【追加】按钮即可。

第4章

1. 在创建文本定界框时，如果按住 Alt 键，会弹出【段落文本大小】对话框，在该对话框中输入【宽度】值和【高度】值可以精确定义文本区域的大小。

2. 对文本图层进行栅格化处理，首先选择【文字】图层，单击鼠标右键，在弹出的快捷菜单中选择【栅格化文字】命令，这样就可以将文字转换为图形。

第5章

1. 在使用【矩形工具】时，按住 Shift+Alt 快捷键的同时拖动鼠标，可以以光标所在位置为中心绘制正方形。

2. 首先选择工具箱中的【画笔工具】，在【画笔】面板中选择一种画笔笔尖形状，并设置【大小】、【间距】等参数，然后在【路径】面板中单击【用画笔描边路径】按钮，即可为路径进行描边。

第6章

1. 在需要删除的图层蒙版上单击鼠标右键，选择【删除图层蒙版】命令即可。

2. （1）修改方便，不会因为使用橡皮擦或剪切删除而造成不可返回的遗憾；（2）可运用不同滤镜，以产生一些意想不到的特效；（3）任何一张灰度图都可用来用为蒙版。

3. Photoshop 蒙版是将不同灰度色值转换为不同的透明度，并作用到它所在的图层，使图层不同部位透明度产生相应的变化。黑色为完全透明，白色为完全不透明。

第7章

1. 【色彩平衡】命令可以更改图像的总体颜色，常用来进行普通的色彩校正。

2. 【阈值】命令可以删除图像的色彩信息。将其转换为只有黑白两色的高对比度图像。

第8章

1. 可以应用【液化】滤镜，在【液化】对话框中单击【脸部工具】，通过调整参数来对人物脸部进行处理即可。

2. 可以通过【扭曲】滤镜组中的【波浪】、【波纹】、【水波】、【海洋波纹】等滤镜使平静的湖面产生水波特效。